기초 탄탄, 성적 쑥쑥
시험에 나올만한 문제는 모두 모았다!

문제은행

3000제
꿀꺽수학

중 1 하

수학은국격

수학 시험에서 항상 100점을 맞는 비결은 무엇인가?
수학의 고수가 되는 길은 무엇인가?

많은 학생들이 수학은 어렵고 골치 아픈 과목이라고 생각한다. 그러나 스스로에게 맞는 공부 방법을 찾아 꾸준히 노력한다면 수학의 고수가 되는 일도 현실이 될 수 있다.

수학을 잘 하려면 같은 문제를 여러 번 반복해서 풀어야 한다.
일단 수학 문제의 바다로 뛰어든 다음 그 바다를 헤엄쳐 나가야 한다.

STEP 1_ 교과서 이해

교과서 보기 수준의 문제를 수록하여 교과서 개념을 완벽하게 이해할 수 있도록 구성하였다.

▶ 수학의 기초 실력을 탄탄하게 확립하는 단계이다. 수학은 무엇보다 기본 개념이 중요하므로 빠트리지 말고 정복하도록 하자.

STEP 2_ 개념탄탄

학교 시험에 나올 만한 문제 중에서 간단한 계산, 기본 개념 이해를 확인할 수 있는 문제로 구성하였다.

▶ 기본적인 계산, 개념 이해도를 확인할 수 있는 단계이다. 학교 시험의 기초가 되는 중요한 과정이므로 확실히 익혀 두자.

STEP 3_ 실력완성

계산, 이해, 문제 해결 능력을 고루 신장시킬 수 있도록 다양한 문제 유형으로 구성하였다.

▶ 학교 시험에서 출제 가능한 모든 문제 유형이 총망라되었다. 고득점의 베이스를 마련할 수 있는 중요한 과정이므로 최소한 세 번 이상 반복하여 학습하도록 하자.

STEP 4_ 유형클리닉

각 중단원 별로 실수하기 쉬운 유형이나 고난도의 유형을 모아 핵심적인 해결포인트를 함께 제시하였다.

▶ 각 문제별 해결포인트를 참고하여 더욱 완벽한 문제 해결을 위해 노력하자.

수학은 문제 풀이에서 시작해서 문제 풀이로 끝나는 과목이라고 해도 과언이 아니다. 아무리 수학의 기본 원리와 공식을 줄줄 꿰고 있더라도 문제에 적용할 수 없다면 좋은 성적을 얻기 힘들다. 결국, 수학을 잘 하기 위해서는 「많은 문제를 반복해서 여러 번」 풀어 보는 것이 가장 좋은 방법이다.

〈꿀꺽수학〉은 학교 시험에 나올 수 있는 문제를 총망라하여 단계별로 구성한 문제은행이다.

특히, 비슷한 유형의 문제가 각 단계별로 난이도를 달리하여 여러 번 반복해서 풀어 볼 수 있도록 구성되어 수학에 자신감이 부족한 학생들에게는 최상의 문제집이 될 것이다.

이 책의 구성

STEP 5_ 서술형 만점 대비

서술형 연습을 위한 코너! 채점기준표를 참고하여 단계별 점수를 확인할 수 있게 구성하였다.

▶ 서술형의 비중이 높아지고 있으므로 문제 풀이에서 꼭 필요한 단계를 빠트리지 않도록 충분히 연습하도록 하자.

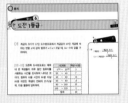

STEP 6_ 도전 1등급

대단원별로 변별력 제고를 위한 고난도의 문제와 핵심 해결 전략을 제시하였다.

▶ 각 문제의 핵심 해결 전략을 참고하여 완벽하게 학교 시험에 대비하자.

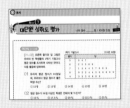

STEP 7_ 대단원 성취도 평가

중간/기말고사 대비를 위하여 대단원별 성취도를 평가할 수 있도록 구성하였다.

▶ 수학의 기초 실력을 탄탄하게 확립하는 단계이다. 수학은 무엇보다 기본 개념이 중요하므로 빠트리지 말고 정복하도록 하자.

SPECIAL STEP 내신 만점 테스트

학교 시험 대비를 위한 코너, 중간고사 대비 2회분, 기말고사 대비 2회분으로 구성하였다.

V

통계

PART 01 자료의 정리

정답 p. 2

Step 1 교과서 이해

1 줄기와 잎 그림

01 자료를 수량으로 나타낸 것을 [   ]이라고 한다.

02 줄기와 잎을 이용하여 자료를 나타낸 그림을 [   ]이라고 한다.

[03~06] 다음 자료는 어느 반 학생 18명이 여름 방학 동안 읽은 책의 수를 조사하여 나타낸 것이다. 물음에 답하여라.

(단위 : 권)

12	9	24	15	4	10
8	23	20	28	16	21
17	15	16	7	3	15

03 위의 자료에 대하여 십의 자리의 수를 줄기로 하고, 일의 자리의 수를 잎으로 하는 줄기와 잎 그림을 완성하여라.

읽은 책의 수   (0|9는 9권)

줄기	잎
0	
1	
2	

04 줄기가 1인 잎을 모두 구하여라.

05 방학 동안 책을 15권 읽은 학생은 몇 명인지 구하여라.

06 변량을 큰 것부터 차례로 나열할 때, 9번째 변량을 구하여라.

[07~09] 다음 자료는 혜성이네 반 학생들의 수학 성적을 나타낸 것이다. 물음에 답하여라.

(단위 : 점)

75	54	40	53	61	85
74	78	82	42	70	89
43	95	60	80	49	56
86	70	82	90	97	68

07 위의 자료에 대하여 줄기와 잎 그림을 완성하여라.

수학 성적   (   )

줄기	잎
4	
5	
6	
7	
8	
9	

08 잎이 가장 많은 줄기를 구하여라.

09 수학 점수가 80점 이상 90점 미만인 학생은 몇 명인지 구하여라.

[10~12] 다음 줄기와 잎 그림은 혜경이네 반 학생들의 줄넘기 횟수를 조사하여 나타낸 것이다. 물음에 답하여라.

줄넘기 횟수   (3|8은 38회)

줄기	잎
3	8 4 2
4	2 0 1 7 9
5	3 9 4 4 6 1 5
6	9 7 2 3 0 5 4
7	1 6

10 줄기가 4인 잎의 개수를 구하여라.

11 줄넘기 횟수가 가장 많은 학생과 가장 적은 학생의 횟수의 차를 구하여라.

12 혜경이의 줄넘기 횟수가 63회라면 혜경이는 줄넘기를 많이 한 편인지 적게 한 편인지 말하여라.

[13~15] 다음 줄기와 잎 그림은 현아네 반 학생들의 국어 점수를 조사하여 나타낸 것이다. 물음에 답하여라.

국어 점수   (6|0은 60점)

줄기	잎
6	0 3 4 8
7	2 4 5 6 9
8	0 0 4 5 8
9	1 2 6 6 8

13 조사한 학생 수는 모두 몇 명인지 구하여라.

14 점수가 가장 좋은 학생의 점수를 구하여라.

15 국어 점수가 80점 이상인 학생 수를 구하여라.

[16~19] 다음 줄기와 잎 그림은 수진이네 반 학생들의 수학 점수를 조사하여 나타낸 것이다. 물음에 답하여라.

수학 점수   (5|8은 58점)

잎(남학생)	줄기	잎(여학생)
0 3	5	8
9 4 2 7	6	2 9 6
6 5 0	7	9 1 5 1 3
1 8 6	8	2 7 4
3 5	9	3 9 0

16 수진이네 반 남학생과 여학생은 각각 몇 명인지 구하여라.

17 수진이네 반 학생들의 수학 점수는 몇 점대가 가장 많은지 구하여라.

18 수학 점수가 70점 이상 90점 미만인 학생은 모두 몇 명인지 구하여라.

19 수학 점수가 7번째로 높은 학생은 남학생인지 여학생인지 말하여라.

2 도수분포표

20 변량을 일정한 간격으로 나눈 구간을 ☐ 이라 하고, 나누어진 구간의 너비를 ☐ 라고 한다.

21 계급을 대표하는 값으로 각 계급의 가운데 값을 ☐ 이라 한다.

22 각 계급에 속하는 자료의 개수를 ☐ 라고 한다.

23 주어진 자료를 몇 개의 계급으로 나누고 각 계급에 속하는 도수를 조사하여 나타낸 표를 ☐ 라고 한다.

[24~26] 다음은 성호네 반 학생 30명의 1분당 맥박 수를 조사하여 나타낸 것이다. 물음에 답하여라.

(단위 : 회)

82	88	83	90	85	94	77	91	88	87
79	89	92	86	74	82	84	77	83	71
94	90	80	82	81	91	76	88	92	93

24 변량이 가장 작은 것과 가장 큰 것을 차례로 써라.

25 다음 도수분포표를 완성하여라.

맥박 수(회)		학생 수(명)
$70^{이상} \sim 75^{미만}$		
75 ～ 80	////	4
80 ～ 85		
85 ～ 90		
90 ～ 95		
합계		

26 맥박 수가 81회인 학생이 속한 계급을 말하여라.

[27~30] 오른쪽 도수분포표는 현우네 반 학생 40명의 제기차기 기록을 조사하여 나타낸 것이다. 물음에 답하여라.

기록(회)	학생 수(명)
$0^{이상} \sim 10^{미만}$	2
10 ～ 20	8
20 ～ 30	15
30 ～ 40	12
40 ～ 50	3
합계	40

27 계급의 크기를 구하여라.

28 도수가 가장 큰 계급을 구하여라.

29 기록이 30회 이상 40회 미만인 계급의 도수를 구하여라.

30 기록이 30회 이상인 학생의 수를 구하여라.

3 히스토그램

31 도수분포표의 각 계급의 양 끝값을 가로축에, 도수를 세로축에 적고, 계급의 크기를 가로로, 도수를 세로로 하는 직사각형 모양으로 나타낸 그래프를 □□□□□이라고 한다.

32 다음 도수분포표는 어느 달의 날짜별 평균 기온을 조사하여 나타낸 것이다. 이것을 이용해서 히스토그램을 그려라.

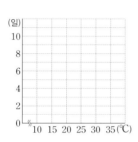

온도(℃)	날짜 수
10^{이상} ~ 15^{미만}	3
15 ~ 20	9
20 ~ 25	11
25 ~ 30	5
30 ~ 35	2
합계	30

[33~36] 오른쪽 히스토그램은 어느 학급 학생들의 영어 성적을 조사하여 나타낸 것이다. 물음에 답하여라.

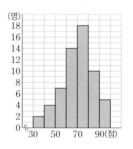

33 계급의 크기와 계급의 개수를 각각 구하여라.

34 성적이 60점 이상 70점 미만인 계급에 속하는 학생 수를 구하여라.

35 도수가 가장 큰 계급의 계급값을 구하여라.

36 도수의 총합을 구하여라.

4 도수분포다각형

37 히스토그램에서 각 직사각형의 윗변의 중앙에 있는 점과 그래프의 양 끝에 도수가 0인 계급이 하나씩 있는 것으로 생각하여 그 중앙의 점을 선분으로 연결하여 그린 그래프를 □□□□□이라고 한다.

38 다음 히스토그램을 도수분포다각형으로 나타내어라.

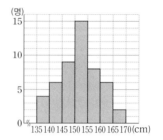

[39~41] 다음 도수분포다각형은 민수네 반 학생 30명의 국어 성적을 조사하여 나타낸 것이다. 물음에 답하여라.

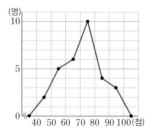

39 계급의 크기를 구하여라.

40 도수가 가장 큰 계급의 계급값을 구하여라.

41 성적이 60점 이상 70점 미만인 학생 수를 구하여라.

[01~03] 다음 줄기와 잎 그림은 정희네 마을에 살고 있는 사람들의 나이를 조사하여 그린 것이다. 물음에 답하여라.

(3|1은 31세)

줄기	잎
3	1 4 9 5
4	3 2 7 9 8 0
5	2 3 5 7
6	2 0 7

01 조사한 사람은 모두 몇 명인지 구하여라.

02 잎이 가장 많은 줄기를 구하여라.

03 나이가 40세 이상 60세 미만인 사람의 수는?

① 4명   ② 6명

③ 8명   ④ 10명

⑤ 12명

[04~06] 오른쪽 자료는 준범이네 반 학생들의 수학 점수이다. 이 자료를 줄기와 잎 그림으로 나타낼 때, 물음에 답하여라.

(단위 : 점)

92	82	86	56
74	93	61	80
78	84	65	54
88	71	94	83

04 십의 자리의 수를 줄기로 나타낼 때, 줄기의 개수를 구하여라.

05 수학 점수가 7번째로 높은 학생의 점수를 구하여라.

06 수학 점수가 70점 미만인 학생은 전체의 몇 %인지 구하여라.

[07~09] 다음 도수분포표는 은주네 반 여학생 40명의 매달리기 기록을 조사하여 나타낸 것이다. 물음에 답하여라.

기록(분)	계급값	도수(명)
0^이상 ~ 3^미만		4
3 ~ 6		11
6 ~ 9		A
9 ~ 12		8
12 ~ 15		2
15 ~ 18		1
합계		B

07 A, B의 값을 각각 구하여라.

08 도수가 가장 큰 계급의 계급값을 구하여라.

09 기록이 12분 이상인 학생은 전체의 몇 %인지 구하여라.

[10~13] 오른쪽 히스토그램은 어느 학교 학생들의 던지기 기록을 조사하여 나타낸 것이다. 물음에 답하여라.

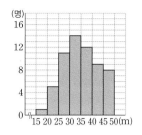

10 기록이 30 m 이상 40 m 미만인 학생은 몇 명인가?

① 12명   ② 14명
③ 18명   ④ 22명
⑤ 26명

11 전체 학생 수를 구하여라.

12 25 m 이상을 던지지 못한 학생은 전체의 몇 %인지 구하여라.

13 기록이 좋은 쪽에서 10번째인 학생이 속하는 계급의 계급값을 구하여라.

[14~17] 오른쪽 도수분포다각형은 어느 해 6월의 날짜별 평균 기온을 조사하여 나타낸 것이다. 물음에 답하여라.

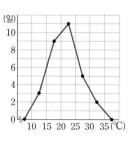

14 계급의 크기와 계급의 개수를 차례로 구하여라.

15 기온이 15 ℃ 이상 20 ℃ 미만인 날은 며칠인지 구하여라.

16 도수가 가장 큰 계급의 계급값을 구하여라.

17 기온이 20 ℃ 미만인 날은 전체의 몇 %인지 구하여라.

정답 p. 4

01 다음 중 줄기와 잎 그림에 대한 설명으로 옳은 것을 모두 고르면? (정답 2개)

① 변량이 많은 자료를 나타낼 때 적합하다.
② 중복되는 잎은 모두 쓴다.
③ 중복되는 줄기는 한 번만 쓴다.
④ 잎은 반드시 크기순으로 쓴다.
⑤ 변량을 몇 개의 계급으로 나누어 계급과 도수로 나타낸 표이다.

02 다음 줄기와 잎 그림은 현수네 반 학생들의 키를 조사하여 그린 것이다. 다음 중 옳지 않은 것은?

학생들의 키 (14|5는 145 cm)

줄기	잎
14	5 7 2
15	3 5 1 9
16	6 3 0 2 4 8
17	1 4

① 조사한 학생 수는 15명이다.
② 키가 155 cm 미만인 학생은 5명이다.
③ 키가 164 cm인 현수보다 큰 학생은 3명이다.
④ 키가 가장 큰 학생과 가장 작은 학생의 키의 차는 32 cm이다.
⑤ 키가 7번째로 큰 학생의 키는 162 cm이다.

03 다음 □ 안에 알맞은 것을 차례대로 써넣어라.

변량을 일정한 간격으로 나눈 구간을 □, 나누어진 구간의 너비를 □, 계급을 대표하는 값인 계급의 가운데 값을 □, 각 계급에 속하는 자료의 개수를 그 계급의 □라고 한다.

[04~06] 오른쪽 도수분포표는 어느 학급 학생들의 지능지수를 조사하여 나타낸 것이다. 물음에 답하여라.

지능지수	도수(명)
80^{이상} ~ 90^{미만}	4
90 ~ 100	12
100 ~ 110	13
110 ~ 120	7
120 ~ 130	3
130 ~ 140	1
합계	40

04 다음 중 옳지 않은 것은?

① 80^{이상}~90^{미만}, 90~100, …, 130~140을 계급이라고 한다.
② 계급의 크기는 10이다.
③ 계급값은 85, 95, 105, …, 135이다.
④ 120 이상 130 미만인 계급의 도수는 3이다.
⑤ 지능지수가 120인 학생이 속하는 계급의 도수는 7이다.

05 지능지수가 100 미만인 학생 수를 구하여라.

06 다음 중 옳지 <u>않은</u> 것을 모두 고르면?

(정답 2개)

① 도수가 가장 큰 계급의 계급값은 105 이다.

② 도수의 총합은 40이다.

③ 지능지수가 120 이상인 사람은 11명이다.

④ 지능지수가 116인 사람이 속하는 계급의 도수는 7이다.

⑤ 계급값이 85인 계급에 속하는 학생은 전체의 1%이다.

09 몸무게가 가벼운 쪽에서 15번째인 학생이 속하는 계급의 계급값은?

① 32.5 kg   ② 37.5 kg

③ 42.5 kg   ④ 47.5 kg

⑤ 52.5 kg

서술형

10 몸무게가 50 kg 이상인 학생은 전체의 몇 %인지 구하여라.

(단, 풀이 과정을 자세히 써라.)

07 오른쪽 도수분포표는 어느 학교 학생들의 국어 성적을 조사하여 나타낸 것이다. 이때 a의 값을 구하여라.

국어 성적(점)	도수(명)
40^{이상} ~ 50^{미만}	2
50 ~ 60	6
60 ~ 70	16
70 ~ 80	14
80 ~ 90	$2a$
90 ~ 100	a
합계	50

11 몸무게가 무거운 쪽에서 15번째인 학생이 속하는 계급의 학생 수는 전체의 몇 %인지 구하여라.

[08~11] 오른쪽 히스토그램은 어느 학교 학생들의 몸무게를 조사하여 나타낸 것이다. 물음에 답하여라.

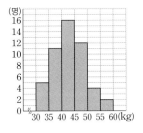

08 계급값이 47.5 kg인 계급의 도수를 구하여라.

12 히스토그램에서 각 계급에 속하는 직사각형의 넓이를 S라 할 때, 다음 중 옳은 것은?

① S는 도수에 정비례한다.

② S는 도수에 반비례한다.

③ S는 계급의 크기에 정비례한다.

④ S는 계급의 크기에 반비례한다.

⑤ S는 계급값에 정비례한다.

13 오른쪽 도수분포표는 어느 학교 학생들의 영어 성적을 조사하여 나타낸 것이다. 40점 이상 50점 미만인 계

영어 성적(점)	도수(명)
40^{이상} ~ 50^{미만}	A
50 ~ 60	14
60 ~ 70	9
70 ~ 80	B
80 ~ 90	8
90 ~ 100	13
합계	55

급의 도수가 70점 이상 80점 미만인 계급의 도수보다 1이 클 때, A, B의 값을 각각 구하여라.

서술형

14 오른쪽 도수분포표는 어느 학급 남학생들의 몸무게를 조사하여 나타낸 것이다. 몸무게가 65 kg 이상

몸무게(kg)	도수(명)
35^{이상} ~ 45^{미만}	2
45 ~ 55	8
55 ~ 65	A
65 ~ 75	B
75 ~ 85	1
합계	30

인 학생이 전체의 30 %라고 할 때, A, B의 값을 각각 구하여라. (단, 풀이 과정을 자세히 써라.)

[15~16] 오른쪽 히스토그램은 어느 학교 학생들의 제자리멀리뛰기 기록을 조사하여 나타낸 것이다. 물음에 답하여라.

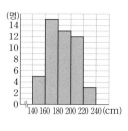

15 제자리멀리뛰기에 참여한 학생은 모두 몇 명인지 구하여라.

16 각 계급을 가로로 하는 식사각형 중 넓이가 가장 큰 것은 가장 작은 것의 몇 배인지 구하여라.

17 다음은 희선이가 던지기를 10번 반복하여 실시한 결과와 그 히스토그램이다. 변량 A 가 속하는 계급을 구하여라.

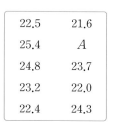

22.5	21.6
25.4	A
24.8	23.7
23.2	22.0
22.4	24.3

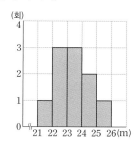

[18~19] 오른쪽 도수분포다각형은 어느 학급 학생들의 국어 성적을 조사하여 나타낸 것이다. 물음에 답하여라.

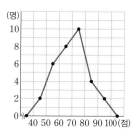

18 성적이 60점 미만인 학생 수는 90점 이상인 학생 수의 몇 배인지 구하여라.

19 이 도수분포다각형과 가로축으로 둘러싸인 부분의 넓이를 구하여라.

20 다음 줄기와 잎 그림은 영민이네 반 학생들의 수학 점수를 조사하여 그린 것인데 일부가 찢어졌다. 영민이의 수학 점수는 87점인데 반에서 20번째로 점수가 높다고 한다. 영민이네 반 학생 수를 구하여라.

수학 점수   (7|5는 75점)

줄기	잎
7	5 2 6 4 2
8	1 4 5 7 6 9

[21~22] 오른쪽 히스토그램은 전구 500개의 수명을 조사해서 나타낸 것인데 일부가 찢어졌다. 다음 물음에 답하여라.

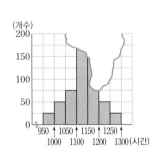

21 수명이 1100시간 이상인 전구는 전체의 몇 %인지 구하여라.

22 수명이 1150시간 미만인 전구가 전체의 65%일 때, 수명이 1150시간 이상 1200시간 미만인 계급의 도수를 구하여라.

(단, 풀이 과정을 자세히 써라.)

23 오른쪽 도수분포다각형은 어느 학급 학생들의 수학 성적을 조사하여 나타낸 것이다. 계급값이 55점인

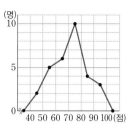

계급의 도수를 a, 계급값이 75점인 계급의 도수를 b라 할 때, 다음 중 옳지 않은 것은?

① $b=2a$ ② $b=a+5$

③ $2b<3a$ ④ $a+b=15$

⑤ $a+b$는 전체의 50%이다.

24 오른쪽 도수분포다각형은 어느 학급 학생 30명의 과학 성적을 조사하여 나타낸 것인데 일부가 찢어졌

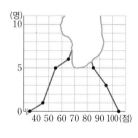

다. 이 도수분포다각형의 제일 높은 꼭짓점에서 가로축에 수선을 내려 다각형을 둘로 나눌 때, 두 다각형의 넓이의 비를 구하여라.

(단, 풀이 과정을 자세히 써라.)

25 오른쪽 도수분포다각형은 어느 학교 학생들의 통학 시간을 조사하여 나타낸

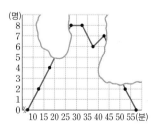

것인데 일부가 찢어졌다. 통학 시간이 20분 미만인 학생이 전체의 12%일 때, 전체 학생 수를 구하여라.

유형**01**

다음 히스토그램은 어느 학교 학생들의 수학 성적을 조사하여 나타낸 것인데 일부가 찢어졌다. 성적이 40점 미만인 학생이 전체의 30%일 때, 30점 이상 40점 미만인 학생은 몇 명인지 구하여라.

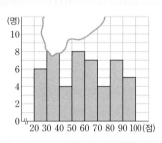

해결**포인트** 찢어진 부분의 도수를 x명이라 하고 주어진 조건을 이용하여 x에 관한 식을 세운다.

확인문제

1-1 다음 히스토그램은 성진이네 반 학생 32명의 영어 성적을 조사하여 나타낸 것인데 일부가 찢어졌다. 성적이 80점 이상 90점 미만인 학생 수를 구하여라.

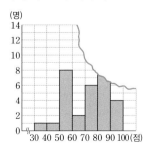

유형**02**

다음 도수분포다각형은 민지네 반 학생 40명의 윗몸일으키기 횟수를 조사하여 나타낸 것인데 일부가 찢어졌다. 윗몸일으키기 횟수가 50회 미만인 학생 수와 50회 이상인 학생 수의 비가 4 : 1일 때, 윗몸일으키기 횟수가 40회 이상 50회 미만인 학생 수와 50회 이상 60회 미만인 학생 수의 비를 구하여라.

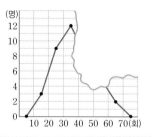

해결**포인트** 찢어진 부분의 도수를 각각 a명, b명이라 하고, 전체 도수와 주어진 조건을 이용하여 a, b의 값을 구한다.

확인문제

2-1 다음 도수분포다각형은 영진이네 반 학생들의 줄넘기 기록을 나타낸 것인데 일부가 찢어졌다. 줄넘기 기록이 50회 미만인 학생 수와 50회 이상인 학생 수의 비가 3 : 1일 때, 줄넘기 기록이 40회 이상 50회 미만인 학생 수를 구하여라.

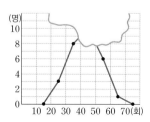

1 다음 자료는 지호네 반 학생 20명의 키를 조사하여 나타낸 것이다. 이 자료를 백, 십의 자리의 수를 줄기로 하고, 일의 자리의 수를 잎으로 하는 줄기와 잎 그림을 그리고, 키가 큰 쪽에서 20% 이내에 포함되려면 최소한 몇 cm 이상이어야 하는지 구하여라. (단, 풀이 과정을 자세히 써라.)

(단위 : cm)

153	167	163	162	169	172	152
167	164	168	161	166	170	174
156	163	155	158	173	161	

2 오른쪽 도수분포표는 윤아네 반 학생들이 지난 한 달 동안 읽은 책의 수를 조사하여 만든 것이다. 읽은 책의 수가 6권 이상인 학생이 전체의 30%일 때, A, B의 값을 각각 구하여라.
(단, 풀이 과정을 자세히 써라.)

책의 수(권)	학생 수(명)
0이상 ~ 2미만	5
2 ~ 4	7
4 ~ 6	A
6 ~ 8	B
8 ~ 10	3
합계	30

3 다음 히스토그램은 정진이네 반 학생들이 1년 동안 관람한 영화의 수를 조사하여 나타낸 것인데 일부가 찢어졌다. 관람한 영화의 수가 4편 이상 6편 미만인 학생이 전체의 20%일 때, 관람한 영화의 수가 6편 이상 8편 미만인 학생 수를 구하여라.

(단, 풀이 과정을 자세히 써라.)

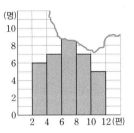

4 다음 도수분포다각형은 현지네 반 학생들의 음악 수행 평가 점수를 조사하여 나타낸 것이다. 점수가 14점 이상인 학생은 전체의 몇 %인지 구하여라.

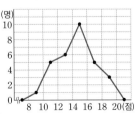

PART 02 자료의 분석

Step **1**

교과서 이해

정답 p. 7

1 평균

[01~06] 다음 각 자료의 평균을 구하여라.

01 76, 80, 84, 82, 78

02 92, 84, 76, 88, 92

03 11, 13, 17, 18, 21, 22

04 6, 5, 5, 7, 6, 8, 7, 5, 7, 8

05 6, 7, 8, 10, 5, 8, 4, 9, 9, 7

06 152, 158, 163, 172, 168, 147, 162, 150

07 다음은 어떤 하키팀이 지난 30경기에서 득점한 기록이다. 한 경기에서의 득점의 평균을 구하여라.

(단위 : 점)

```
2 1 3 0 1 2 4 3 0 2 2 0 3 1 2
1 4 1 1 1 2 3 0 4 2 6 1 0 2 3
```

2 도수분포표와 평균

08 다음 자료의 평균을 구하여라.

점수(점)	10	9	8	7	6	5	계
학생 수(명)	1	4	6	6	4	4	25

09 다음 자료의 평균을 구하여라.

점수(점)	5	6	7	8	9	10	계
학생 수(명)	3	10	13	14	7	3	50

[10~11] 다음 도수분포표는 어떤 학급 학생들의 100 m 달리기 기록을 조사하여 나타낸 것이다. 물음에 답하여라.

기록(초)	학생 수(명)	계급값	(계급값)×(도수)
11^{이상} ~ 13^{미만}	2		
13 ~ 15	5		
15 ~ 17	23		
17 ~ 19	16		
19 ~ 21	4		
합계	50		

10 각 계급의 계급값과 (계급값)×(도수)를 구하여 위의 표를 완성하여라.

11 이 자료의 평균을 구하여라.

12 다음 도수분포표는 어느 반 학생들의 수학 성적을 조사하여 나타낸 것이다. 표의 빈칸을 채우고 수학 성적의 평균을 구하여라.

수학 성적(점)	도수(명)	계급값	(계급값)×(도수)
70^{이상} ~ 75^{미만}	3		
75 ~ 80	8		
80 ~ 85	15		
85 ~ 90	10		
90 ~ 95	4		
합계	40		

13 다음 도수분포표는 어느 반 학생들의 컴퓨터 사용 시간을 조사하여 나타낸 것이다. 표의 빈칸을 채우고 컴퓨터 사용 시간의 평균을 구하여라.

컴퓨터 사용 시간(분)	도수(명)	계급값	(계급값)×(도수)
0^{이상} ~ 20^{미만}	3		
20 ~ 40	8		
40 ~ 60	10		
60 ~ 80	14		
80 ~ 100	5		
합계	40		

3 히스토그램과 평균

14 다음 히스토그램은 학생 20명의 50 m 달리기 기록을 조사하여 나타낸 것이다. 도수분포표의 빈칸을 채우고 달리기 기록의 평균을 구하여라.

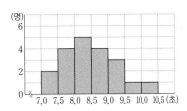

기록(초)	도수(명)	계급값	(계급값)×(도수)
7.0^{이상} ~ 7.5^{미만}			
7.5 ~ 8.0			
8.0 ~ 8.5			
8.5 ~ 9.0			
9.0 ~ 9.5			
9.5 ~ 10.0			
10.0 ~ 10.5			
합계			

15 다음 히스토그램은 어느 반 학생들의 국어 성적을 조사하여 나타낸 것이다. 도수분포표의 빈칸을 채우고 국어 성적의 평균을 구하여라. (단, 소수점 아래 둘째 자리에서 반올림한다.)

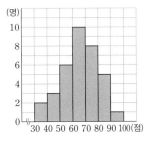

국어 성적(점)	도수(명)	계급값	(계급값)×(도수)
30^{이상} ~ 40^{미만}			
40 ~ 50			
50 ~ 60			
60 ~ 70			
70 ~ 80			
80 ~ 90			
90 ~ 100			
합계			

4 상대도수

16 전체 도수에 대한 각 계급의 도수의 비율을 그 계급의 □□□□라고 한다.

17 어떤 계급의 상대도수는 그 계급의 도수를 □□□으로 나눈 값이다.

18 다음 표는 어느 학교 학생들의 과학 성적을 조사하여 나타낸 것이다. 각 계급의 상대도수를 구하여 표를 완성하여라.

과학 성적(점)	도수(명)	상대도수
$40^{이상}$ ~ $50^{미만}$	2	
50 ~ 60	6	
60 ~ 70	16	
70 ~ 80	14	
80 ~ 90	8	
90 ~ 100	4	
합계	50	

19 다음 표는 어느 학교 학생들의 몸무게를 조사하여 나타낸 것이다. 각 계급의 상대도수를 구하여 표를 완성하여라.

몸무게(kg)	도수(명)	상대도수
$30^{이상}$ ~ $35^{미만}$	1	
35 ~ 40	10	
40 ~ 45	24	
45 ~ 50	7	
50 ~ 55	5	
55 ~ 60	3	
합계	50	

[20~21] 다음 표는 어느 학교 학생들의 키를 조사하여 나타낸 것이다. 물음에 답하여라.

키(cm)	도수(명)	상대도수
$130^{이상}$ ~ $135^{미만}$	1	0.02
135 ~ 140	1	0.02
140 ~ 145	5	E
145 ~ 150	A	0.18
150 ~ 155	B	0.44
155 ~ 160	C	0.12
160 ~ 165	4	F
165 ~ 170	2	0.04
합계	D	G

20 A, B, C, D의 값을 각각 구하여라.

21 E, F, G의 값을 각각 구하여라.

[22~23] 다음 상대도수의 분포표는 어느 중학교 1학년 1반과 1학년 전체의 사회 성적을 조사하여 나타낸 것이다. 물음에 답하여라.

점수(점)	상대도수	
	1반	전체
$30^{이상}$ ~ $40^{미만}$	0.02	0.03
40 ~ 50	0.10	0.12
50 ~ 60	0.16	0.23
60 ~ 70	0.26	0.22
70 ~ 80	0.20	0.19
80 ~ 90	0.18	0.14
90 ~ 100	0.08	0.07
합계	1	1

22 1반 학생 중에서 성적이 60점 이상 80점 미만인 학생은 몇 %인지 구하여라.

23 1학년 전체 학생 중에서 성적이 80점 이상인 학생은 몇 %인지 구하여라.

상대도수의 그래프

24 상대도수의 분포표를 그래프로 나타낼 때는 가로축에는 계급의 ☐을 쓰고, 세로축에는 ☐를 써서 히스토그램이나 도수분포다각형을 그리는 방법으로 그린다.

[25~26] 다음 표는 어느 학교 학생들의 도덕 성적을 조사하여 나타낸 것이다. 물음에 답하여라.

점수(점)	도수	상대도수
30이상 ~ 40미만	2	
40 ~ 50	5	
50 ~ 60	10	
60 ~ 70	14	
70 ~ 80	9	
80 ~ 90	6	
90 ~ 100	4	
합계	50	

25 각 계급의 상대도수를 구하여 표를 완성하여라.

26 다음 상대도수의 그래프를 완성하여라.

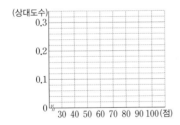

[27~28] 오른쪽 그림은 학생 25명의 충치 개수를 조사하여 나타낸 상대도수의 그래프이다. 물음에 답하여라.

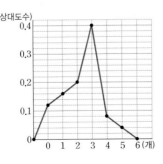

27 충치가 2개인 학생의 상대도수를 구하여라.

28 충치가 3개 이상인 학생 수를 구하여라.

[29~30] 다음 그림은 1학년 학생 25명과 2학년 학생 50명의 몸무게를 조사하여 나타낸 상대도수의 그래프이다. 물음에 답하여라.

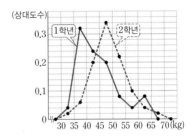

29 도수가 가장 큰 계급을 각각 구하여라.

1학년 : _____ 2학년 : _____

30 각 학년에서 몸무게가 60 kg 이상인 학생 수를 구하여라.

1학년 : _____ 2학년 : _____

[31~32] 오른쪽 그림은 학생 50명의 앉은 키를 조사하여 나타낸 상대도수의 그래프이다. 물음에 답하여라.

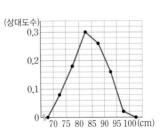

31 도수가 가장 큰 계급의 학생 수를 구하여라.

32 앉은 키가 80 cm 미만인 학생 수를 구하여라.

01 다음 표는 학생 10명의 수행 평가 성적을 조사하여 나타낸 것이다. 수행 평가 성적의 평균을 구하여라.

점수(점)	5	6	7	8	9	10	계
학생 수(명)	1	2	3	2	1	1	10

02 다음 표는 한결이의 5회에 걸친 수학 성적이다. x의 값을 구하여라.

횟수(회)	1	2	3	4	5	평균
성적(점)	88	86	x	84	88	87

03 다음 도수분포표는 은희네 반 학생 30명의 영어 성적을 조사하여 나타낸 것이다. 영어 성적의 평균을 구하여라.

영어 성적(점)	학생 수(명)
$50^{이상} \sim 60^{미만}$	2
60 $\sim$ 70	6
70 $\sim$ 80	11
80 $\sim$ 90	6
90 $\sim$ 100	5
합계	30

04 다음 도수분포표는 유진이네 반 학생들의 몸무게를 조사하여 나타낸 것이다. 몸무게의 평균은?

몸무게(kg)	학생 수(명)
$30^{이상} \sim 40^{미만}$	3
40 $\sim$ 50	11
50 $\sim$ 60	4
60 $\sim$ 70	2
합계	20

① 40.5 kg   ② 42.5 kg

③ 45.5 kg   ④ 47.5 kg

⑤ 50.5 kg

05 영훈이네 학교 1학년 학생 250명 중 영어 성적이 90점 이상인 학생은 50명이다. 전체 학생 수에 대하여 90점 이상인 학생 수의 비율을 구하여라.

06 다음 표는 주사위를 100번 던진 결과이다. 각각의 상대도수를 구하여 표를 완성하여라.

주사위의 눈	1	2	3	4	5	6	합계
도수	17	19	16	16	17	15	100
상대도수							

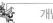

[07~09] 다음 상대도수의 분포표는 어느 중학교 1학년 학생들의 100m 달리기 기록을 조사하여 나타낸 것이다. 물음에 답하여라.

기록(초)	도수(명)	상대도수
15.0^{이상} ~ 16.0^{미만}	2	D
16.0 ~ 17.0	A	0.1
17.0 ~ 18.0	B	0.26
18.0 ~ 19.0	16	E
19.0 ~ 20.0	10	F
20.0 ~ 21.0	3	G
21.0 ~ 22.0	C	0.02
합계	50	

07 A, B, C의 값을 각각 구하여라.

08 D, E, F, G의 값을 각각 구하여라.

09 기록이 좋은 쪽에서 5번째인 학생이 속하는 계급의 학생은 전체의 몇 %인지 구하여라.

10 어떤 도수분포표에서 도수가 3일 때 상대도수가 0.06이면, 도수가 21일 때의 상대도수는 A이고, 상대도수가 0.4일 때의 도수는 B이다. A, B의 값을 각각 구하여라.

[11~14] 다음 그림은 어느 학교 학생들의 키를 조사하여 상대도수의 그래프로 나타낸 것이다. 130 cm 이상 135 cm 미만인 계급의 도수가 3명일 때, 물음에 답하여라.

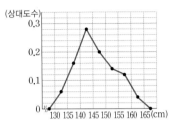

11 키가 150 cm 이상인 학생의 수를 구하여라.

12 키가 140 cm 미만인 학생의 수를 구하여라.

13 도수가 가장 큰 계급과 도수가 가장 작은 계급의 도수의 차를 구하여라.

14 키가 140 cm 이상 150 cm 미만인 학생의 수를 구하여라.

01 오른쪽 도수분포표는 학생 20명의 미술 실기 성적을 조사하여 나타낸 것이다. 미술 실기 성적의 평균을 구하여라.

성적(점)	도수
2이상 ~ 4미만	4
4 ~ 6	8
6 ~ 8	6
8 ~ 10	2
합계	20

02 오른쪽 도수분포표는 학생 20명의 국어 성적을 조사하여 나타낸 것이다. 이때 국어 성적의 평균은?

국어 성적(점)	학생 수(명)
50이상 ~ 60미만	2
60 ~ 70	4
70 ~ 80	8
80 ~ 90	A
90 ~ 100	1
합계	20

① 72점   ② 72.4점
③ 74점   ④ 74.5점
⑤ 76점

03 오른쪽 도수분포표는 주아네 반 학생들의 몸무게를 조사하여 나타낸 것이다. 주아네 반 학생들의 몸무게의 평균은?

몸무게(kg)	학생 수(명)
25이상 ~ 35미만	2
35 ~ 45	7
45 ~ 55	8
55 ~ 65	□
65 ~ 75	1
합계	20

① 42 kg   ② 46.5 kg
③ 48 kg   ④ 50.5 kg
⑤ 51 kg

04 오른쪽 도수분포표는 어느 해 1년 동안 프로 야구 선수 20명의 홈런의 수를 조사하여 나타낸 것이다. 홈런의 수의 평균을 구하여라.

홈런의 수(개)	도수(명)
0이상 ~ 8미만	3
8 ~ 16	4
16 ~ 24	5
24 ~ 32	4
32 ~ 40	3
40 ~ 48	0
48 ~ 56	1
합계	20

[05~06] 다음 그림은 동훈이네 반 학생들의 성적을 상대도수의 그래프로 나타낸 것인데 일부가 찢어졌다. 성적이 40점 이상 50점 미만인 학생 수가 8명일 때, 물음에 답하여라.

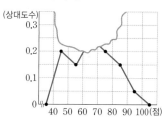

05 동훈이네 반 전체 학생 수를 구하여라.

서술형

06 60점 이상 70점 미만인 계급의 상대도수를 구하고, 이 계급에 속하는 학생 수를 구하여라.
(단, 풀이 과정을 자세히 써라.)

07 오른쪽 표는 성준이네 반 학생들의 턱걸이 기록을 조사하여 나타낸 것인데 일부가 찢어졌다. 도수의 총합을 구하여라.

기록(회)	도수(명)	상대도수
$0^{이상} \sim 2^{미만}$	3	0.075
$2 \sim 4$	7	
$4 \sim 6$	9	
$6 \sim 8$		

08 오른쪽 도수분포표는 어느 학교 1학년 학생들의 몸무게를 조사하여 나타낸 것이다. 몸무게가 45kg 이상 50kg 미만인 계급의 상대도수가 0.24일 때, A, B의 값을 구하여라.

몸무게(kg)	도수(명)
$35^{이상} \sim 40^{미만}$	5
$40 \sim 45$	15
$45 \sim 50$	A
$50 \sim 55$	B
$55 \sim 60$	8
합계	50

09 오른쪽 표는 어느 중학교 1학년 학생 50명의 체육 성적을 조사하여 나타낸 상대도수의 분포표이다. 이때 도수가 가장 큰 계급의 계급값은?

체육 성적(점)	상대도수
$30^{이상} \sim 40^{미만}$	0.02
$40 \sim 50$	A
$50 \sim 60$	0.06
$60 \sim 70$	0.24
$70 \sim 80$	0.34
$80 \sim 90$	0.2
$90 \sim 100$	0.1
합계	

① 55점　　② 65점
③ 75점　　④ 85점
⑤ 95점

10 서술형 A 중학교 1학년 1반과 2반의 학생 수가 각각 51명, 49명이고, 영어 듣기 평가에서 100점을 받은 사람의 상대도수가 각각 x, y라고 한다. 두 학급 전체에 대하여 100점을 받은 학생의 상대도수를 x, y에 관한 식으로 나타내어라. (단, 풀이 과정을 자세히 써라.)

	학생 수	상대도수
1반	51	x
2반	49	y

11 서술형 도수의 총합의 비가 2 : 1이고, 어떤 계급의 도수의 비가 4 : 5일 때, 그 계급의 상대도수의 비를 가장 간단한 자연수의 비로 나타내어라.

12 다음은 민지네 반 학생 40명의 영어 성적에 대한 상대도수의 그래프이다. 옳지 <u>않은</u> 것은?

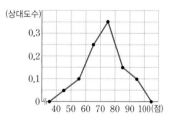

① 계급의 크기는 10점이다.
② 도수가 가장 큰 계급의 계급값은 75점이다.
③ 점수가 80점 이상인 학생은 10명이다.
④ 점수가 60점 이상 80점 미만인 학생은 전체의 65%이다.
⑤ 점수가 10번째로 높은 학생이 속하는 계급은 80점 이상 90점 미만이다.

13 다음 그림은 보리네 반 학생 40명의 수학 성적에 대한 상대도수의 그래프이다. 수학 성적의 평균은?

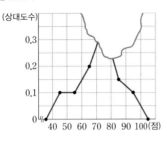

① 70점 ② 70.5점
③ 71점 ④ 71.5점
⑤ 72점

서술형

15 다음 그림은 어느 농장에서 수확한 귤 100개의 무게에 대한 상대도수의 그래프인데 일부가 찢어졌다. 무게가 110g 이상인 귤이 26개일 때, 무게가 100g 이상 110g 미만인 계급의 상대도수를 구하여라.

(단, 풀이 과정을 자세히 써라.)

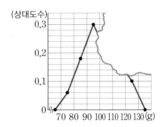

14 다음 그림은 남학생과 여학생을 대상으로 지난 학기 봉사 활동 시간을 조사하여 나타낸 상대도수의 그래프이다. 옳은 것을 모두 고르면? (정답 2개)

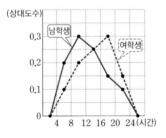

① 전체 남학생 수와 전체 여학생 수는 같다.
② 남학생의 봉사 활동 시간 중 도수가 가장 큰 계급의 계급값은 18시간이다.
③ 여학생이 모두 80명일 때, 계급값이 22시간인 계급의 학생 수는 12명이다.
④ 승준이의 봉사 활동 시간이 17시간일 때, 승준이는 남학생 중 봉사 활동 시간이 많은 쪽에서 25% 이내에 든다.
⑤ 봉사 활동 시간이 16시간 미만인 여학생은 여학생 전체의 50%이다.

16 다음은 어느 중학교 1학년 학생 60명과 2학년 학생 40명의 몸무게에 대한 상대도수의 그래프이다. 옳지 <u>않은</u> 것을 모두 고르면? (정답 2개)

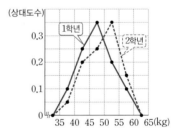

① 두 그래프가 만드는 다각형의 내부 넓이는 같다.
② 1학년과 2학년에서 상대도수가 가장 큰 계급이 같다.
③ 1학년 학생들보다 2학년 학생들이 몸무게가 더 많이 나가는 편이다.
④ 2학년 학생들 중 몸무게가 50 kg 이상인 학생과 50 kg 미만인 학생의 수는 같다.
⑤ 몸무게가 45 kg 미만인 학생은 1학년이 18명, 2학년이 10명이다.

유형 **01**

다음 도수분포표는 지은이네 반 학생 40명이 지난 한 달 동안 읽은 책의 수를 조사하여 나타낸 것이다. 책을 6권 이상 읽은 학생이 전체의 20%일 때, 읽은 책의 수의 평균을 구하여라.

책의 수(권)	학생 수(명)
0^{이상} ~ 2^{미만}	6
2 ~ 4	
4 ~ 6	12
6 ~ 8	
8 ~ 10	2
합계	40

해결**포인트** 도수분포표에서의 평균은
$$\frac{\{(계급값) \times (도수)\}의 합}{(도수)의 총합}$$ 이다.

유형 **02**

다음 그림은 설찬이네 반 학생 50명의 1학기 기말고사 평균 점수에 대한 상대도수의 그래프인데 일부가 찢어졌다. 평균 점수가 80점 이상인 학생이 14명일 때, 70점 이상 80점 미만인 계급의 도수를 구하여라.

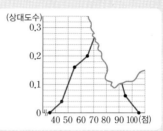

해결**포인트** (어떤 계급의 도수)=(도수의 총합)×(그 계급의 상대도수)임을 이용한다.

확인문제

1-1 다음 도수분포표는 정우네 반 학생들의 하루 운동 시간을 조사하여 나타낸 것이다. 운동 시간의 평균을 구하여라.

운동 시간(분)	도수(명)	상대도수
0^{이상} ~ 20^{미만}		0.16
20 ~ 40	2	0.08
40 ~ 60	4	
60 ~ 80		0.24
80 ~ 100	9	
합계		

확인문제

2-1 다음 그림은 어느 학교 1학년 학생 60명의 몸무게를 나타낸 상대도수의 그래프인데 일부가 찢어졌다. 몸무게가 50kg 미만인 학생 수와 60kg 이상 70kg 미만인 학생 수의 비가 3 : 2일 때, 몸무게가 50kg 이상 60kg 미만인 학생 수를 구하여라.

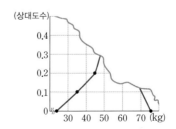

정답 p. 11

1 오른쪽 표는 M 중학교 1학년 1반과 2반의 수학 성적의 평균이다. 1반과 2반 전체의 수학 성적의 평균을 구하여라.

（단, 풀이 과정을 자세히 써라.）

반	1반	2반
평균(점)	68	72
학생 수(명)	38	42

3 오른쪽 도수분포표는 희진이네 반 학생들의 국어 성적을 나타낸 것이다. 국어 성적의 평균을 구하여라.

（단, 풀이 과정을 자세히 써라.）

성적(점)	도수(명)
$50^{이상}$ ~ $60^{미만}$	4
60 ~ 70	10
70 ~ 80	14
80 ~ 90	16
90 ~ 100	
합계	50

2 오른쪽 도수분포표는 달걀의 무게를 조사하여 나타낸 것이다. 계급값이 26g인 계급의 상대도수는 계급값이 34g인 계급의 상대도수보다 0.06이 크다. 이때 계급값이 34g인 계급의 도수를 구하여라.

（단, 풀이 과정을 자세히 써라.）

계급(g)	도수(개)
$20^{이상}$ ~ $24^{미만}$	4
24 ~ 28	11
28 ~ 32	24
32 ~ 36	
36 ~ 40	
합계	50

4 다음 그림은 어느 학교 학생들의 몸무게를 나타낸 상대도수의 그래프이다. 30kg 이상 35kg 미만인 계급의 도수가 1일 때, 몸무게가 60kg 이상인 학생 수를 구하여라.

（단, 풀이 과정을 자세히 써라.）

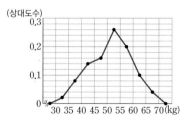

Step 6 도전 1등급

정답 p. 12

01 계급의 크기가 12인 도수분포표에서 계급값이 48인 계급에 속하는 변량 x의 값의 범위가 $a \le x < b$일 때, $2a - b$의 값을 구하여라.

생각해 봅시다!

$$(\text{계급값}) - \frac{(\text{계급의 크기})}{2}$$
$$\le x < (\text{계급값}) + \frac{(\text{계급의 크기})}{2}$$

[02~03] 오른쪽 도수분포표는 태희네 반 학생들이 하루 동안 컴퓨터를 사용하는 시간을 조사하여 나타낸 것이다. 컴퓨터 사용 시간이 60분 이상 80분 미만인 학생이 전체의 25%일 때, 다음 물음에 답하여라.

시간(분)		학생 수(명)
0^{이상} ~ 20^{미만}		3
20 ~ 40		7
40 ~ 60		13
60 ~ 80		A
80 ~ 100		B
100 ~ 120		2
합계		40

02 컴퓨터 사용 시간이 많은 쪽에서 10번째인 학생이 속하는 계급의 계급값을 구하여라.

주어진 조건을 이용하여 빈 곳의 도수 A, B의 값을 구해 본다.

03 컴퓨터 사용 시간이 80분 이상인 학생은 전체의 몇 %인지 구하여라.

컴퓨터 사용 시간이 80분 이상인 학생 수를 구해 본다.

04 오른쪽 히스토그램은 어느 반 학생들의 여름 방학 동안의 봉사 활동 시간을 나타낸 것인데 일부가 찢어졌다. 봉사 활동 시간이 12시간 이상 20시간 미만인 학생이 전체의 50%일 때, 이 반의 전체 학생 수를 구하여라.

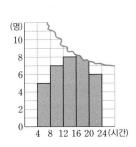

찢어진 부분의 도수를 x명으로 놓고, 주어진 조건을 이용하여 x의 값을 구해 본다.

[05~06] 오른쪽 도수분포다각형은 유이네 반 학생 40명의 수학 성적을 나타낸 것인데 일부가 찢어졌다. 50점 이상 60점 미만인 학생이 70점 이상 90점 미만인 학생보다 7명 더 적을 때, 다음 물음에 답하여라.

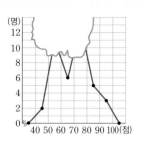

05 수학 성적이 50점 이상 60점 미만인 학생수를 구하여라.

> 생각해봅시다!
> 구하는 학생 수를 x명이라 하고, 주어진 조건을 이용하여 x에 대한 식을 세워 본다.

06 수학 성적이 70점 이상인 학생은 전체의 몇 %인지 구하여라.

> 전체 도수의 총합을 이용하여 70점 이상 80점 미만인 계급의 도수를 구해 본다.

07 오른쪽 도수분포다각형은 S중학교 1학년 1반과 2반의 국어 성적을 조사하여 나타낸 것이다. 1반에서 성적이 상위 20% 이내에 드는 학생의 성적은 2반에서 최소한 상위 몇 % 이내에 드는지 구하여라.

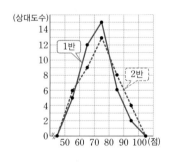

> 1반에서 성적이 상위 20% 이내에 드는 학생의 점수가 몇 점 이상인지 구해 본다.

08 어느 중학교 1학년 1반의 중간고사 평균 점수는 65점, 2반의 평균 점수는 70점이다. 1반과 2반 전체의 평균이 68점일 때, 1반과 2반의 학생 수의 비를 가장 간단한 자연수의 비로 나타내어라.

> (전체의 평균)
> $= \dfrac{(전체\ 점수의\ 총합)}{(전체\ 도수의\ 총합)}$ 임을 이용한다.

09 오른쪽 표는 어느 반 학생들의 멀리뛰기 기록을 나타낸 상대도수의 분포표이다. 다음 중 멀리뛰기에 참여한 인원 수가 될 수 있는 것은?

① 28명   ② 48명
③ 50명   ④ 58명
⑤ 84명

기록(cm)	상대도수
$290^{이상}$ ~ $320^{미만}$	$\dfrac{1}{8}$
320 ~ 350	$\dfrac{1}{6}$
350 ~ 380	
380 ~ 410	$\dfrac{1}{8}$
410 ~ 440	$\dfrac{1}{6}$
합계	1

> (어떤 계급의 도수)=(도수의 총합)×(그 계급의 상대도수)이고, 각 계급의 도수는 모두 자연수이어야 한다.

10 오른쪽 히스토그램은 50명의 학생들이 지난 1년 동안 읽은 책의 수를 조사하여 나타낸 것인데 일부가 찢어졌다. 20권 이상 30권 미만인 계급의 도수가 30권 이상 40권 미만인 계급의 도수의 2배일 때, 읽은 책이 20권 이상 30권 미만인 학생 수를 구하여라.

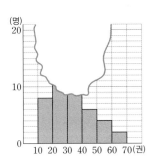

> 도수의 총합이 50이므로 주어진 조건을 이용하여 찢어진 부분의 도수를 구해 본다.

11 오른쪽 그림은 어느 반 학생들의 영어 성적을 조사하여 나타낸 상대도수의 그래프인데 일부가 찢어졌다. 영어 성적의 평균을 구하여라.

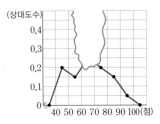

> 상대도수의 총합은 항상 1임을 이용하여 찢어진 부분의 상대도수를 먼저 구해 본다.

12 오른쪽 표는 채민이네 반 학생들의 지난 1주일 동안 독서 시간을 나타낸 상대도수의 분포표인데 일부가 찢어졌다. 독서 시간이 4시간 미만인 학생이 전체의 50%일 때, 독서 시간이 3시간 이상 4시간 미만인 학생 수를 구하여라.

독서 시간(시간)	도수	상대도수
$2^{이상}$ ~ $3^{미만}$	6	0.15
3 ~ 4		

> 전체 학생 수와 독서 시간이 3시간 이상 4시간 미만인 계급의 상대도수를 각각 구해 본다.

Step 7
대단원 성취도 평가

나의 점수 _____점 / 100점 만점

정답 p. 13

객관식 [각 6점]

[01~02] 오른쪽 줄기와 잎 그림은 유리네 반 학생들의 1학기 기말고사 평균 점수를 조사하여 나타낸 것이다. 다음 물음에 답하여라.

1학기 기말고사   (5|0은 50점)

줄기	잎
5	0 4 7
6	2 3 3 8 9
7	1 3 4 4 5 7 8 8 9
8	0 2 2 4 4 5 6 6 8 9
9	3 3 5 6 6 8 9

01 유리의 평균 점수가 82점일 때, 유리보다 평균 점수가 좋은 학생 수는?

① 12명   ② 13명   ③ 14명   ④ 15명   ⑤ 16명

02 평균 점수가 90점 이상인 학생은 전체의 몇 %인가?

① 15%   ② 17.5%   ③ 20%   ④ 22.5%   ⑤ 25%

[03~04] 오른쪽 히스토그램은 어느 반 학생들의 수학 성적을 나타낸 것이다. 다음 물음에 답하여라.

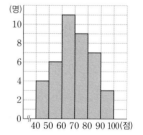

03 도수가 가장 큰 계급의 계급값을 x점, 도수가 가장 작은 계급의 계급값을 y점이라 할 때, $x+y$의 값은?

① 150   ② 155   ③ 160
④ 165   ⑤ 170

04 수학 성적이 하위 25% 이내에 속하는 학생들은 특별 보충 학습에 참여해야 한다. 특별 보충 학습에 참여해야 하는 학생들의 점수는 몇 점 미만인가?

① 50점   ② 60점   ③ 70점   ④ 80점   ⑤ 90점

[05~07] 오른쪽 도수분포표는 윤호네 학교 학생들의 키를 조사하여 나타낸 것이다. 다음 물음에 답하여라.

키(cm)	학생 수(명)
130^{이상} ~ 140^{미만}	7
140 ~ 150	9
150 ~ 160	12
160 ~ 170	
170 ~ 180	6
합계	50

05 다음 중 옳지 않은 것은?

① 계급의 크기는 10 cm이다.
② 계급의 개수는 5개이다.
③ 도수가 가장 큰 계급의 계급값은 165 cm이다.
④ 키가 가장 작은 학생의 키는 130 cm이다.
⑤ 키가 152 cm인 학생이 속하는 계급의 도수는 12명이다.

06 키가 160 cm 이상인 학생은 전체의 몇 %인가?

① 40 %   ② 42 %   ③ 44 %   ④ 46 %   ⑤ 48 %

07 윤호네 학교 학생들의 키의 평균은?

① 160 cm   ② 156 cm   ③ 158 cm   ④ 160 cm   ⑤ 162 cm

[08~09] 오른쪽 표는 세희네 반 학생들의 공던지기 기록을 나타낸 상대도수의 분포표인데 일부가 찢어졌다. 다음 물음에 답하여라.

기록(m)	도수(명)	상대도수
$10^{이상} \sim 20^{미만}$	5	0.125
20 ~ 30	11	A
30 ~ 40	10	
40 ~ 50		
합계		

08 세희네 반 학생은 모두 몇 명인가?

① 32명   ② 36명   ③ 40명

④ 45명   ⑤ 50명

09 A의 값은?

① 0.175   ② 0.2   ③ 0.225   ④ 0.25   ⑤ 0.275

10 계급의 크기가 10인 도수분포표에서 어떤 계급의 계급값이 68일 때, 변량 79가 속하는 계급은?

① 71 이상 81 미만   ② 72 이상 82 미만   ③ 73 이상 83 미만

④ 74 이상 84 미만   ⑤ 75 이상 85 미만

11 다음 중 옳은 것은?

① 상대도수는 그 계급의 도수에 정비례한다.
② 두 집단의 도수분포표에서 도수가 큰 쪽이 상대도수도 크다.
③ 같은 자료에 대한 도수분포다각형과 상대도수의 그래프는 모양이 다르다.
④ 상대도수의 분포만으로도 도수의 총합을 알 수 있다.
⑤ 도수의 합과 상대도수의 합은 모두 1이다.

주관식 [각 8점]

12 오른쪽 표는 서현이네 반 학생들의 몸무게를 조사하여 나타낸 상대도수의 분포표인데 일부가 찢어졌다. 몸무게가 $60\,kg$ 이상 $65\,kg$ 미만인 계급의 도수를 x명, 상대도수를 y라 할 때, $x+y$의 값을 구하여라.

몸무게(kg)	도수(명)	상대도수
$35^{이상}$ ~ $40^{미만}$	5	0.125
40 ~ 45	7	0.175
45 ~ 50	10	0.25
50 ~ 55	12	
55 ~ 60	4	
60 ~ 65		
합계		

13 오른쪽 그림은 수민이네 반 학생들의 $50\,m$ 달리기 기록을 나타낸 상대도수의 그래프인데 일부가 찢어졌다. 달리기 기록의 평균을 구하여라.

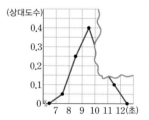

14 오른쪽 그림은 A 중학교 1학년 학생들이 지난 여름 방학 때 체험 학습을 한 시간을 나타낸 상대도수의 그래프이다. 상대도수가 가장 큰 계급의 도수가 78명일 때, 계급값이 10시간인 계급의 도수를 구하여라.

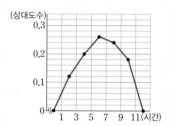

서술형 주관식

15 오른쪽 도수분포표는 T 중학교 1학년 학생들이 지난 한 달 동안 학교 도서실에서 대출한 책의 수를 나타낸 것이다. $A : B = 5 : 3$일 때, 대출한 책의 수가 12권 이상 16권 미만인 계급의 상대도수를 구하여라.
(단, 풀이 과정을 자세히 써라.) [10점]

책의 수(권)	학생 수(명)
$0^{이상}$ ~ $4^{미만}$	36
4 ~ 8	96
8 ~ 12	A
12 ~ 16	B
16 ~ 20	12
합계	240

VI
기본 도형

Step 1
교과서 이해

정답 p. 14

1 기본 도형

01 삼각형이나 사각형, 원과 같이 한 평면 위에 있는 도형을 [   ]이라고 한다.

02 삼각기둥이나 원뿔과 같이 한 평면 위에 있지 않은 도형을 [   ]이라고 한다.

03 도형을 구성하는 기본적인 요소는 [   ], [   ], [   ]이다.

04 선은 무수히 많은 [   ]으로 이루어져 있고, 면은 무수히 많은 [   ]으로 이루어져 있다.

05 선과 선 또는 선과 면이 만날 때 생기는 점을 [   ]이라고 한다.

06 면과 면이 만날 때 생기는 선을 [   ]이라고 한다.

2 직선, 반직선, 선분

[07~08] 알맞은 말을 골라라.

07 한 점을 지나는 직선은 (1개 있다, 무수히 많이 있다).

08 서로 다른 두 점을 지나는 직선은 (1개 있다, 무수히 많이 있다).

09 두 점 A, B를 지나는 직선을 기호로 [   ]와 같이 나타낸다.

[10~12] 다음 각 도형을 기호로 나타내어라.

10
$$\overline{}$$
P   Q

11
$\longleftarrow\!\!\!\bullet\!\!-\!\!\bullet\!\!\longrightarrow$
P   Q

12
$\bullet\!\!\!-\!\!\!\longrightarrow$
P   Q

13 오른쪽 그림과 같이 직선 위에 세 점 A, B, C가 있다. 다음 중 서로 같은 것끼리 짝 지어라.

A   B   C

$\overrightarrow{AB}, \overleftrightarrow{AC}, \overrightarrow{CA}, \overrightarrow{BC}, \overleftrightarrow{CA}, \overleftarrow{BC}, \overrightarrow{CB}, \overrightarrow{AC}$

두 점 사이의 거리

[14~15] 다음 그림에서 점 M이 선분 AB의 중점일 때, □ 안에 알맞은 수를 써넣어라.

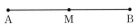

14 $\overline{AM} = \boxed{}\overline{AB}$

15 $\overline{AB} = \boxed{}\overline{MB}$

[16~17] 다음 그림에서 두 점 P, Q가 선분 AB를 삼등분하는 점일 때, □ 안에 알맞은 수를 써넣어라.

16 $\overline{AP} = \overline{PQ} = \boxed{}\overline{AB}$

17 $\overline{AB} = \boxed{}\overline{AP} = \boxed{}\overline{QB}$

[18~20] 다음 그림에서 점 M은 $\overline{AB}$의 중점이고, 점 N은 $\overline{AM}$의 중점일 때, □ 안에 알맞은 수를 써넣어라.

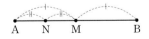

18 $\overline{AB} = \boxed{}\overline{MB}$

19 $\overline{AB} = \boxed{}\overline{NM}$

20 $\overline{AB} = 20$cm이면 $\overline{AN} = \boxed{}$cm이다.

각

[21~24] 오른쪽 그림을 보고 다음 물음에 답하여라.

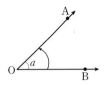

21 한 점 O에서 만나는 두 반직선 OA, OB로 이루어진 이 도형의 이름을 써라.

22 이 도형을 기호로 나타내어라.

23 점 O를 각의 $\boxed{}$, 두 반직선 OA, OB를 각의 $\boxed{}$이라고 한다.

24 ∠AOB에서 꼭짓점 O를 중심으로 변 OB가 변 OA까지 회전한 양을 ∠AOB의 $\boxed{}$라고 한다.

25 ∠AOB의 두 변 OA, OB가 점 O를 중심으로 반대쪽에 있고 한 직선을 이룰 때, 이 각을 $\boxed{}$이라고 한다.

26 평각의 크기의 $\frac{1}{2}$인 각을 $\boxed{}$이라고 한다.

27 직각의 크기는 $\boxed{}$이고, 평각의 크기는 $\boxed{}$이다.

28 크기가 $0°$보다 크고 $90°$보다 작은 각을 $\boxed{}$이라 하고, 크기가 $90°$보다 크고 $180°$보다 작은 각을 $\boxed{}$이라고 한다.

[29~31] 오른쪽 그림을 보고 다음 각을 O, A, B, C, D를 사용하여 기호로 나타내어라.

29 ∠a

30 ∠b

31 ∠c

[32~37] 크기가 다음과 같은 각은 예각, 직각, 둔각, 평각 중에 어느 것인지 말하여라.

32 15°

33 60°

34 90°

35 100°

36 150°

37 180°

[38~40] 오른쪽 그림에서 다음 각의 크기를 구하여라.

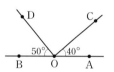

38 ∠COD

39 ∠AOD

40 ∠BOC

[41~42] 다음 그림에서 x의 값을 구하여라.

41

42
2x° 7x°

맞꼭지각

43 두 직선이 한 점에서 만날 때 생기는 각을 그 두 직선의 [   ]이라고 한다.

44 두 직선이 만나면 [   ]개의 교각이 생긴다. 이때 서로 마주 보는 각을 [   ]이라고 한다.

[45~48] 오른쪽 그림에서 다음 각의 맞꼭지각을 구하여라.

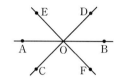

45 ∠AOE

46 ∠AOC

47 ∠DOE

48 ∠BOC

[49~50] 다음 그림에서 ∠a, ∠b의 크기를 각각 구하여라.

49
30° a b

50
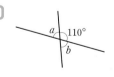

[51~52] 다음 그림에서 ∠a, ∠b, ∠c의 크기를 각각 구하여라.

51
140° a
b c

52
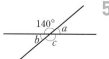
40° a b
c
30°

[53~54] 다음 그림에서 x의 값을 구하여라.

53

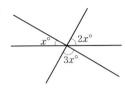

54

[55~57] 다음 그림에서 ∠x의 크기를 구하여라.

55

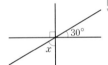

56

57

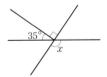

6 수직과 수선

58 두 직선 AB, CD의 교각이 직각일 때, 이 두 직선은 서로 ☐한다고 하며, 이것을 기호로 ☐와 같이 나타낸다.

59 $\overleftrightarrow{AB} \perp \overleftrightarrow{CD}$일 때, 두 직선 AB와 CD는 서로 ☐이라 하며, $\overleftrightarrow{AB}$를 $\overleftrightarrow{CD}$의 ☐이라고 한다.

60 오른쪽 그림에서 직선 CD는 직선 AB의 ☐이고, 점 O를 점 C에서 직선 AB에 내린 ☐이라고 한다.

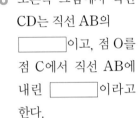

61 오른쪽 그림에서 $\overleftrightarrow{PQ} \perp \overline{AB}$이고 $\overline{AM}=\overline{BM}$일 때, 직선 PQ를 선분 AB의 ☐이라고 한다.

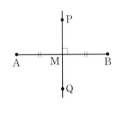

[62~64] 오른쪽 그림과 같은 직사각형 ABCD에 대하여 다음을 구하여라.

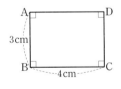

62 변 AB와 직교하는 변

63 변 AD에 수직인 변

64 점 D와 $\overline{BC}$ 사이의 거리

[01~03] 다음 중 옳은 것은 ○표, 옳지 않은 것은 ×표를 하여라.

01 한 점을 지나는 직선은 무수히 많다. (　　)

02 서로 다른 두 점을 지나는 직선은 무수히 많다.
(　　)

03 선과 면이 만날 때 생기는 점을 교점이라고 한다. (　　)

04 오른쪽 그림과 같은 삼각뿔에서 교점의 개수를 a개, 교선의 개수를 b개라 할 때, $a+b$의 값을 구하여라.

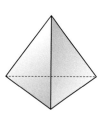

05 다음 그림에서 $\overline{AB}$를 나타내는 것의 기호를 써라.

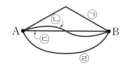

06 오른쪽 그림과 같이 네 점 A, B, C, D 가 한 직선 위에 있을 때, 다음 중 옳지 <u>않은</u> 것은?

A　B　C　D

① $\overleftrightarrow{AB}$와 $\overleftrightarrow{BC}$는 같다.
② $\overrightarrow{AC}$와 $\overrightarrow{CD}$는 같다.
③ $\overline{AD}$와 $\overline{DA}$는 같다.
④ $\overrightarrow{AB}$와 $\overrightarrow{AC}$는 같다.
⑤ $\overrightarrow{BC}$와 $\overrightarrow{CB}$는 같다.

07 오른쪽 그림과 같이 어떤 세 점도 한 직선 위에 있지 않은 네 개의 점 A, B, C, D가 있다. 이 중 두 점을 지나는 직선의 개수를 a개, 반직선의 개수를 b개라 할 때, $a+b$의 값을 구하여라.

A　B
C　D

[08~09] 다음 ☐ 안에 알맞은 수 또는 기호를 써넣어라.

08 점 M이 $\overline{AB}$의 중점일 때,
$\overline{AM}=$ ☐ $\overline{AB}$이다.

09 $\overline{AB}$와 $\overline{CD}$의 길이가 서로 같으면
$\overline{AB}$ ☐ $\overline{CD}$이다.

10 다음 그림에서 점 M, N은 각각 $\overline{AB}$와 $\overline{BC}$의 중점이다. $\overline{MN}=6\,cm$일 때, $\overline{AC}$의 길이를 구하여라.

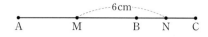

11 다음 그림에서 $\overline{AB}=3\overline{BC}$이고 두 점 M, N은 각각 $\overline{AB}$, $\overline{BC}$의 중점이다. $\overline{MN}=12\,cm$일 때, $\overline{AB}$의 길이를 구하여라.

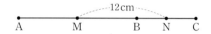

12 오른쪽 그림을 보고 그 크기가 큰 것부터 차례로 기호를 써라.

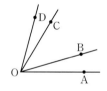

㈀ $\angle AOB$

㈁ $\angle DOB$

㈂ $\angle AOD$

㈃ $\angle BOC$

13 오른쪽 그림에서 $\angle AOC=\angle BOD$ $=90°$일 때, $\angle x$, $\angle y$의 크기를 구하여라.

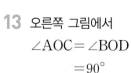

[14~15] 다음 그림에서 $\angle a$, $\angle b$, $\angle c$, $\angle d$의 크기를 구하여라.

14

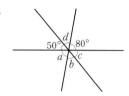

15

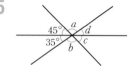

16 다음 그림에서 $\angle a$, $\angle b$, $\angle c$의 크기를 구하여라.

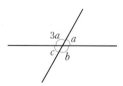

17 다음 그림에서 $\angle a$, $\angle b$, $\angle c$의 크기를 구하여라.

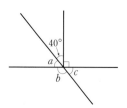

실력완성

정답 p. 16

01 오른쪽 그림과 같은 직
육면체에서 교점의 개
수를 a개, 교선의 개수
를 b개라 할 때, $a+b$
의 값을 구하여라.

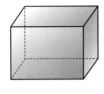

02 오른쪽 그림과 같이
세 점 A, B, C가 한
직선 위에 있다. 다음 중 같은 것끼리 짝지
어지지 <u>않은</u> 것은?

① $\overleftrightarrow{AC}$, $\overleftrightarrow{AB}$ ② $\overline{AB}$, $\overline{BA}$

③ $\overleftrightarrow{AC}$, $\overleftrightarrow{BC}$ ④ $\overrightarrow{AC}$, $\overrightarrow{CA}$

⑤ $\overline{AC}$, $\overline{CA}$

03 오른쪽 그림과 같이
네 점 A, B, C, D
가 한 직선 위에 있
다. 다음 중 옳은 것은?

① $\overrightarrow{AB}$는 $\overrightarrow{BC}$에 포함된다.

② $\overrightarrow{AB}$와 $\overrightarrow{BC}$는 같다.

③ $\overrightarrow{BC}$와 $\overrightarrow{CD}$의 공통 부분은 $\overline{BD}$이다.

④ $\overrightarrow{AB}$와 $\overrightarrow{CD}$의 공통 부분은 $\overline{CD}$이다.

⑤ $\overrightarrow{BD}$와 $\overrightarrow{CA}$의 공통 부분은 $\overline{BD}$이다.

04 어떤 세 점도 한 직선 위에 있지 않은 5개의
점 A, B, C, D, E가 있다. 이 중 두 점을
지나는 서로 다른 직선, 반직선, 선분의 개수
를 각각 x개, y개, z개라 할 때, $x+y+z$의
값을 구하여라.

05 5개의 점 A, B, C,
D, E가 오른쪽 그림
과 같이 있을 때, 이
중 두 점을 지나는 서
로 다른 직선의 개수는?

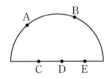

① 4개   ② 8개

③ 10개   ④ 15개

⑤ 20개

06 세 점 A, B, C가 차례로 한 직선 위에 있
다. $\overline{AB}$, $\overline{BC}$의 중점을 각각 M, N이라 하
면 $\overline{MN}=24\,\text{cm}$이다. 이때 $\overline{AC}$의 길이를
구하여라.

07 다음 그림에서 $\overline{AC}=12\,cm$, $\overline{BC}=2\overline{AB}$이고, 두 점 M, N이 각각 $\overline{AB}$, $\overline{BC}$의 중점일 때, $\overline{MN}$의 길이를 구하여라.

(단, 풀이 과정을 자세히 써라.)

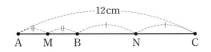

08 아래 그림에서 점 M, N은 $\overline{AB}$를 삼등분하는 점이고, 점 P는 $\overline{AM}$의 중점이다. 다음 중 옳지 않은 것은?

① $\overline{AB}=6\overline{AP}$ ② $\overline{BP}=5\overline{AP}$
③ $\overline{AB}=3\overline{AM}$ ④ $\overline{AN}=3\overline{PM}$
⑤ $\overline{MN}=2\overline{AP}$

09 오른쪽 그림에서
$\angle BOD = \angle COE$
$= 90°$
이고, $\angle AOC=32°$
일 때, $\angle x$의 크기를 구하여라.

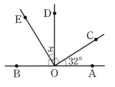

10 오른쪽 그림에서
$\overline{OA}\perp\overline{OC}$, $\overline{OB}\perp\overline{OD}$,
$\angle AOB+\angle COD=50°$
일 때, $\angle BOC$의 크기는?

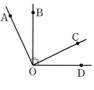

① $50°$ ② $55°$
③ $60°$ ④ $65°$
⑤ $70°$

11 오른쪽 그림에서 $\angle x$ 크기는?

① $10°$ ② $15°$
③ $20°$ ④ $25°$
⑤ $30°$

12 오른쪽 그림에서
$\angle x : \angle y = 1 : 2$
일 때, $\angle x$의 크기는?

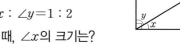

① $15°$ ② $20°$
③ $25°$ ④ $30°$
⑤ $35°$

13 오른쪽 그림에서
$\overline{AE}\perp\overline{BO}$,
$\angle AOC=4\angle BOC$,
$\angle COE=4\angle COD$
일 때, $\angle BOD$의 크기를 구하여라.

14 오른쪽 그림과 같이 시계가 3시 40분을 가리킬 때, 시침과 분침이 이루는 각 중에서 작은 쪽의 각의 크기는?

(단, 시계 바늘의 두께는 무시한다.)

① $120°$ ② $125°$
③ $130°$ ④ $135°$
⑤ $140°$

15 오른쪽 그림에서 $\angle x$의 크기를 구하여라.

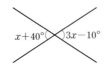

16 오른쪽 그림과 같이 4개의 직선이 한 점에서 만날 때 생기는 맞꼭지각은 모두 몇 쌍인가?

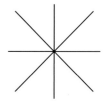

① 4쌍   ② 6쌍
③ 8쌍   ④ 10쌍
⑤ 12쌍

17 오른쪽 그림에서 $\angle x$의 크기를 구하여라.

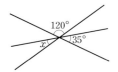

18 오른쪽 그림에서 $\angle x$의 크기를 구하여라.

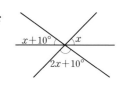

19 오른쪽 그림에서 $\angle x + \angle y$의 크기를 구하여라.

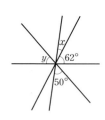

20 오른쪽 그림에서
$\angle AOB=90°$
$\angle AOC=6\angle BOC$,
$\angle DOE=3\angle COD$
일 때, $\angle COD$의 크기를 구하여라.
(단, 풀이 과정을 자세히 써라.)

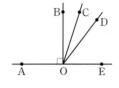

21 오른쪽 그림에 대하여
다음 중 옳은 것은?

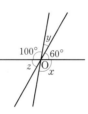

① $\angle x+\angle y$는 예각
이다.
② $\angle x+\angle y=90°$이다.
③ $\angle x+\angle y=150°$이다.
④ $\angle x+\angle y+\angle z$는 둔각이다.
⑤ $\angle x+\angle y+\angle z$는 평각이다.

22 오른쪽 그림에서 $\angle x$
의 크기를 구하여라.

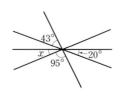

23 8시와 9시 사이에 시침과 분침이 일치할 때
의 시각을 구하여라.

24 오른쪽 그림에 대하여 다
음 중 옳지 <u>않은</u> 것은?

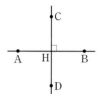

① $\overleftrightarrow{AB}\perp\overleftrightarrow{CD}$
② $\angle CHA=90°$
③ $\overleftrightarrow{AB}$는 $\overleftrightarrow{CD}$의 수선이다.
④ 점 C에서 $\overleftrightarrow{AB}$에 내린 수선의 발은 점
H이다.
⑤ 점 A와 $\overleftrightarrow{CD}$ 사이의 거리는 $\overline{AD}$이다.

25 오른쪽 그림과 같은
직각삼각형 ABC에
대하여 다음 중 옳지
<u>않은</u> 것은?

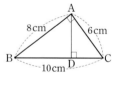

① $\overline{AB}$는 $\overline{AC}$의 수선이다.
② $\angle ADB=\angle BAC=90°$
③ 점 C에서 $\overline{AB}$까지의 거리는 $6\,cm$이다.
④ 점 B에서 $\overline{AC}$까지의 거리는 $8\,cm$이다.
⑤ 점 B에서 $\overline{AC}$에 내린 수선의 발은 점 C
이다.

유형 01

세 점 A, B, C가 차례로 한 직선 위에 있다. $\overline{AB}=3\overline{BC}$이고, $\overline{AB}$, $\overline{BC}$의 중점을 각각 M, N이라 할 때, $\overline{MN}=30\,\mathrm{cm}$이다. 이때 $\overline{AB}$의 길이를 구하여라.

해결**포인트** $\overline{AB}$의 중점이 M이면 $\overline{AM}=\overline{BM}=\dfrac{1}{2}\overline{AB}$임을 이용한다.

유형 02

오른쪽 그림에서 $\overline{AE}\perp\overline{BO}$, $\angle AOC=7\angle BOC$, $\angle DOE=2\angle COD$일 때, $\angle BOD$의 크기를 구하여라.

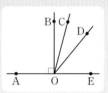

해결**포인트** $\angle BOC=\angle a$라 하면 $\angle AOC=7\angle BOC=7\angle a$임을 이용한다.

확인문제

1-1 오른쪽 그림에서 $\overline{AB}=\dfrac{1}{2}\overline{BC}$이고 $\overline{AC}=36\,\mathrm{cm}$일 때, $\overline{AB}$의 길이를 구하여라.

확인문제

2-1 오른쪽 그림에서 $\angle AOP=\angle POQ$, $\angle QOR=\angle ROB$일 때, $\angle POR$의 크기를 구하여라.

1-2 다음 그림에서 점 M은 $\overline{AB}$의 중점이고 점 N은 $\overline{AM}$의 중점, 점 L은 $\overline{NM}$의 중점이다. $\overline{NL}=2\,\mathrm{cm}$일 때, $\overline{LB}$의 길이를 구하여라.

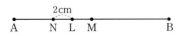

2-2 오른쪽 그림에서 $\angle AOC=\dfrac{2}{3}\angle AOD$, $\angle EOB=\dfrac{2}{3}\angle DOB$일 때, $\angle COE$의 크기를 구하여라.

1 다음 그림에서 $\overline{AB}=40\,cm$이고
$\overline{AC}:\overline{CB}=3:2$, $\overline{AM}:\overline{MC}=1:2$,
$\overline{CN}=\overline{BN}$일 때, $\overline{MN}$의 길이를 구하여라.
(단, 풀이 과정을 자세히 써라.)

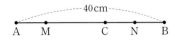

3 오른쪽 그림에서
$\angle AOB=90°$,
$\angle COD=\angle DOE$,
$\angle AOB=2\angle COB$
일 때, $\angle BOD$의 크기를 구하여라.
(단, 풀이 과정을 자세히 써라.)

2 오른쪽 그림에서
$\angle a+\angle b$의 크기를
구하여라.
(단, 풀이 과정을
자세히 써라.)

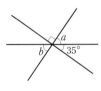

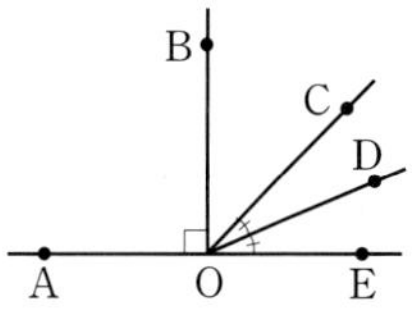

4 오른쪽 그림에서
$\overline{OA}\perp\overline{OC}$, $\overline{OB}\perp\overline{OD}$
이고
$\angle AOB+\angle COD$
$=70°$
일 때, $\angle BOC$의 크기를 구하여라.
(단, 풀이 과정을 자세히 써라.)

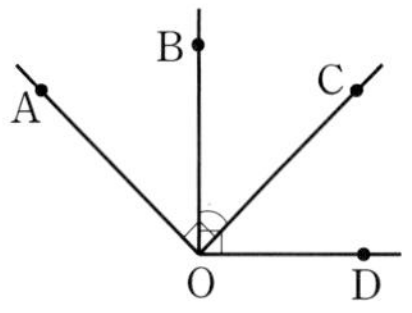

PART 02 위치 관계

1 점과 직선, 점과 평면의 위치 관계

[01~02] 오른쪽 그림에서 다음을 구하여라.

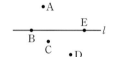

01 직선 l 위에 있는 점

02 직선 l 위에 있지 않은 점

[03~04] 오른쪽 그림에서 다음을 구하여라.

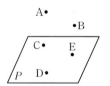

03 평면 P 위에 있는 점

04 평면 P 위에 있지 않은 점

[05~07] 오른쪽 직육면체에서 다음을 구하여라.

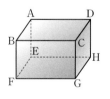

05 모서리 AB 위에 있는 꼭짓점

06 모서리 AB 위에 있지 않은 꼭짓점

07 면 BFGC 위에 있는 꼭짓점

2 평면에서 두 직선의 위치 관계

08 한 평면 위에 있는 두 직선의 위치 관계는 다음 세 가지가 있다.

(ⅰ) 한 점에서 만난다.
(ⅱ) 일치한다.
(ⅲ) ☐.

09 한 평면 위의 서로 다른 두 직선은 ☐ 하거나 만난다.

[10~12] 오른쪽 그림의 직사각형 ABCD에서 다음을 구하여라.

10 변 AB와 만나는 두 변

11 변 BC와 평행한 변

12 점 A에서 만나는 두 변

[13~16] 한 평면 위에 있는 서로 다른 세 직선 l, m, n에 대하여 ☐ 안에 알맞은 기호를 써넣어라.

13 $l/\!/m$이고 $m/\!/n$이면 l☐n이다.

14 $l/\!/m$이고 $m\perp n$이면 l☐n이다.

15 $l\perp m$이고 $m\perp n$이면 l☐n이다.

16 $l\perp m$이고 $m/\!/n$이면 l☐n이다.

3 공간에서 두 직선의 위치 관계

17 공간에서 두 직선이 만나지도 않고, 평행하지도 않을 때, 두 직선은 □에 있다고 한다.

18 두 직선 l, m이 한 평면 위에 있지 않을 때, 두 직선 l, m은 □에 있다고 한다.

19 공간에 있는 두 직선의 위치 관계는 다음 세 가지가 있다.
(i) 한 점에서 만난다.
(ii) 평행하다.
(iii) □.

[20~23] 오른쪽 그림의 직육면체에서 다음 두 직선의 위치 관계를 말하여라.

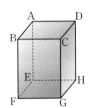

20 $\overleftrightarrow{AB}$와 $\overleftrightarrow{GH}$

21 $\overleftrightarrow{AB}$와 $\overleftrightarrow{CG}$

22 $\overleftrightarrow{BC}$와 $\overleftrightarrow{AD}$

23 $\overleftrightarrow{BC}$와 $\overleftrightarrow{BF}$

[24~26] 오른쪽 직육면체에 대하여 다음 모서리를 모두 써라.

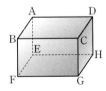

24 $\overline{AD}$와 평행한 모서리

25 $\overline{AD}$와 만나는 모서리

26 $\overline{AD}$와 평행하지도 않고 만나지도 않는 모서리

4 직선과 평면의 위치 관계

[27~31] 다음 중 옳은 것은 ○표, 옳지 않은 것은 ×표를 하여라.

27 서로 다른 두 점을 지나는 평면은 1개 있다.
( )

28 한 직선 위에 있는 세 점 A, B, C를 지나는 평면은 무수히 많다. ( )

29 한 직선 위에 있지 않은 서로 다른 세 점 A, B, C를 지나는 평면은 1개 있다. ( )

30 한 점에서 만나는 서로 다른 두 직선을 포함하는 평면은 무수히 많다. ( )

31 한 직선 AB와 그 위에 있지 않은 점 C를 포함하는 평면은 1개 있다. ( )

32 공간에서 직선 l과 평면 P의 위치 관계는 다음 세 가지가 있다.
(i) l이 P에 □.
(ii) l이 P와 한 점에서 만난다.
(iii) l이 P와 □.

33 직선 l과 평면 P가 만나지 않을 때, 직선 l과 평면 P는 □고 하고, 기호로 □와 같이 나타낸다.

[34~37] 오른쪽 직육면체에서 다음을 구하여라.

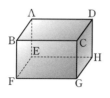

34 면 ABCD와 평행한 모서리

35 면 ABCD와 한 점에서 만나는 모서리

36 모서리 BF와 평행한 면

37 면 ABCD와 수직인 모서리

5 평면과 평면의 위치 관계

38 서로 다른 두 평면의 위치 관계는 다음 두 가지가 있다.
(ⅰ) 한 직선에서 만난다.
(ⅱ) _____.

[39~41] 오른쪽 직육면체에서 다음을 구하여라.

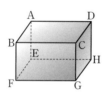

39 면 ABCD와 면 CGHD의 교선

40 면 CGHD와 평행한 면

41 모서리 FG를 포함하는 면

[42~45] 공간에 있는 서로 다른 두 직선 l, m과 서로 다른 세 평면 P, Q, R에 대하여 다음 중 옳은 것은 ○표, 옳지 않은 것은 ×표를 하여라.

42 $l /\!/ P$, $m /\!/ P$이면 $l /\!/ m$이다. ( )

43 $l \perp P$, $m \perp P$이면 $l /\!/ m$이다. ( )

44 $P \perp Q$, $Q \perp R$이면 $P \perp R$이다. ( )

45 $P \perp Q$, $Q /\!/ R$이면 $P \perp R$이다. ( )

6 동위각과 엇각

[46~49] 오른쪽 그림에서 다음 각의 동위각을 써라.

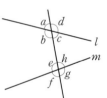

46 $\angle a$

47 $\angle b$

48 $\angle c$

49 $\angle d$

[50~51] 오른쪽 그림에서 다음 각의 엇각을 써라.

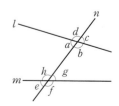

50 $\angle a$

51 $\angle b$

[52~55] 오른쪽 그림에서 다음 각의 크기를 구하여라.

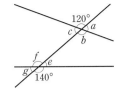

52 $\angle a$의 동위각

53 $\angle b$의 엇각

54 $\angle a$의 맞꼭지각

55 $\angle c$의 엇각

7 평행선의 성질

56 평행한 두 직선이 다른 한 직선과 만날 때, 동위각의 크기는 ☐.

57 서로 다른 두 직선이 한 직선과 만날 때, 한 쌍의 동위각의 크기가 같으면 두 직선은 ☐.

58 오른쪽 그림에서 $\angle a = \angle c$이면 l ☐ m이다.

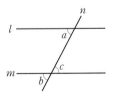

[59~60] 오른쪽 그림에서 $l /\!/ m$일 때, 다음 각의 크기를 구하여라.

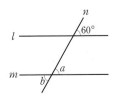

59 $\angle a$

60 $\angle b$

[61~64] 오른쪽 그림에서 $l /\!/ m$일 때, 다음 각의 크기를 구하여라.

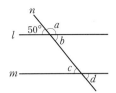

61 $\angle a$

62 $\angle b$

63 $\angle c$

64 $\angle d$

65 오른쪽 그림에서 $l /\!/ m$일 때, $\angle x$, $\angle y$, $\angle z$의 크기를 구하여라.

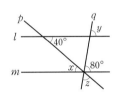

[66~67] 다음 그림에서 $l /\!/ m$일 때, $\angle x$의 크기를 구하여라.

66

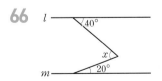

67

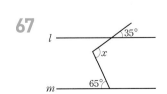

정답 p. 20

01 다음 중 한 평면 위에 있는 두 직선의 위치 관계가 될 수 없는 것은?

① 수직이다.　　② 일치한다.
③ 만나지 않는다.　④ 한 점에서 만난다.
⑤ 서로 다른 두 점에서 만난다.

02 오른쪽 그림에 대한 다음 설명 중 옳지 않은 것은?

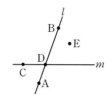

① 점 A는 직선 l 위에 있다.
② 점 B는 직선 m 위에 있지 않다.
③ 직선 l은 점 B를 지난다.
④ 점 D는 직선 m 위에 있지 않다.
⑤ 점 E는 두 직선 l, m 위에 있지 않다.

[03~05] 오른쪽 그림의 평행사변형 ABCD에서 다음을 구하여라.

03 $\overleftrightarrow{AB}$에 평행한 직선

04 $\overleftrightarrow{AD}$에 평행한 직선

05 $\overleftrightarrow{AB}$와 $\overleftrightarrow{BC}$의 교점

06 오른쪽 삼각기둥에서 모서리 AD와 꼬인 위치에 있는 모서리를 모두 써라.

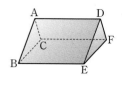

07 오른쪽 그림의 직육면체에 대한 다음 설명 중 옳은 것을 모두 고르면? (정답 2개)

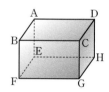

① 모서리 AB와 모서리 DH는 평행하다.
② 모서리 AB와 모서리 EF는 꼬인 위치에 있다.
③ 모서리 AB와 면 BFGC는 수직이다.
④ 면 ABCD와 면 AEHD는 평행하다.
⑤ 면 ABCD와 면 ABFE는 수직이다.

[08~09] 오른쪽 그림의 직육면체에서 다음을 구하여라.

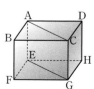

08 평면 AEGC와 평행한 모서리

09 $\overline{AC}$와 꼬인 위치에 있는 모서리

[10~12] 오른쪽 그림의 직육면체에서 다음을 구하여라.

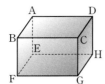

10 모서리 BC와 평행한 모서리

11 모서리 BC와 꼬인 위치에 있는 모서리

12 평면 AEHD와 수직인 모서리의 개수

[13~16] 다음 중 옳은 것은 ○표, 옳지 않은 것은 ×표를 하여라.

13 한 직선에 평행한 서로 다른 두 평면은 평행하다. ( )

14 한 평면에 평행한 서로 다른 두 평면은 평행하다. ( )

15 한 평면에 수직인 서로 다른 두 평면은 평행하다. ( )

16 한 직선에 수직인 서로 다른 두 평면은 평행하다. ( )

[17~18] 오른쪽 그림에서 $l /\!/ m$, $p /\!/ q$이고, $\angle a = 55°$일 때, 다음 각의 크기를 구하여라.

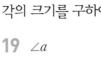

17 $\angle b$

18 $\angle c$

[19~21] 오른쪽 그림에서 $l /\!/ m$일 때, 다음 각의 크기를 구하여라.

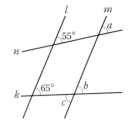

19 $\angle a$

20 $\angle b$

21 $\angle c$

22 오른쪽 그림에서 $l /\!/ m$, $l /\!/ n$이면 $m /\!/ n$이다. 다음 □ 안에 알맞은 것을 써넣어라.

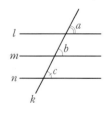

$l /\!/ m$이므로 $\angle a = \angle \boxed{}$ ······ ㉠

$l /\!/ n$이므로 $\angle a = \angle \boxed{}$ ······ ㉡

㉠, ㉡에서 $\angle b = \angle \boxed{}$

따라서 $m /\!/ n$이다.

23 오른쪽 그림에서 $l /\!/ m$이고 $\angle PQR = 90°$일 때, $\angle x$의 크기를 구하여라.

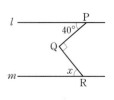

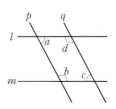

01 오른쪽 그림에 대한 다음 설명 중 옳지 <u>않은</u> 것은?

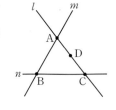

① 점 A는 직선 l 위에 있다.

② 점 B는 직선 m 위에 있다.

③ 점 B는 두 직선 m, n의 교점이다.

④ 점 C는 두 직선 l, m의 교점이다.

⑤ 점 D는 직선 n 위에 있지 않다.

04 공간에서 직선의 위치 관계에 대한 설명으로 옳은 것을 모두 고르면? (정답 2개)

① 서로 평행한 두 직선은 만나지 않는다.

② 한 직선에 평행한 두 직선은 서로 평행하다.

③ 한 직선에 수직인 두 직선은 서로 평행하다.

④ 세 직선 중 두 직선은 반드시 평행하다.

⑤ 서로 만나지 않는 두 직선은 항상 평행하다.

02 오른쪽 그림과 같은 정팔각형에서 각 변을 연장한 직선 중 $\overleftrightarrow{\text{BC}}$와 만나는 직선의 개수를 구하여라.

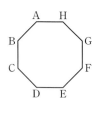

05 오른쪽 그림의 직육면체에서 모서리 AD와 평행한 모서리의 개수를 a개, 모서리 AD와 꼬인 위치에 있는 모서리의 개수를 b개라 할 때, $a+b$의 값을 구하여라.

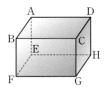

03 오른쪽 그림과 같이 점 A는 평면 P 위에 있지 않고, 삼각형 BCD는 평면 P 위에 있다.

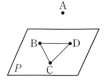

이들 네 점 A, B, C, D 중 세 개의 점으로 결정되는 서로 다른 평면의 개수를 구하여라.

06 오른쪽 그림의 삼각기둥에서 면 ADEB와 위치 관계가 나머지 넷과 다른 하나는?

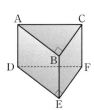

① $\overline{\text{DE}}$ ② $\overline{\text{BC}}$

③ $\overline{\text{AC}}$ ④ $\overline{\text{EF}}$

⑤ $\overline{\text{DF}}$

07 다음 중 두 직선이 꼬인 위치에 있는 경우를 모두 고르면? (정답 2개)

① 만나고 한 평면 위에 있을 때
② 만나지 않고 한 평면 위에 있을 때
③ 한 평면 위에 있지 않을 때
④ 일치하고 한 평면 위에 있을 때
⑤ 만나지도 않고 평행하지 않을 때

08 오른쪽 그림은 면 AEHD와 면 BFGC 는 사다리꼴이고 그 외의 모든 면은 직사각형인 입 체도형이다. 다음 중 모서리 CG와 꼬인 위 치에 있는 모서리가 <u>아닌</u> 것은?

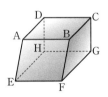

① $\overline{AB}$ ② $\overline{AD}$
③ $\overline{EH}$ ④ $\overline{AE}$
⑤ $\overline{BF}$

09 오른쪽 그림의 전개 도를 이용하여 삼각 뿔을 만들었을 때, 모 서리 AB와 꼬인 위치에 있는 모서리를 구 하여라.

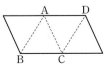

10 오른쪽 직육면체에서 면 ABFE와 평행한 면의 개수를 a개, 수직 인 면의 개수를 b개라 할 때, $a+b$의 값을 구하여라.
(단, 풀이 과정을 자세히 써라.)

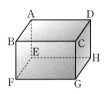

11 오른쪽 그림의 직육면체 에 대한 다음 설명 중 옳지 <u>않은</u> 것은?

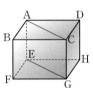

① 직선 AC와 꼬인 위 치에 있는 모서리는 6개이다.
② 면 AEGC와 면 ABCD는 수직이다.
③ 직선 AC는 면 ABCD에 평행하다.
④ ∠AEG의 크기는 90°이다.
⑤ 면 BFGC에 수직인 모서리는 4개이다.

12 오른쪽 그림은 직육면 체를 세 꼭짓점 A, F, C를 지나는 평면으로 잘라낸 것이다. 모서리 AC와 꼬인 위치에 있는 모서리의 개수를 a개, 수직인 모서리의 개수를 b개라 할 때, $a-b$의 값은?

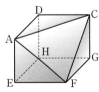

① 3   ② 4
③ 5   ④ 6
⑤ 7

13 공간에서 서로 다른 세 직선 l, m, n과 서로 다른 세 평면 P, Q, R에 대하여 다음 중 옳은 것은?

① $P/\!/Q$, $Q/\!/R$이면 $P/\!/R$이다.
② $l/\!/m$, $m/\!/n$이면 $l\perp n$이다.
③ $l/\!/m$, $m\perp n$이면 $l/\!/n$이다.
④ $l/\!/P$, $m\perp P$이면 $l/\!/m$이다.
⑤ $P\perp Q$, $Q\perp R$이면 $P\perp R$이다.

14 공간에서 서로 다른 두 직선 l, m과 서로 다른 두 평면 P, Q에 대하여 다음 중 옳은 것을 모두 고르면? (정답 2개)

① $l\perp P$이고 $m\perp P$이면 $l/\!/m$이다.
② $l/\!/P$이고 $m/\!/P$이면 $l/\!/m$이다.
③ $l/\!/P$이고 $l/\!/Q$이면 $P/\!/Q$이다.
④ $P/\!/Q$이고 $l\perp P$이면 $l\perp Q$이다.
⑤ $l/\!/P$이고 $m\perp P$이면 $l\perp m$이다.

15 오른쪽 그림의 전개도로 만든 정육면체에서 모서리 AN과 꼬인 위치에 있는 것은?

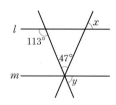

① $\overline{\text{BE}}$　　② $\overline{\text{IJ}}$
③ $\overline{\text{KL}}$　　④ $\overline{\text{DM}}$
⑤ $\overline{\text{GF}}$

16 오른쪽 그림에서 동위각끼리 짝지어지지 않은 것은?

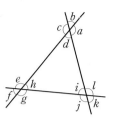

① $\angle b$와 $\angle e$
② $\angle a$와 $\angle h$
③ $\angle e$와 $\angle i$
④ $\angle a$와 $\angle k$
⑤ $\angle f$와 $\angle d$

17 오른쪽 그림에서 $l/\!/m$일 때, $\angle x$, $\angle y$의 크기를 각각 구하여라.

18 오른쪽 그림에서 $\overleftrightarrow{\text{AB}}/\!/\overleftrightarrow{\text{CD}}$, $\angle \text{BEF}=\angle \text{GEF}$, $\angle \text{DGF}=\angle \text{EGF}$ 일 때, $\angle \text{EFG}$의 크기를 구하여라.

(단, 풀이 과정을 자세히 써라.)

19 다음 중 두 직선 l, m이 평행하지 않은 것은?

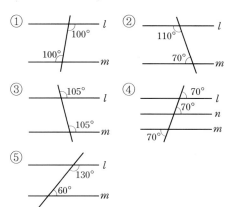

20 오른쪽 그림에서 $l /\!/ m$ 일 때, 다음 중 옳지 않은 것은?

① $\angle b + \angle g = 180°$
② $\angle a = \angle c = \angle e = \angle g$
③ $\angle b = \angle h = \angle f = \angle d$
④ $\angle d + \angle f = 180°$
⑤ $\angle a + \angle f = 180°$

21 오른쪽 그림에서 $l /\!/ m$ 일 때, $\angle x + \angle y$의 크기를 구하여라.

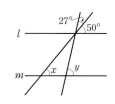

22 오른쪽 그림에서 $l /\!/ m$ 일 때, $\angle x$의 크기를 구하여라.

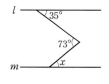

23 오른쪽 그림에서 $l /\!/ m$일 때, $\angle x$의 크기를 구하여라. (단, 풀이 과정을 자세히 써라.)

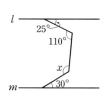

24 오른쪽 그림에서 $l /\!/ m$일 때, $\angle x$의 크기를 구하여라.

25 오른쪽 그림에서 $l /\!/ m$일 때, $\angle x$의 크기를 구하여라.

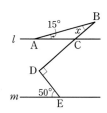

26 다음은 오른쪽 그림에 서 '∠a=∠c이면 l//m이다.'임을 설명 한 것이다. □ 안에 알 맞은 것을 차례로 적은 것은?

> ┌─────────────────────────────┐
> │ ☐이므로 ∠b=∠c   │
> │ ∠a=∠c이므로 ∠a=∠b   │
> │ ∠a와 ∠b는 ☐이고, 크기가 같으므로 │
> │ l//m이다.   │
> │ 따라서 ☐의 크기가 같으면 두 직선이 │
> │ 평행함을 설명할 수 있다.   │
> └─────────────────────────────┘

① 맞꼭지각, 동위각, 동위각
② 맞꼭지각, 동위각, 엇각
③ 맞꼭지각, 엇각, 엇각
④ 동위각, 엇각, 동위각
⑤ 엇각, 동위각, 엇각

27 오른쪽 그림에서 l//m//n일 때, ∠x+∠y+∠z의 크 기를 구하여라.

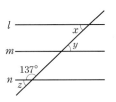

28 오른쪽 그림에서 l//m일 때, ∠x의 크 기를 구하여라.

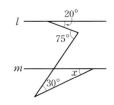

29 오른쪽 그림과 같이 직 사각형 모양의 종이를 접었을 때, ∠x의 크기 를 구하여라.

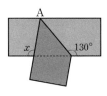

30 다음 그림과 같이 직사각형 모양의 종이를 접었을 때, ∠x+∠y의 크기를 구하여라.

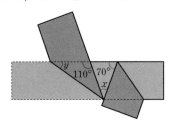

유형 **01**

다음 그림은 직육면체를 세 꼭짓점 A, F, C를 지나는 평면으로 잘라서 만든 입체도형이다. 모서리 AC에 평행한 면과 면 AEHD에 평행한 면을 각각 구하여라.

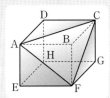

해결**포인트** 일부를 잘라 낸 입체도형에서의 위치 관계를 파악할 때는 자르기 전의 입체도형에서의 위치 관계를 먼저 알아본다.

유형 **02**

다음 그림과 같이 6개의 점 A, B, C, D, E, F 중에서 5개의 점 A, B, C, D, E는 한 평면 위에 있다. 6개의 점 중 3개의 점으로 만들 수 있는 서로 다른 평면의 개수를 구하여라.

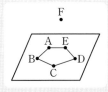

해결**포인트** 어떤 경우에 평면이 하나로 결정되는지 생각해 본다.

확인문제

1-1 다음 그림은 직육면체를 $\overline{BF} /\!/ \overline{IJ}$가 되도록 자른 것이다. 이때 면 BFJI와 평행한 면의 개수를 a개, 면 IJHD와 수직인 면의 개수를 b개라 할 때, $a+b$의 값을 구하여라.

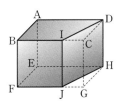

확인문제

2-1 다음 중 하나의 평면을 결정하는 경우를 모두 골라 그 기호를 써라.

㈀ 한 직선과 이 직선 밖의 한 점
㈁ 수직인 두 직선
㈂ 공간에서 만나지 않는 두 직선
㈃ 한 점에서 만나는 두 직선
㈄ 공간의 네 점
㈅ 한 직선과 이 직선 위의 한 점

유형03

다음 그림에서 $l /\!/ m$이고
$\angle ACD = \angle BCD$이다. $\angle ADC = 24°$,
$\angle DAB = 52°$일 때, $\angle x$의 크기를 구하여
라.

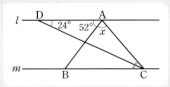

> 해결**포인트** 평행선과 엇각의 성질, 삼각형의 세 각의 크
> 기의 합이 $180°$임을 이용한다.

유형04

다음 그림에서 $l /\!/ m$일 때, $\angle x$의 크기를 구
하여라.

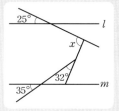

> 해결**포인트** 꺾인 부분의 점을 지나고 주어진 직선과 평
> 행한 보조선을 그어 평행선의 성질을 이용한다.

확인문제

3-1 오른쪽 그림에서
$l /\!/ m$일 때,
$\angle a + \angle b$의 크기를
구하여라.

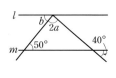

3-2 다음 그림에서 $l /\!/ m$이고
$\angle BAD = 2\angle BAE$, $\angle CAD = 2\angle CAF$
일 때, $\angle BAC$의 크기를 구하여라.

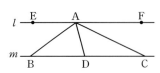

확인문제

4-1 오른쪽 그림에서
$l /\!/ m$일 때, $\angle x$의
크기를 구하여라.

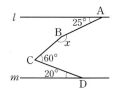

4-2 오른쪽 그림에서
$l /\!/ m$이고
$\angle a + \angle b + \angle c$
$+ \angle d + \angle e$의 크기
를 구하여라.

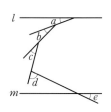

1 오른쪽 그림과 같이 밑면
이 정오각형인 오각기둥
에서 모서리 BG와 평행
한 모서리의 개수를 a개,
모서리 BG와 꼬인 위치
에 있는 모서리의 개수를 b개라 하자. 이
때 $a+b$의 값을 구하여라.

(단, 풀이 과정을 자세히 써라.)

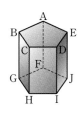

2 오른쪽 입체도형은 직
육면체에서 $\overline{AD}=\overline{EH}$
가 되도록 삼각기둥을
잘라 내어 만든 사각기
둥이다. $\overline{AD}$와 평행한 면의 개수를 a개, $\overline{BF}$
와 꼬인 위치에 있는 모서리의 개수를 b개라
할 때, $a+b$의 값을 구하어라.

(단, 풀이 과정을 자세히 써라.)

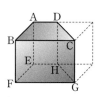

3 오른쪽 그림에서
$\angle a+\angle b$의 크기
를 구하여라.
(단, 풀이 과정을
자세히 써라.)

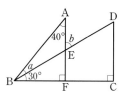

4 오른쪽 그림과 같이 종
이 테이프를
$\angle ABC=62°$가 되게
접었다. 이때 $\angle x$의 크
기를 구하여라.

(단, 풀이 과정을 자세히 써라.)

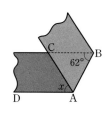

PART 03 작도와 합동

Step 1

교과서 이해

정답 p. 24

1 작도

01 눈금 없는 자와 컴퍼스만을 사용해서 도형을 그리는 것을 [   ]라고 한다.

02 작도에서 [   ]는 두 점을 연결하여 선분을 그리거나 선분을 연장하는 데 사용한다.

03 작도에서 [   ]는 원을 그리거나 주어진 선분을 옮길 때 사용한다.

2 선분의 작도

04 다음 그림의 선분 AB와 길이가 같은 선분 PQ를 작도하여라.

A•————————————•B

05 다음 그림의 선분 AB를 점 B쪽으로 연장하여, 선분 AB의 길이의 두 배가 되는 선분을 작도하여라.

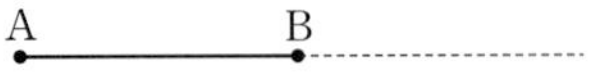

A————————B- - - - - - - -

3 각의 이등분선의 작도

06 오른쪽 그림은 ∠XOY를 이등분하는 방법을 나타낸 것이다. 이 방법을 설명하여라.

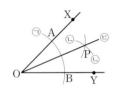

07 오른쪽 그림에서 ∠AOC, ∠BOC의 이등분선인 $\overrightarrow{OM}$, $\overrightarrow{ON}$을 각각 작도하여라.

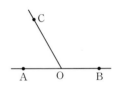

4 수선의 작도

08 오른쪽 그림은 직선 l 위의 점 O에서 l의 수선을 긋는 방법을 나타낸 것이다. 이 방법을 설명하여라.

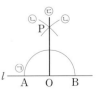

09 오른쪽 그림은 직선 l 위에 있지 않은 점 P에 서 l에 수선을 긋는 방 법을 나타낸 것이다. 이 방법을 설명하여라.

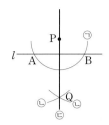

[13~16] 크기가 다음과 같은 각을 작도하여라.

13 $15°$

14 $45°$

15 $75°$

16 $105°$

---

5 **선분의 수직이등분선의 작도**

10 오른쪽 그림은 선분 AB 를 수직이등분하는 방법 을 나타낸 것이다. 이 방 법을 설명하여라.

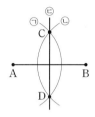

---

7 **각 옮기기**

17 다음 그림은 ∠BOA와 크기가 같은 각을 $\overrightarrow{PQ}$를 한 변으로 하여 작도하는 방법을 나타 낸 것이다. 이 방법을 설명하여라.

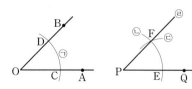

11 다음 그림에서 $\overline{OA}=a$라고 할 때, $\overline{OB}=\dfrac{1}{2}a$, $\overline{OC}=\dfrac{3}{2}a$인 점 B와 C를 $\overrightarrow{OA}$ 위에 작도하여라.

---

6 **특수한 각의 작도**

12 오른쪽 그림은 직각 AOB의 삼등분선 $\overrightarrow{OC}$, $\overrightarrow{OD}$를 작도하는 방법을 나타낸 것이 다. 작도 순서를 바르 게 나열하고 ∠AOD= ∠DOC=∠COB임 을 설명하여라.

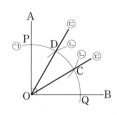

18 오른쪽 그림은 직선 XY 위에 있지 않은 한 점 P를 지나고 직 선 XY에 평행한 직 선을 작도하는 방법을 나타낸 것이다. 작도 순서를 바르게 나열하 여라.

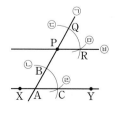

삼각형

[19~24] 오른쪽 그림의
△ABC에서 다음을 구하
여라.

19 △ABC의 세 꼭짓점

20 △ABC의 세 변

21 △ABC의 세 내각

22 ∠A, ∠B, ∠C의 대변

23 변 AB, BC, CA의 대각

24 다음 □ 안에 알맞은 부등호를 써넣어라.
(1) $\overline{AB}+\overline{BC}$ □ $\overline{AC}$
(2) $\overline{BC}+\overline{AC}$ □ $\overline{AB}$
(3) $\overline{AB}+\overline{AC}$ □ $\overline{BC}$

[25~29] 다음 중 삼각형의 세 변의 길이가 될
수 있는 것은 ○표, 될 수 없는 것은 ×표를 하
여라.

25 4 cm, 5 cm, 6 cm   (   )

26 3 cm, 7 cm, 11 cm   (   )

27 10 cm, 15 cm, 20 cm   (   )

28 8 cm, 8 cm, 1 cm   (   )

29 3 cm, 4 cm, 7 cm   (   )

30 삼각형의 세 변의 길이가 2, 5, a일 때, a가
될 수 있는 정수를 모두 구하여라.

삼각형의 작도

31 다음 그림은 길이가 a, b, c인 세 선분을 세
변으로 하는 △ABC를 작도한 것이다. 이 방
법을 설명하고 각자 작도하여 보아라.

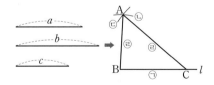

32 다음 그림은 길이가 b, c인 두 선분과 ∠A의
크기가 주어졌을 때, ∠A가 길이가 b, c인
두 선분의 끼인각이 되는 △ABC를 작도한
것이다. 이 방법을 설명하고 각자 작도하여
보아라.

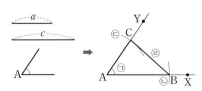

33 다음 그림은 길이가 a인 두 선분과 ∠A, ∠C 의 크기가 주어졌을 때, ∠A, ∠B가 길이가 a인 변의 양 끝각이 되는 △ABC를 작도한 것이다. 이 방법을 설명하고 각자 작도하여 보아라.

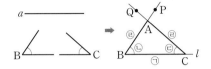

10 삼각형의 결정 조건

34 삼각형의 모양과 크기는 다음의 각 경우에 각각 하나로 결정된다.
  (1) 세 [ ]의 길이가 주어졌을 때
  (2) 두 [ ]의 길이와 그 [ ]의 크기 가 주어졌을 때
  (3) 한 [ ]의 길이와 그 양 [ ]의 크 기가 주어졌을 때

[35~39] 다음 각 조건이 주어질 때, △ABC가 하나로 결정되는 것은 ◯표, 결정되지 않는 것 은 ✕표를 하여라.

35 $\overline{AB}=2\,cm$, $\overline{BC}=3\,cm$, $\overline{CA}=5\,cm$ (   )

36 $\overline{AB}=5\,cm$, $\overline{BC}=3\,cm$, ∠A$=30°$ (   )

37 $\overline{AB}=2\,cm$, ∠A$=30°$, ∠B$=30°$ (   )

38 ∠A$=30°$, ∠B$=30°$, ∠C$=120°$ (   )

39 $\overline{BC}=4\,cm$, ∠A$=100°$, ∠B$=40°$ (   )

11 도형의 합동

40 모양과 크기가 똑같아 완전히 포개어지는 두 도형을 [   ]이라고 한다.

41 합동인 두 도형에서 서로 포개어지는 꼭짓점 과 꼭짓점, 변과 변, 각과 각은 서로 [   ] 한다고 한다.

42 △ABC와 △DEF가 서로 합동인 것을 기호 로 △ABC [   ] △ABC와 같이 나타낸다.

[43~46] △ABC≡△DEF일 때, 다음을 구하 여라.

43 ∠B의 대응각

44 ∠F의 대응각

45 변 BC의 대응변

46 변 DE의 대응변

47 다음 그림에서 △ABC와 △DEF는 서로 합동 이다. 이때 x, y, z의 값을 각각 구하여라.

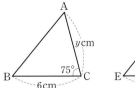

Step 2 개념탄탄

01 다음 중 작도에 대한 설명으로 옳은 것을 모두 골라 기호를 써라.

> (ㄱ) 눈금 없는 자와 컴퍼스만을 사용한다.
> (ㄴ) 선분의 길이를 잴 때 자를 사용한다.
> (ㄷ) 두 점을 연결하는 선분을 그릴 때 자를 사용한다.
> (ㄹ) 선분의 길이를 옮길 때 컴퍼스를 사용한다.

02 오른쪽 그림은 ∠XOY의 이등분선을 작도한 것이다. 작도 순서를 바르게 나열하여라.

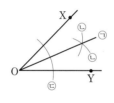

03 오른쪽 그림은 직선 XY 위의 한 점 O를 지나고 $\overleftrightarrow{XY}$에 수직인 직선을 작도한 것이다. 작도 순서를 바르게 나열하여라.

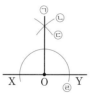

04 오른쪽 그림은 한 점 P에서 직선 XY에 내린 수선의 발을 작도한 것이다. 작도 순서를 바르게 나열하여라.

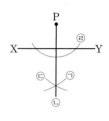

05 다음 그림은 ∠AOB와 크기가 같은 각을 $\overrightarrow{O'B'}$을 한 변으로 하여 작도한 것이다. 작도 순서를 바르게 나열하여라.

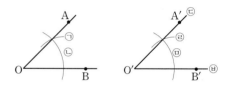

06 다음 그림은 $\overleftrightarrow{AB}$ 위에 있지 않은 한 점 P를 지나고 $\overleftrightarrow{AB}$에 평행한 직선을 작도한 것이다. 작도 순서를 바르게 나열하여라.

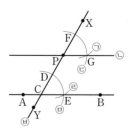

66 · Ⅵ. 기본 도형

07 다음 중 △ABC가 하나로 결정되는 것을 모두 고르면? (정답 2개)

① $\overline{BC}=5\,cm$, ∠B=50°, ∠C=60°

② $\overline{AB}=7\,cm$, ∠B=30°, $\overline{BC}=4\,cm$

③ $\overline{AB}=5\,cm$, $\overline{BC}=10\,cm$, $\overline{CA}=3\,cm$

④ $\overline{AB}=4\,cm$, $\overline{AC}=6\,cm$, ∠C=30°

⑤ $\overline{AC}=5\,cm$, $\overline{BC}=4\,cm$, ∠A=60°

08 다음 그림의 △ABC와 △A′B′C′이 합동일 때, $\overline{AB}$, $\overline{B'C'}$의 길이를 각각 구하여라.

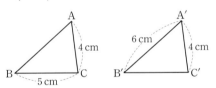

09 오른쪽 그림에서 $\overline{AD}//\overline{BC}$일 때, △ABC와 △CDA의 합동 조건을 말하여라.

10 오른쪽 그림에서 △ABD≡△CBD일 때, 합동 조건을 말하여라.

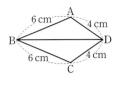

11 오른쪽 그림에서 △ABE≡△ACD일 때, 합동 조건을 말하여라.

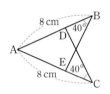

12 다음 그림의 삼각형 중에서 서로 합동인 것을 찾고, 합동 조건을 말하여라.

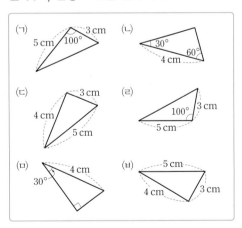

01 다음 중 작도에 대한 설명으로 옳은 것은?

① 삼각자와 컴퍼스를 사용하여 도형을 그리는 것

② 자와 각도기를 사용하여 도형을 그리는 것

③ 각을 옮기는 것

④ 눈금이 없는 자와 컴퍼스만을 사용하여 도형을 그리는 것

⑤ 적당한 도구를 사용하여 도형을 그려 그 이유를 증명하는 것

02 다음 중 작도하는 데 자를 사용하는 경우는?

① 두 점을 잇는다.

② 눈금을 표시한다.

③ 선분의 길이를 잰다.

④ 주어진 선분을 다른 곳에 옮긴다.

⑤ 두 선분의 길이를 비교한다.

03 오른쪽 그림은 ∠XOY의 이등분선 $\overrightarrow{OP}$를 작도한 것이다. 다음 중 옳지 않은 것은?

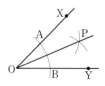

① $\overline{OA}=\overline{OB}$ ② $\overline{AP}=\overline{BP}$

③ $\overline{OA}=\overline{AP}$ ④ ∠AOP=∠BOP

⑤ ∠OAP=∠OBP

04 오른쪽 그림은 $\overline{AB}$의 수직이등분선 $\overleftrightarrow{PQ}$를 작도한 것이다. 옳지 않은 것은?

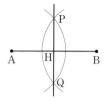

① $\overline{PA}=\overline{PB}$

② $\overline{QA}=\overline{QB}$

③ $\overline{AH}=\dfrac{1}{2}\overline{AB}$

④ $\overline{AH}=\overline{PH}$

⑤ ∠AHP=90°

05 다음 중 작도할 수 있는 각은?

① 20° ② 25°

③ 50° ④ 11.25°

⑤ 80°

06 오른쪽 그림은 점 P를 지나고 $\overleftrightarrow{AB}$와 평행한 직선을 작도한 것이다. 다음 중 옳지 않은 것은?

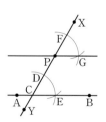

① $\overline{CE}=\overline{CD}$ ② $\overline{PF}=\overline{PG}$

③ $\overline{CD}=\overline{PF}$ ④ $\overline{DE}=\overline{FG}$

⑤ $\overline{CD}=\overline{DE}$

07 길이가 3 cm, 4 cm, 6 cm, 8 cm인 네 개의 선분이 있다. 이 중에서 3개를 골라 만들 수 있는 삼각형의 개수를 구하여라.

08 삼각형의 세 변의 길이가 3, 4, $x+5$일 때, 다음 중 x의 값이 될 수 <u>없는</u> 것은?

① -2 ② -1
③ 0   ④ 1
⑤ 2

09 오른쪽 그림은 직선 XY 위에 있지 않은 한 점 P를 지나고 $\overleftrightarrow{XY}$에 수직인 직선을 작도한 것이다. 다음 중 옳지 <u>않은</u> 것은?

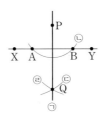

① $\overline{AP}=\overline{BP}$ ② $\overline{AQ}=\overline{BQ}$
③ $\overline{AB}\perp\overline{PQ}$ ④ $\overline{AP}=\overline{AQ}$
⑤ 작도 순서는 ㉡ → ㉣ → ㉢ → ㉠이다.

10 오른쪽 그림은 직선 l 위에 있지 않은 한 점 P를 지나고 직선 l과 평행한 직선을 작도한 것이다. 다음 중 옳지 <u>않은</u> 것은?

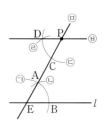

① 크기가 같은 각의 작도를 이용한다.
② 엇각의 크기가 같은 두 직선은 서로 평행함을 이용한다.
③ 작도 순서는 ㉤ → ㉠ → ㉢ → ㉡ → ㉣ → ㉥이다.
④ $\overline{AE}=\overline{CP}$
⑤ $\angle CPD=\angle CDP$

11 오른쪽 그림과 같이 $\angle B$, $\angle C$의 크기와 변 BC의 길이가 주어졌을 때, 다음 중 $\triangle ABC$를 작도 하는 순서가 옳지 <u>않은</u> 것을 모두 고르면? (정답 2개)

① $\overline{BC}$ → $\angle B$ → $\angle C$
② $\angle B$ → $\overline{BC}$ → $\angle C$
③ $\angle C$ → $\overline{BC}$ → $\angle B$
④ $\angle B$ → $\angle C$ → $\overline{BC}$
⑤ $\angle C$ → $\angle B$ → $\overline{BC}$

12 다음 중 △ABC가 하나로 결정되지 <u>않는</u> 것은?

① $\overline{AB}=4\,cm$, $\overline{BC}=7\,cm$, $\overline{CA}=9\,cm$
② $\angle B=40°$, $\angle C=70°$, $\overline{BC}=9\,cm$
③ $\overline{AB}=5\,cm$, $\overline{BC}=8\,cm$, $\angle C=70°$
④ $\overline{AB}=8\,cm$, $\overline{CA}=6\,cm$, $\angle A=100°$
⑤ $\overline{AB}=6\,cm$, $\overline{BC}=8\,cm$, $\angle B=60°$

13 변 AB의 길이가 주어졌을 때, △ABC가 하나로 정해지기 위해 더 필요한 조건이 <u>아닌</u> 것은?

① $\angle A$의 크기, $\overline{BC}$의 길이
② $\angle A$의 크기, $\angle C$의 크기
③ $\angle A$의 크기, $\angle B$의 크기
④ $\overline{AC}$의 길이, $\overline{BC}$의 길이
⑤ $\angle A$의 크기, $\overline{AC}$의 길이

14 다음 그림에서 △ABC≡△PQR일 때, $a+x$의 값을 구하여라.

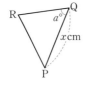

15 다음 중 오른쪽 그림의 삼각형과 합동인 것은?

① ②

③ 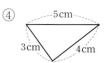 ④

⑤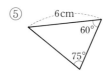

16 다음은 ∠XOY의 이등분선 OZ 위의 한 점 P에서 $\overrightarrow{OX}$, $\overrightarrow{OY}$에 내린 수선의 발을 각각 A, B라 할 때, $\overline{PA}=\overline{PB}$임을 보이는 과정이다. □ 안에 알맞은 것으로 옳지 <u>않은</u> 것은?

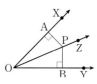

△POA와 △POB에서
∠POA = [①], $\overline{OP}$는 [②]
∠OAP = ∠OBP이므로
∠OPA = [③]
∴ △POA≡ [④] ([⑤] 합동)
따라서 $\overline{PA}=\overline{PB}$

① ∠POB　　　② 공통
③ ∠OPB　　　④ △POB
⑤ SAS

17 오른쪽 그림과 같이 $\overline{BC}$, $\overline{CD}$를 각각 한 변으로 하는 정삼각형 ABC와 ECD가 있다. 다음 중 옳지 않은 것은?

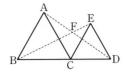

(단, 세 점 B, C, D는 한 선분 위에 있다.)

① $\angle ACE = 60^\circ$

② $\overline{BE} = \overline{AD}$

③ $\angle EBC = \angle DAC$

④ $\overline{AB} = \overline{BF}$

⑤ $\angle BCE = \angle ACD$

 서술형

18 오른쪽 그림의 정삼각형 ABC에서 $\overline{AD} = \overline{BE} = \overline{CF}$이면
$\triangle ADF \equiv \triangle BED$
$\equiv \triangle CFE$
이다. 이때 합동 조건을 말하여라.

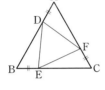

(단, 풀이 과정을 자세히 써라.)

 서술형

19 다음 그림에서 두 사각형 ABCD와 CEFG는 각각 정 사각형이다. $\overline{DE}$ 의 길이를 구하여 라. (단, 풀이 과정을 자세히 써라.)

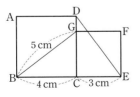

20 다음은 $\overline{AB}$의 수직이등분선 위의 한 점을 P라 할 때, $\overline{PA} = \overline{PB}$임을 보이는 과정이다. □ 안에 알맞은 것을 차례로 적은 것은?

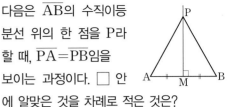

> $\triangle PAM$과 $\triangle PBM$에서 $\overline{AM} = \boxed{}$
> $\overline{PM}$은 공통, $\angle AMP = \boxed{}$
> $\therefore \triangle PAM \equiv \triangle PBM(\boxed{}$합동)
> 따라서 $\overline{PA} = \overline{PB}$이다.

① $\overline{BM}$, $\angle BMP$, ASA

② $\overline{BM}$, $\angle BMP$, SAS

③ $\overline{PM}$, $\angle BMP$, ASA

④ $\overline{PM}$, $\angle BPM$, SAS

⑤ $\overline{PM}$, $\angle BPM$, ASA

서술형

21 오른쪽 그림과 같이 정삼각형 ABC의 변 BC의 연장선 위에 점 D를 잡고 $\overline{AD}$를 한 변으로 하는 정삼 각형 ADE를 그린다. $\overline{BC} = 4\,cm$, $\overline{CD} = 5\,cm$일 때, $\overline{CE}$의 길이를 구하여라.

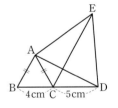

(단, 풀이 과정을 자세히 써라.)

서술형

22 다음 그림에서 $\angle x$의 크기를 구하여라.

(단, 풀이 과정을 자세히 써라.)

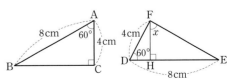

유형 01

∠AOB와 크기가 같은 각을 $\overrightarrow{CD}$를 한 변으로 하여 작도하려고 한다. 작도 순서를 바르게 나열하여라.

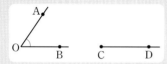

ㄱ $\overrightarrow{CF}$를 긋는다.

ㄴ 컴퍼스로 $\overline{PQ}$의 길이를 잰다.

ㄷ 점 O를 중심으로 적당히 원을 그려 $\overrightarrow{OA}$, $\overrightarrow{OB}$와 만나는 점을 각각 P, Q라 한다.

ㄹ 점 E를 중심으로 반지름의 길이가 $\overline{PQ}$인 원을 그려 점 P를 중심으로 그린 원과의 교점을 F라 한다.

ㅁ 점 C를 중심으로 반지름의 길이가 $\overline{OP}$인 원을 그려 $\overrightarrow{CD}$와 만나는 점을 E라 한다.

해결포인트 기본적인 작도 방법(크기가 같은 각, 선분의 수직이등분선, 평행선 등)을 반드시 익혀 두도록 한다.

확인문제

1-1 오른쪽 그림은 한 변의 길이가 3 cm인 정삼각형을 작도한 것이다. 작도 순서를 나열하여라.

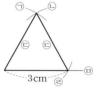

유형 02

오른쪽 그림에서 $\overline{OA}=\overline{OB}$, $\overline{OC}=\overline{OD}$ 이면 △OAC≡△OBD 이다. 이때 이용되는 삼각형의 합동 조건을 말하여라.

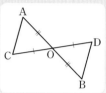

해결포인트 두 삼각형은 다음 각 경우에 합동이다.
(i) 대응하는 세 변의 길이가 같을 때 (SSS 합동)
(ii) 대응하는 두 변의 길이가 같고 그 끼인 각의 크기가 같을 때 (SAS 합동)
(iii) 한 변의 길이가 같고 그 양 끝각의 크기가 같을 때 (ASA 합동)

확인문제

2-1 오른쪽 그림의 사각형 ABCD는 정사각형이다. $\overline{BE}=\overline{CF}$일 때, 합동인 삼각형을 찾아 기호로 나타내고 합동 조건을 말하여라.

2-2 오른쪽 그림에서 $\overline{AB}/\!\!/\overline{DC}$, $\overline{AD}/\!\!/\overline{BC}$이면 △ABC≡△CDA이다. 이때 이용된 합동 조건을 말하여라.

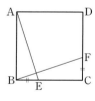

1 삼각형의 세 변의 길이가 5, 8, x일 때, x 의 값이 될 수 있는 자연수의 개수를 구하여라. (단, 풀이 과정을 자세히 써라.)

3 오른쪽 그림의 $\triangle ABC$에서 $\overline{AB}=\overline{AC}$이고 $\overline{BD}\perp\overline{AC}$, $\overline{CE}\perp\overline{AB}$ 일 때, 삼각형의 합동 을 이용하여 $\overline{BD}=\overline{CE}$임을 보여라.

(단, 풀이 과정을 자세히 써라.)

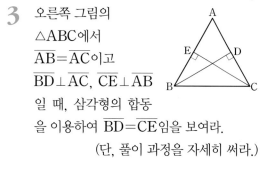

2 오른쪽 그림의 정삼각형 ABC에서 $\overline{BE}=\overline{CD}$이고 $\overline{CE}$와 $\overline{BD}$의 교점을 F라 할 때, 서로 합동인 삼각형은 모두 몇 쌍인지 구하여라.

(단, 풀이 과정을 자세히 써라.)

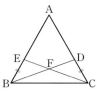

4 다음 그림과 같이 정삼각형 ABC에서 $\overline{BC}$ 의 연장선 위에 점 D를 잡아 $\overline{CD}$를 한 변으로 하는 정삼각형 CDE를 만들었다. 이 때 $\angle BFD$의 크기를 구하여라.

(단, 풀이 과정을 자세히 써라.)

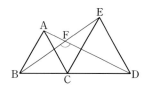

 정답 p. 29

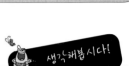

01 세 점 A, B, C가 차례로 한 직선 위에 있고, $\overline{AB}:\overline{BC}=3:2$이다. $\overline{AB}$의 중점을 M, $\overline{BC}$의 중점을 N이라 할 때, $\overline{AM}:\overline{MN}$을 가장 간단한 자연수의 비로 나타내어라.

> $\overline{AB}$의 중점이 M이면 $\overline{AM}=\overline{BM}=\dfrac{1}{2}\overline{AB}$임을 이용한다.

02 오른쪽 그림에서 $\overline{AO}\perp\overline{CO}$, $\overline{BO}\perp\overline{DO}$이고 $\angle AOB+\angle COD=100°$일 때, $\angle BOC$의 크기를 구하여라.

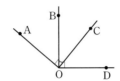

> $\overline{AO}\perp\overline{CO}$이면 $\angle AOC=90°$임을 이용한다.

03 오른쪽 그림에서 $\angle AOC=9\angle BOC$, $\angle COE=9\angle COD$ 일 때, $\angle BOD$의 크기를 구하여라.

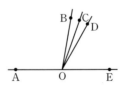

> $\angle BOD=\angle BOC+\angle COD$임을 이용한다.

04 오른쪽 그림에서 $\angle x$의 크기를 구하여라.

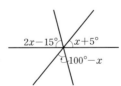

> 두 직선이 한 점에서 만날 때 생기는 네 각 중 마주 보는 각인 맞꼭지각은 그 크기가 같음을 이용한다.

05 오른쪽 그림과 같이 평면 P 위에 세 점 A, B, C가 있고, 평면 P 위에 있지 않은 두 점 E, F가 있다. 5개의 점 중 3개의 점으로 결정되는 서로 다른 평면의 최대 개수를 구하여라. (단, 5개의 점 중 어떤 3개의 점도 한 직선 위에 있지 않다.)

> 한 직선 위에 있지 않은 서로 다른 세 점은 하나의 평면을 결정한다.

06 오른쪽 그림에서 $l /\!/ m$이고 $\overline{PQ} /\!/ \overline{RS}$이다. $\angle QRS = 90°$일 때, $\angle x + \angle y$의 크기를 구하여라.

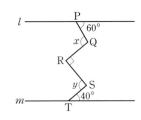

> 세 점 Q, R, S를 각각 지나고 직선 l에 평행한 세 직선을 그은 후 평행선과 엇각의 성질을 이용한다.

07 오른쪽 그림에서 $l /\!/ m$일 때, $\angle x$의 크기를 구하여라.

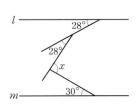

> 꺾이는 점을 지나고 직선 l에 평행한 보조선을 그어 본다.

08 오른쪽 그림에서 $l /\!/ m$일 때, $\angle a + \angle b + \angle c + \angle d$의 크기를 구하여라.

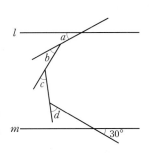

> 보조선을 그어 평행선과 동위각, 엇각의 성질을 이용한다.

09 다음 중 △ABC가 하나로 결정되지 <u>않는</u> 것을 모두 고르면?

(정답 2개)

① $\overline{AB}=6\,cm$, $\overline{BC}=10\,cm$, $\angle B=70°$
② $\overline{AB}=15\,cm$, $\angle A=70°$, $\angle B=110°$
③ $\overline{AB}=8\,cm$, $\overline{BC}=15\,cm$, $\overline{AC}=7\,cm$
④ $\overline{BC}=12\,cm$, $\angle B=80°$, $\angle C=50°$
⑤ $\overline{AB}=3\,cm$, $\overline{BC}=4\,cm$, $\overline{CA}=5\,cm$

> 세 변의 길이가 주어질 때, 두 변의 길이와 그 끼인 각의 크기가 주어질 때, 한 변의 길이와 양 끝각의 크기가 주어질 때 삼각형이 하나로 결정된다.

10 오른쪽 그림과 같이 정육면체를 세 꼭짓점 B, F, C를 지나는 평면으로 잘라서 만든 입체도형에 대한 다음 설명 중 옳지 <u>않은</u> 것은?

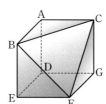

① $\angle BFC$의 크기는 $60°$이다.
② 모서리 CF와 면 ABED는 평행하다.
③ 모서리 BF와 면 DEFG는 수직이다.
④ 면 ABED에 수직인 모서리는 3개이다.
⑤ 모서리 BC와 꼬인 위치에 있는 모서리는 5개이다.

> 공간의 두 직선이 만나지도 않고 평행하지도 않을 때, 꼬인 위치에 있다고 한다.

11 다음은 오른쪽 그림의 정삼각형 ABC의 변 AC 위에 점 D를 잡아 정삼각형 CDE를 그리면 $\overline{AE}=\overline{BD}$임을 보이는 과정이다. ☐ 안에 알맞은 것을 써넣어라.

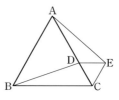

> 두 선분의 길이가 같음을 보이려면 두 선분을 포함하는 두 삼각형이 합동임을 보이고, 합동인 도형의 대응변의 길이가 같음을 이용한다.

$\overline{AC}=\overline{BC}$, $\overline{DC}=\overline{EC}$, $\angle ACE=\angle BCD=$ ☐ °
이므로 △ACE≡ ☐ (☐ 합동)
∴ $\overline{AE}=\overline{BD}$

Step 7

대단원 성취도 평가

나의 점수 _____점 / 100점 만점

정답 p. 31

객관식 [각 5점]

01 오른쪽 그림과 같이 직선 l 위에 네 점 A, B, C, D가 차례로 있을 때, 다음 중 옳은 것은?

① $\overrightarrow{AB}=\overrightarrow{CD}$ ② $\overrightarrow{AB}=\overrightarrow{BC}$ ③ $\overline{AB}=\overline{AC}$ ④ $\overrightarrow{BA}=\overrightarrow{BC}$ ⑤ $\overleftrightarrow{AB}=\overleftrightarrow{AB}$

02 오른쪽 그림에서 점 B는 $\overline{AC}$의 중점이고 점 C는 $\overline{BD}$의 중점일 때, 다음 중 옳지 <u>않은</u> 것은?

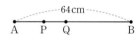

① $\overline{AB}=\overline{BC}=\overline{CD}$ ② $\overline{AC}=\dfrac{2}{3}\overline{AD}$ ③ $\overleftrightarrow{AB}=\overleftrightarrow{CD}$

④ $\overrightarrow{BC}=\overrightarrow{BD}$ ⑤ $\overrightarrow{AD}=\overrightarrow{DA}$

03 오른쪽 그림에서 선분 AB의 길이는 64 cm이고 $\overline{AB}=4\overline{AP}$, $\overline{PB}=4\overline{PQ}$일 때, $\overline{AQ}$의 길이는?

① 24 cm   ② 26 cm   ③ 28 cm   ④ 30 cm   ⑤ 32 cm

04 오른쪽 그림에서 $\angle AOC=\angle COD$, $\angle BOE=\angle DOE$일 때, 다음 중 옳지 <u>않은</u> 것은?

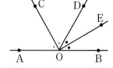

① $\angle AOD=\angle COE$ ② $\angle BOD=2\angle DOE$

③ $\angle AOD=2\angle COD$ ④ $\angle COE=90°$

⑤ $\angle AOC+\angle BOE=90°$

05 오른쪽 그림에서 $\angle x$의 크기는?

① $50°$ ② $55°$ ③ $60°$

④ $65°$ ⑤ $70°$

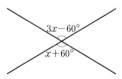

06 오른쪽 그림에서 $l /\!/ m$일 때, $\angle x+\angle y$의 크기는?

① $160°$ ② $170°$ ③ $180°$

④ $190°$ ⑤ $200°$

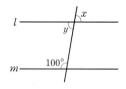

07 오른쪽 그림에 대한 설명으로 옳지 <u>않은</u> 것은?

① $l /\!/ m$이면 $\angle a = \angle e$ ② $\angle b = \angle h$이면 $l /\!/ m$

③ $l /\!/ m$이면 $\angle b = \angle f$ ④ $\angle c = \angle f$이면 $l /\!/ m$

⑤ $l /\!/ m$이면 $\angle a + \angle h = 180°$

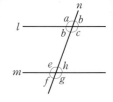

08 오른쪽 그림의 직육면체에서 $\overline{AC}$와 꼬인 위치에 있지 않은 모서리를 모두 고르면? (정답 2개)

① $\overline{EG}$ ② $\overline{BF}$ ③ $\overline{CG}$

④ $\overline{EF}$ ⑤ $\overline{EH}$

09 오른쪽 그림에서 $l /\!/ m$일 때, $\angle x$의 크기는?

① $50°$ ② $55°$ ③ $60°$

④ $65°$ ⑤ $70°$

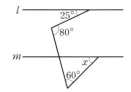

10 서로 다른 세 평면 P, Q, R에 대하여 다음 중 옳은 것은?

① $P /\!/ Q$, $P \perp R$이면 $Q /\!/ R$이다.   ② $P \perp Q$, $Q \perp R$이면 $P /\!/ R$이다.

③ $P \perp Q$, $Q /\!/ R$이면 $P \perp R$이다.   ④ $P /\!/ Q$, $Q /\!/ R$이면 $P \perp R$이다.

⑤ $P \perp Q$, $P \perp R$이면 $Q \perp R$이다.

11 다음 중 △ABC와 △PQR가 합동이 <u>아닌</u> 것은?

① $\overline{AB} = \overline{PQ}$, $\overline{BC} = \overline{QR}$, $\overline{CA} = \overline{RP}$ ② $\angle A = \angle P$, $\angle C = \angle R$, $\overline{CA} = \overline{RP}$

③ $\overline{BC} = \overline{QR}$, $\angle B = \angle Q$, $\angle C = \angle R$ ④ $\angle B = \angle Q$, $\overline{BC} = \overline{QR}$, $\overline{CA} = \overline{RP}$

⑤ $\overline{AB} = \overline{PQ}$, $\overline{BC} = \overline{QR}$, $\angle B = \angle Q$

12 △ABC와 △DEF에서 $\overline{AB} = \overline{DE}$, $\angle B = \angle E$일 때, △ABC와 △DEF가 합동이 되기 위하여 더 필요한 조건이 <u>아닌</u> 것은? (정답 2개)

① $\angle C = \angle F$ ② $\overline{AC} = \overline{DF}$ ③ $\angle A = \angle D$ ④ $\overline{BC} = \overline{EF}$ ⑤ $\overline{AC} = \overline{EF}$

13 오른쪽 그림과 같이 직사각형 모양의 종이 띠를 접었을 때, $\angle x$의 크기는?

① $54°$ ② $60°$ ③ $68°$

④ $72°$ ⑤ $78°$

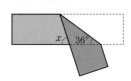

주관식 [각 7점]

14 오른쪽 그림에서 $l /\!/ m$일 때, $\angle x$의 크기를 구하여라.

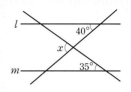

15 오른쪽 그림의 정육면체에서 $\overline{CH}$와 평행한 면의 개수를 a개, 꼬인 위치에 있는 모서리의 개수를 b개라 할 때, $a+b$의 값을 구하여라.

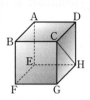

16 오른쪽 그림에서 $\angle x$의 크기를 구하여라.

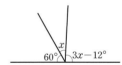

17 오른쪽 그림의 정삼각형 ABC에서 $\overline{AD}=\overline{BE}=\overline{CF}$가 되도록 점 D, E, F를 잡을 때, △ADF와 합동인 삼각형을 모두 찾아 기호로 나타내고 합동 조건을 말하여라

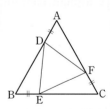

서술형 주관식

18 오른쪽 그림에서 $l /\!/ m$이고, $\angle PQS=2\angle SQR$일 때, $\angle SQR$의 크기를 구하여라. (단, 풀이 과정을 자세히 써라.)

[7점]

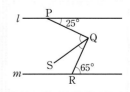

중간고사 대비
내신 만점 테스트

정답 p. 32

1회

_____ 반   이름 _____

01 다음 줄기와 잎 그림은 A, B 두 반 학생들이 지난 일년 동안 읽은 책의 수를 조사하여 그린 것이다. A, B 각 반 학생 중 일곱 번째로 책을 많이 읽은 학생의 책의 수의 차는?

[3점]

책의 수 (이I6은 6권)

잎(A반)	줄기	잎(B반)
9 7 5 4	0	3 8 9
9 7 5 5 3 2 1	1	0 1 3 6
8 6 6 4 0	2	0 1 4 5
9 6 3 3	3	1 1 5 7
5 4 4	4	0 1 5 8
2 1	5	0 1 2 5 6

① 6권   ② 7권
③ 8권   ④ 9권
⑤ 10권

02 다음 설명 중 옳은 것을 모두 고르면?

(정답 2개) [4점]

① 도수분포표에서 각 계급에 속하는 자료 각각의 변량을 알 수 있다.

② 계급의 크기가 10인 도수분포표에서 계급값이 75인 계급은 70 이상 80 미만이다.

③ 상대도수는 계급의 순위를 알아보기 편리하다.

④ 상대도수의 총합은 항상 1이다.

⑤ 도수분포표를 만들 때 계급의 크기는 작아야 한다.

[03~05] 오른쪽 도수분포표는 어느 반 학생들의 한 달 동안의 인터넷 검색 시간을 조사하여 나타낸 것이다. B의 값이 A의 값의 3배일 때, 다음 물음에 답하여라.

인터넷 검색 시간(시간)	도수(명)
0^{이상} ~ 4^{미만}	3
4 ~ 8	6
8 ~ 12	A
12 ~ 16	9
16 ~ 20	B
20 ~ 24	2
합계	40

03 인터넷 검색 시간이 많은 쪽에서 10번째인 학생이 속하는 계급의 계급값은? [3점]

① 6시간   ② 10시간
③ 14시간   ④ 18시간
⑤ 22시간

04 인터넷 검색 시간이 12시간 이상인 학생은 전체의 몇 %인가? [3점]

① 40 %   ② 45 %
③ 50 %   ④ 60 %
⑤ 65 %

05 인터넷 검색 시간의 평균은? [4점]

① 12.8시간   ② 13.3시간
③ 14.2시간   ④ 14.6시간
⑤ 15.2시간

06 아래 그림은 어느 중학교 1학년 학생들의 하루 독서 시간을 나타낸 그래프이다. 다음 설명 중 옳은 것은? [4점]

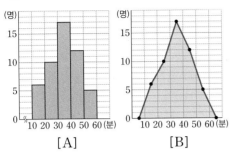

[A]   [B]

① 그래프 A는 도수분포다각형이고, 그래프 B는 히스토그램이다.

② 40명의 학생을 대상으로 자료를 정리한 그래프이다.

③ 그래프 B의 계급의 크기가 그래프 A보다 크다.

④ 그래프 A에서만 하루 독서 시간의 평균을 구할 수 있다.

⑤ 그래프 A와 그래프 B의 어두운 부분의 넓이는 같다.

07 전체 도수가 서로 다른 두 자료 A, B가 있다. 두 자료의 전체 도수의 비가 1:2이고 어떤 계급의 도수의 비가 4:3일 때, 이 계급의 상대도수의 비는? [3점]

① 4:3 ② 5:2
③ 5:3 ④ 8:3
⑤ 8:5

08 다음 그림에서 $\overrightarrow{BC}$와 같은 것은? [3점]

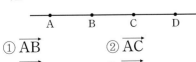

① $\overrightarrow{AB}$ ② $\overrightarrow{AC}$
③ $\overrightarrow{BA}$ ④ $\overrightarrow{BD}$
⑤ $\overrightarrow{CB}$

[09~10] 다음 그림은 어느 중학교 1학년 학생들의 수학 성적을 나타낸 그래프의 일부이다. 다음 물음에 답하여라.

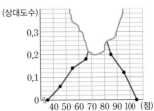

09 성적이 80점 이상인 학생들에게는 우수상을 주기로 하였다. 우수상을 받는 학생은 전체의 몇 %인가? [3점]

① 42% ② 38%
③ 36% ④ 34%
⑤ 32%

10 70점 이상 80점 미만인 학생 수가 60점 이상 70점 미만인 학생 수보다 24명 많을 때, 전체 학생 수는? [3점]

① 150명 ② 180명
③ 200명 ④ 210명
⑤ 240명

11 오른쪽 그림에서 $\overline{AB}=\overline{BC}=\overline{CD}$, $\overline{AD}=48\,cm$이고 점 M은 $\overline{CD}$의 중점일 때, $\overline{BM}$의 길이는? [4점]

① 18 cm ② 20 cm
③ 24 cm ④ 28 cm
⑤ 30 cm

12 오른쪽 그림의 육각기둥에 대한 다음 설명 중 옳은 것은? [4점]

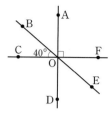

① $\overleftrightarrow{BC}$와 $\overleftrightarrow{LK}$는 꼬인 위치에 있다.

② $\overleftrightarrow{BC}$와 $\overleftrightarrow{HI}$는 꼬인 위치에 있다.

③ $\overleftrightarrow{BC}$와 $\overleftrightarrow{FE}$는 평행하다.

④ 면 BHIC에 평행한 모서리는 4개이다.

⑤ 모서리 AF와 모서리 IJ는 꼬인 위치에 있다.

13 다음 설명 중 옳지 않은 것을 모두 고르면?

(정답 2개) [4점]

① 공간에서 직선 l과 직선 m이 만나지 않으면 $l /\!/ m$이다.

② 공간에서 직선 l과 평면 P가 만나지 않으면 $l /\!/ $P이다.

③ 한 평면에서 서로 다른 두 직선 l, m이 만나지 않으면 $l /\!/ m$이다.

④ 한 직선 위에 있지 않은 세 점을 지나는 평면은 오직 하나이다.

⑤ 공간에서 평행한 두 평면 P, Q에 각각 포함된 두 직선을 l, m이라 하면 $l /\!/ m$이다.

14 오른쪽 그림에서 $l /\!/ m$일 때, $\angle x + \angle y$의 크기는? [4점]

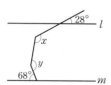

① $268°$ ② $276°$

③ $287°$ ④ $296°$

⑤ $300°$

15 오른쪽 그림과 같이 직선 AD와 CF가 서로 수직으로 만날 때, 다음 중 옳지 않은 것은? [4점]

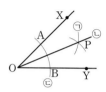

① $\angle EOF = 40°$

② $\overline{AO} = \overline{OD}$

③ $\overleftrightarrow{CF}$는 $\overleftrightarrow{AD}$의 수선이다.

④ 점 A와 $\overleftrightarrow{CF}$ 사이의 거리는 $\overline{AD}$이다.

⑤ 점 C에서 직선 AD에 내린 수선의 발은 점 O이다.

16 오른쪽 그림은 $\angle XOY$의 이등분선을 작도한 것이다. 다음 중 옳은 것은?

[4점]

① $\overline{OA} = \overline{AP}$

② $\overline{OB} = \overline{AP}$

③ $\angle AOP = \angle BOP$

④ 작도 순서는 ㉢ → ㉡ → ㉠이다.

⑤ $\angle AOB = \dfrac{1}{2} \angle AOP$

17 〈보기〉에서 삼각형 ABC가 하나로 결정되는 조건을 모두 고른 것은? [3점]

┌─ 보기 ─┐

(ㄱ) $\overline{AB} = 3\,cm$, $\overline{BC} = 8\,cm$, $\angle B = 80°$

(ㄴ) $\overline{AC} = 4\,cm$, $\angle A = 45°$, $\angle B = 60°$

(ㄷ) $\angle A = 85°$, $\angle B = 95°$, $\overline{AB} = 8\,cm$

(ㄹ) $\overline{AB} = 6\,cm$, $\overline{BC} = 8\,cm$, $\angle C = 50°$

(ㅁ) $\overline{AB} = 12\,cm$, $\overline{BC} = 12\,cm$, $\overline{CA} = 5\,cm$

① (ㄱ), (ㄴ)   ② (ㄷ), (ㄹ)

③ (ㄱ), (ㄴ), (ㅁ)   ④ (ㄱ), (ㄴ), (ㄹ), (ㅁ)

⑤ (ㄱ), (ㄴ), (ㄷ), (ㄹ), (ㅁ)

18 오른쪽 그림은 효주네 반 학생 40명의 1년 동안의 저축액을 조사하여 나타낸 히스토그램인데 일부가 찢

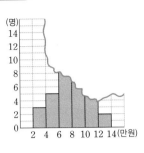

어졌다. 저축액이 8만 원 이상 10만 원 미만인 학생 수는 10만 원 이상 12만 원 미만인 학생 수의 3배이고, 8만 원 미만인 학생이 전체의 45%일 때, 저축액이 8만원 이상 10만 원 미만인 학생 수를 구하여라. [6점]

19 다음은 어느 학급 학생들의 수학 성적에 대한 상대도수의 분포표인데 일부가 훼손되었다. A, B의 값을 각각 구하여라. [6점]

수학 성적(점)	학생 수(명)	상대도수
$40^{이상} \sim 50^{미만}$	14	0.35
〰〰〰	〰〰〰	〰〰〰
$90 \sim 100$	8	B
합계	A	

20 오른쪽 그림에서 $\angle a$의 크기를 구하여라. [6점]

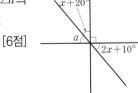

21 다음 〈보기〉에서 작도할 수 있는 각의 개수를 써라. [6점]

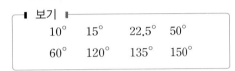

보기
$10°$ $15°$ $22.5°$ $50°$
$60°$ $120°$ $135°$ $150°$

22 오른쪽 그림은 정육면체의 전개도이다. 다음 물음에 답하여라. [총 8점]

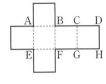

(1) 면 AEFB와 평행한 모서리를 모두 구하여라. [4점]
(2) 모서리 DH와 꼬인 위치에 있는 모서리를 모두 구하여라. [4점]

23 오른쪽 그림은 직사각형 모양의 종이테이프를 접어 놓은 것이다. 이때 $\angle x$의 크기를 구하여라. (단, 풀이 과정을 자세히 써라.) [8점]

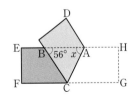

중간고사 대비

내신 만점 테스트

나의 점수 _____ 점 / 100점 만점

정답 p. 33

2회

_____ 반   이름 _____

01 다음 줄기와 잎 그림은 수정이네 반 학생들의 오래 매달리기 시간을 조사하여 그린 것이다. 큰 것부터 순서대로 나열할 때, 일곱 번째로 큰 변량은? [3점]

오래 매달리기   (2|6은 26초)

줄기	잎
0	2 5 5 8
1	0 4 5 6 8 9
2	1 1 3 4 8 8 9
3	0 1 3 4 5 7 8 9
4	1 3 4 8
5	2 7 9

① 38   ② 39
③ 41   ④ 43
⑤ 48

[02~04] 오른쪽 도수 분포표는 어느 반 학생들의 몸무게를 조사하여 나타낸 것이다. 다음 물음에 답하여라.

몸무게(kg)	학생 수(명)
30^{이상} ~ 35^{미만}	3
35 ~40	2
40 ~ 45	9
45 ~ 50	A
50 ~ 55	B
55 ~ 60	2
60 ~ 65	1
합계	30

02 몸무게가 35 kg 이상 45 kg 미만인 학생은 몇 명인가? [3점]

① 10명   ② 11명
③ 15명   ④ 20명
⑤ 22명

03 몸무게가 50 kg 미만인 학생이 전체의 70 % 일 때, $A-B$의 값은? [3점]

① 1   ② 2
③ 3   ④ 4
⑤ 5

04 몸무게가 가벼운 쪽에서 10번째인 학생이 속하는 계급의 상대도수를 구하면? [3점]

① 0.1   ② 0.17
③ 0.3   ④ 0.5
⑤ 0.67

05 오른쪽 히스토그램은 주명이네 반 학생들의 통학 시간을 조사하여 나타낸 것이다. 다음 중 알 수 없는 것은? [3점]

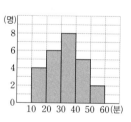

① 주명이네 반 전체 학생 수
② 도수가 가장 큰 계급의 계급값
③ 통학 시간이 가장 긴 학생의 통학 시간
④ 통학 시간이 20분인 학생이 속하는 계급
⑤ 주명이네 반 학생들의 통학 시간의 분포 상태

06 다음 보기 중 옳은 것의 개수는?　　[3점]

┌─ 보기 ────────────────────┐
│ (ㄱ) 계급의 양 끝값의 합을 계급값이라 한다.
│ (ㄴ) 한 집단에서는 계급의 도수가 크면 상
│ 　　대도수도 크다.
│ (ㄷ) 상대도수의 총합은 항상 1이다.
│ (ㄹ) 도수분포표를 만들 때 계급의 개수는
│ 　　많을수록 좋다.
│ (ㅁ) 히스토그램에서 직사각형의 넓이가 가
│ 　　장 큰 계급의 도수가 가장 크다.
└──────────────────────────┘

① 1개　　　　　② 2개
③ 3개　　　　　④ 4개
⑤ 5개

07 다음 표는 정빈이네 반 여학생과 남학생의 수학 성적의 평균과 학생 수를 조사하여 나타낸 것이다. 정빈이네 반 전체 학생들의 수학 성적의 평균이 68점일 때, 여학생 수는? [4점]

성별	평균(점)	학생 수(명)
여학생	70	
남학생	65	16

① 22명　　　　　② 23명
③ 24명　　　　　④ 25명
⑤ 26명

08 다음 그림은 어느 중학교 1, 2학년 학생들의 몸무게를 조사하여 나타낸 상대도수의 그래프이다. 옳은 것을 모두 고르면? (정답 2개) [4점]

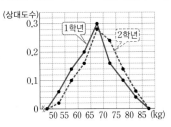

① 2학년에서 도수가 가장 큰 계급의 상대도수는 0.3이다.
② 65 kg 이상 70 kg 미만인 계급의 학생 수는 2학년보다 1학년이 더 많다.
③ 2학년 학생 중 75 kg 이상인 학생은 2학년 전체의 14 %이다.
④ 85 kg 이상인 학생은 1, 2학년 학생 중에는 존재하지 않는다.
⑤ 1학년 학생 중에서 60 kg 미만인 학생 수가 50명이면 1학년 전체 학생 수는 250명이다.

09 다음 설명 중 옳지 않은 것은? [3점]

① 한 점을 지나는 직선은 무수히 많다.
② 서로 다른 두 점을 지나는 직선은 오직 하나뿐이다.
③ 만나지 않는 두 직선은 평행하다.
④ 서로 평행한 두 직선은 한 평면 위에 있다.
⑤ 공간에서 직선 l과 평면 P가 만나지 않으면 $l /\!/ P$이다.

10 다음 그림에서 점 M, N은 각각 $\overline{AC}$, $\overline{BC}$의 중점이고 $\overline{MN}=10$ cm이다. $\overline{AC}:\overline{BC}=2:1$ 일 때, $\overline{AC}$의 길이는? [3점]

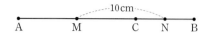

① 10 cm
② $\frac{20}{3}$ cm
③ $\frac{40}{3}$ cm
④ 20 cm
⑤ 130 cm

11 오른쪽 그림에서 동위 각과 엇각, 맞꼭지각 이 모두 바르게 짝지 어진 것은? [3점]

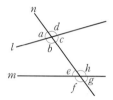

	동위각	엇각	맞꼭지각
①	∠a와 ∠e	∠b와 ∠h	∠e와 ∠g
②	∠d와 ∠h	∠c와 ∠f	∠b와 ∠d
③	∠d와 ∠e	∠c와 ∠e	∠a와 ∠c
④	∠b와 ∠f	∠d와 ∠e	∠f와 ∠h
⑤	∠c와 ∠g	∠a와 ∠g	∠e와 ∠g

12 오른쪽 그림은 직선 l 위에 있지 않은 한 점 P를 지나고 직선 l 과 평행한 직선을 작 도한 것이다. 다음 중 작도 순서가 바르게 나열된 것은? [4점]

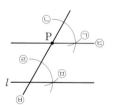

① ㅂ → ㅁ → ㄹ → ㄷ → ㄴ → ㄱ
② ㅂ → ㄹ → ㄴ → ㄷ → ㄱ → ㅁ
③ ㄹ → ㄴ → ㅁ → ㄷ → ㅂ → ㄱ
④ ㅂ → ㄹ → ㄴ → ㅁ → ㄱ → ㄷ
⑤ ㄱ → ㄷ → ㅁ → ㄴ → ㄹ → ㅂ

13 오른쪽 그림에시 두 직선 l, m이 서로 평 행할 때, ∠x의 크기 는? [3점]

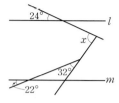

① 54°
② 62°
③ 78°
④ 86°
⑤ 90°

14 오른쪽 그림에서 $l /\!/ m$이고 사각형 ABCD가 정사각형 일 때, ∠EAD의 크기는? [4점]

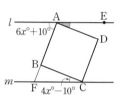

① 10°
② 26°
③ 33°
④ 54°
⑤ 58°

15 오른쪽 그림의 전개 도를 접어서 입체도 형을 만들었을 때, 다음 중 $\overline{HE}$와 꼬인 위치에 있는 모서리 는? [4점]

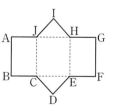

① $\overline{AB}$
② $\overline{HG}$
③ $\overline{IH}$
④ $\overline{IJ}$
⑤ $\overline{CE}$

16 오른쪽 그림은 정육면체를 세 꼭짓점 A, F, C 를 지나는 평면으로 잘라서 만든 입체도형이다. 다음 중 옳지 <u>않은</u> 것은? [3점]

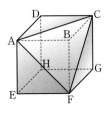

① 모서리 AF와 평행한 면은 1개이다.

② 면 ACD와 평행한 면은 1개이다.

③ 면 AEF와 수직인 모서리는 2개이다.

④ 면 AFC에서 ∠AFC=60°이다.

⑤ 모서리 FC와 꼬인 위치에 있는 모서리는 5개이다.

17 다음 중 삼각형 ABC가 하나로 결정되지 <u>않는</u> 것은? [3점]

① $\overline{AB}=3cm$, $\overline{BC}=4cm$, $\overline{CA}=5cm$

② $\overline{AB}=3cm$, $\overline{BC}=4cm$, $\angle B=45°$

③ $\overline{BC}=6cm$, $\angle A=45°$, $\angle C=60°$

④ $\overline{BC}=5cm$, $\angle A=50°$, $\angle B=60°$

⑤ $\overline{AB}=4cm$, $\overline{BC}=5cm$, $\angle C=57°$

18 오른쪽 그림에서 △ABD와 △ACE는 정삼각형이다. 〈보기〉에서 △ADC≡△ABE임을 보이기 위한 조건을 모두 고른 것은? [4점]

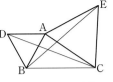

┤ 보기 ├

(ㄱ) $\overline{AD}=\overline{AB}$ (ㄴ) $\angle ADC=\angle ABE$

(ㄷ) $\overline{CD}=\overline{BE}$ (ㄹ) $\overline{AC}=\overline{AE}$

(ㅁ) $\angle DAC=\angle BAE$

① (ㄱ), (ㄴ), (ㄹ)   ② (ㄴ), (ㄷ), (ㄹ)

③ (ㄴ), (ㄹ), (ㅁ)   ④ (ㄷ), (ㄹ), (ㅁ)

⑤ (ㄱ), (ㄹ), (ㅁ)

주관식

19 오른쪽 표는 어느 학급 학생 40명의 하루 독서 시간을 조사한 것이다. 이 학급에서 하루 독서 시간이 35분 이상인 학생이 전체의 25 %일 때, A, B의 값을 각각 구하여라. [6점]

독서 시간(분)	학생 수(명)
5^{이상} ~ 15^{미만}	4
15 ~ 25	12
25 ~ 35	A
35 ~ 45	B
45 ~ 55	2
합계	40

20 다음 그림은 어느 학교 학생들의 성적을 상대도수의 그래프로 나타낸 것인데 일부가 찢어졌다. 40점 이상 50점 미만인 학생 수가 8명일 때, 60점 이상 70점 미만인 계급에 속하는 학생 수를 구하여라. [6점]

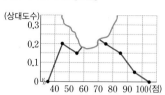

21 오른쪽 그림과 같이 네 점 A, B, C, D 가 한 직선 위에 차례로 있다. 이 네 점으로 결정되는 직선의 개수를 a, 선분의 개수를 b, 반직선의 개수를 c라 할 때, $a+b+c$의 값을 구하여라. [6점]

A ● B ● C ● D ●

22 오른쪽 그림에서 $\overline{OB}\perp\overline{OD}$, $\overline{OC}\perp\overline{OE}$ 이고 $\angle BOC + \angle DOE = 30°$ 일 때, $\angle COD$의 크기를 구하여라. [6점]

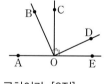

23 다음은 어느 중학교 1학년 학생들의 봉사 활동 시간을 조사한 것이다. 봉사 활동 시간이 20시간 미만인 학생이 전체의 70%일 때, 봉사 활동 시간이 20시간 이상 25시간 미만인 학생의 수를 구하여라.
(단, 풀이 과정을 자세히 써라.) [8점]

봉사 활동 시간(시간)		학생 수(명)
0이상 ~ 5미만		2
5 ~ 10		6
10 ~ 15		7
15 ~ 20		
20 ~ 25		
25 ~ 30		3
30 ~ 35		1
합계		30

24 길이가 3 cm, 6 cm, 8 cm, 12 cm인 네 개의 선분 중 세 개의 선분을 골라 만들 수 있는 삼각형의 개수를 구하여라.
(단, 풀이 과정을 자세히 써라.) [8점]

VII

평면도형

정답 p. 35

Step 1 교과서 이해

다각형

01 여러 개의 선분만으로 둘러싸인 도형을 [   ]이라고 한다.

02 다각형에서 이웃하지 않는 두 꼭짓점을 이은 선분을 [   ]이라고 한다.

03 다각형의 한 꼭짓점에서 이웃하는 두 변이 이루는 각을 [   ]이라고 한다.

04 다각형의 이웃하는 두 변에서 한 변과 다른 한 변의 연장선이 이루는 각을 [   ]이라고 한다.

05 모든 변의 길이가 같고, 모든 내각의 크기가 같은 다각형을 [   ]이라고 한다.

06 정사각형과 마름모의 차이점을 설명하여라.

[07~08] 다음 다각형에서 꼭짓점 A에서의 외각의 크기를 구하여라.

07

08

[09~10] 다음 다각형에서 꼭짓점 A에서의 내각의 크기를 구하여라.

09

10

[11~14] 다음 중 옳은 것은 ○표, 옳지 않은 것은 ×표를 하여라.

11 네 변의 길이가 같은 사각형은 정사각형이다.
(   )

12 정다각형은 모든 내각의 크기가 같다.
(   )

13 다각형의 한 꼭짓점에서의 내각과 외각의 크기의 합은 180°이다. ( )

14 세 변의 길이가 같은 삼각형은 정삼각형이다. ( )

15 다음 두 조건을 만족하는 다각형의 이름을 말하여라.

> ㈎ 6개의 선분으로 둘러싸여 있다.
> ㈏ 모든 변의 길이가 같고 모든 내각의 크기가 같다.

2   다각형의 대각선의 개수

16 다음 표의 □ 안에 알맞은 수를 써넣어라.

다각형	한 꼭짓점에서 그을 수 있는 대각선의 개수	대각선의 개수
사각형	1	$4 \times 1 \div 2 = 0$
오각형	2	$5 \times 2 \div 2 = 5$
육각형	①	$6 \times$ ② $\div 2 =$ ③
칠각형	④	⑤ $\times$ ⑥ $\div 2 =$ ⑦
팔각형	⑧	⑨ $\times$ ⑩ $\div 2 =$ ⑪

[17~19] 다음 다각형의 대각선의 개수를 구하여라.

17 팔각형

18 십각형

19 십일각형

20 n각형의 대각선의 개수를 구하여라.

3   삼각형의 내각과 외각

21 삼각형의 세 내각의 크기의 합은 □ 이다.

22 △ABC에서 ∠ACD 와 □ 를 꼭짓점 C에서의 □ 이라고 한다.

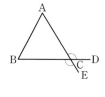

23 삼각형의 한 □ 의 크기는 이와 이웃하지 않은 두 □ 의 크기의 합과 같다.

24 오른쪽 그림과 같이 삼각형 ABC의 꼭짓점 A를 지나고 밑변 BC에 평행한 직선 PQ를 그으면 ∠B=☐, ∠C=☐이다. 따라서 다음이 성립한다.

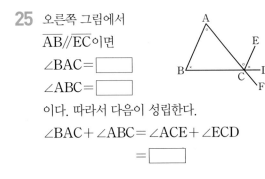

$$\angle A + \angle B + \angle C = \angle A + \boxed{} + \boxed{}$$
$$= \angle PAQ = \boxed{}$$

25 오른쪽 그림에서 $\overline{AB} /\!/ \overline{EC}$이면

∠BAC=☐
∠ABC=☐

이다. 따라서 다음이 성립한다.

$$\angle BAC + \angle ABC = \angle ACE + \angle ECD$$
$$= \boxed{}$$

[26~29] 다음 그림에서 x의 값을 구하여라.

26

27
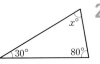

28

29

[30~33] 다음 그림에서 $\angle x$의 크기를 구하여라.

30

31
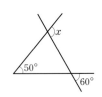

32
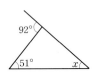

33

4 다각형의 내각과 외각

34 n각형의 내각의 크기의 합은 ☐이다.

35 다각형의 외각의 크기의 합은 ☐이다.

[36~39] 다음 다각형의 내각의 크기의 합을 구하여라.

36 팔각형

37 십각형

38 십이각형

39 십육각형

[40~43] 내각의 크기의 합이 다음과 같은 다각형의 변의 개수를 구하여라.

40 $720°$

41 $900°$

42 $1260°$

43 $2160°$

44 팔각형의 외각의 크기의 합을 구하여라.

[45~48] 다음 정다각형의 한 내각의 크기를 구하여라.

45 정육각형

46 정십이각형

47 정이십각형

48 정n각형

[49~50] 다음 정다각형의 한 외각의 크기를 구하여라.

49 정십각형

50 정n각형

51 한 내각의 크기가 $135°$인 정다각형의 변의 개수를 구하여라.

52 한 내각의 크기가 $162°$인 정다각형의 꼭짓점의 개수를 구하여라.

53 한 외각의 크기가 $30°$인 정다각형의 대각선의 개수를 구하여라.

54 한 외각의 크기가 $45°$인 정다각형의 대각선의 개수를 구하여라.

55 한 내각의 크기와 한 외각의 크기의 비가 $2 : 1$인 정다각형을 구하여라.

[56~59] 다음 그림에서 $\angle x$의 크기를 구하여라.

56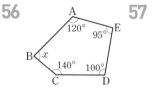

57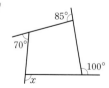

58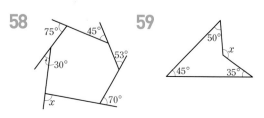

59

정답 p. 36

01 다각형에 대한 다음 설명 중 옳은 것을 모두 고르면? (정답 2개)

① 변의 개수가 가장 적은 다각형은 삼각형이다.

② 모든 변의 길이가 같은 다각형은 정다각형이다.

③ 여섯 개의 선분으로 둘러싸인 다각형은 육각형이다.

④ 다각형의 두 꼭짓점을 이은 선분을 대각선이라고 한다.

⑤ 네 변의 길이가 모두 같은 사각형은 정사각형이다.

[02~03] 오른쪽 그림의 삼각형 ABC에서 다음을 구하여라.

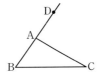

02 변 AB와 변 BC로 이루어진 내각

03 ∠A의 외각

04 오른쪽 그림에서 ∠B=45°, ∠C=55°, ∠BAD=∠CAD일 때, ∠x의 크기를 구하여라.

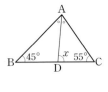

05 오른쪽 그림의 삼각형 ABC에서 ∠A=90°, ∠B=25°, $\overline{AD}\perp\overline{BC}$이다. 이때 ∠$x$, ∠$y$의 크기를 각각 구하여라.

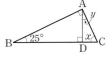

06 오른쪽 그림에서 ∠x의 크기는?

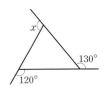

① 100° ② 105°
③ 110° ④ 115°
⑤ 120°

07 오른쪽 그림에서 ∠x의 크기를 구하여라.

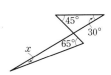

08 다음 중 한 꼭짓점에서 8개의 대각선을 그을 수 있는 다각형은?

① 팔각형　　　② 구각형
③ 십각형　　　④ 십일각형
⑤ 십이각형

09 십오각형의 대각선의 개수를 구하여라.

10 다음 중 내각의 크기의 합이 1440°인 다각형은?

① 칠각형　　　② 팔각형
③ 구각형　　　④ 십각형
⑤ 십일각형

11 다음 ☐ 안에 알맞은 것을 써넣어라.

정구각형의 한 내각의 크기는 ☐ 이고, 한 외각의 크기는 ☐ 이다.

12 오른쪽 그림에서 $\angle x$의 크기를 구하여라.

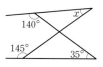

13 오른쪽 그림에서 $l /\!/ m$일 때, $\angle x$의 크기를 구하여라.

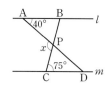

14 오른쪽 그림에서 x의 값은?

① 30　② 31
③ 32　④ 33
⑤ 34

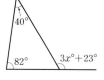

01 다음 〈보기〉 중 다각형인 것을 모두 고르면?

┃ 보기 ┃

(ㄱ) 정삼각형　　　(ㄴ) 원뿔
(ㄷ) 정육면체　　　(ㄹ) 정오각형
(ㅁ) 십육각형

① (ㄱ), (ㄴ), (ㄷ)　　　② (ㄱ), (ㄷ), (ㄹ)
③ (ㄱ), (ㄹ), (ㅁ)　　　④ (ㄴ), (ㄷ), (ㄹ)
⑤ (ㄷ), (ㄹ), (ㅁ)

02 삼각형에 대한 다음 설명 중 옳지 않은 것은?

① 세 외각의 크기의 합은 $180°$이다.
② 한 외각의 크기는 그와 이웃하지 않는 두 내각의 크기의 합과 같다.
③ 두 변의 길이의 합은 나머지 한 변의 길이보다 크다.
④ 두 변의 길이의 차는 나머지 한 변의 길이보다 작다.
⑤ 합동인 두 삼각형은 대응변의 길이가 서로 같고 대응각의 크기가 서로 같다.

03 n각형의 한 꼭짓점에서 그을 수 있는 대각선의 개수는?

① n개　　　② $(n-1)$개
③ $(n-2)$개　　④ $(n-3)$개
⑤ $(n-4)$개

04 십이각형의 한 꼭짓점에서 그을 수 있는 대각선의 개수를 x개, 이때 생기는 삼각형의 개수를 y개라 할 때 $x+y$의 값은?

① 18　　　② 19
③ 20　　　④ 21
⑤ 24

05 다음 중 옳은 것을 모두 고르면? (정답 2개)

① 정다각형은 모든 내각의 크기가 같다.
② 모든 변의 길이가 같은 다각형은 정다각형이다.
③ 네 내각의 크기가 같은 사각형은 정사각형이다.
④ 세 내각의 크기가 같은 삼각형은 정삼각형이다.
⑤ 정육각형은 한 내각의 크기와 한 외각의 크기가 서로 같다.

06 한 꼭짓점에서 그을 수 있는 대각선의 개수가 12개인 다각형의 이름을 말하여라.

07 다음 중 대각선이 77개인 다각형은?

① 십일각형   ② 십이각형

③ 십삼각형   ④ 십사각형

⑤ 십오각형

08 다음 조건을 모두 만족하는 다각형의 대각선의 개수를 구하여라.

> (가) 8개의 내각을 가지고 있다.
>
> (나) 한 꼭짓점에서 그을 수 있는 대각선의 개수는 5개이다.

09 다음은 오른쪽 그림의 $\triangle ABC$의 내각의 크기의 합이 $180°$임을 설명한 것이다. ☐ 안의 (가), (나), (다)에 알맞은 것을 차례로 쓰면?

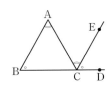

> $\overline{AB} /\!/ \overline{EC}$이므로
>
> $\angle A = \boxed{\text{(가)}}$ (엇각)
>
> $\angle B = \angle ECD \, (\boxed{\text{(나)}})$
>
> $\therefore \angle A + \angle B + \angle C$
>
> $= \boxed{\text{(가)}} + \angle ECD + \angle ACB = \boxed{\text{(다)}}$

① $\angle ACB$, 동위각, $180°$

② $\angle ACB$, 엇각, $180°$

③ $\angle ACE$, 동위각, $180°$

④ $\angle ACE$, 엇각, $180°$

⑤ $\angle DCE$, 동위각, $180°$

10 오른쪽 그림에서 $l /\!/ m$일 때, $\angle x$와 $\angle y$의 크기는?

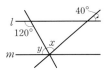

① $\angle x = 60°$, $\angle y = 40°$

② $\angle x = 60°$, $\angle y = 60°$

③ $\angle x = 80°$, $\angle y = 40°$

④ $\angle x = 80°$, $\angle y = 60°$

⑤ $\angle x = 80°$, $\angle y = 80°$

11 오른쪽 그림에서 $\angle BAD = \angle CAD$일 때, $\angle x$의 크기를 구하여라.

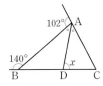

서술형

12 오른쪽 그림에서 $\triangle ABC$는 $\overline{AB} = \overline{AC}$인 이등변삼각형이다. $\overline{DE}$를 접는 선으로 꼭짓점 A가 꼭짓점 B에 오도록 접었더니 $\angle DBC = 57°$가 되었다. 이때 $\angle x$의 크기를 구하여라.

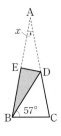

(단, 풀이 과정을 자세히 써라.)

13 오른쪽 그림에서 ∠x, ∠y의 크기를 각각 구하여라.

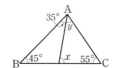

16 오른쪽 그림에서 ∠x의 크기는?

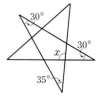

① $85°$ ② $90°$

③ $95°$ ④ $100°$

⑤ $105°$

서술형

14 오른쪽 그림의 △ABC에서 ∠B의 이등분선과 ∠C의 외각의 이등분선의 교점을 P라고 하자. ∠BAC=$50°$일 때, ∠BPC의 크기를 구하여라. (단, 풀이 과정을 자세히 써라.)

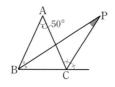

서술형

17 오른쪽 그림에서 ∠A+∠B+∠C +∠D+∠E+∠F 의 크기를 구하여라. (단, 풀이 과정을 자세히 써라.)

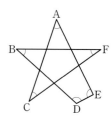

---

15 오른쪽 그림에서 ∠x의 크기는?

① $184°$ ② $192°$

③ $200°$ ④ $208°$

⑤ $216°$

18 오른쪽 그림에서 x의 값을 구하여라.

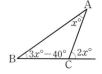

19 내각의 크기의 합이 2520°인 다각형의 꼭짓점의 개수는?

① 15개 ② 16개

③ 17개 ④ 18개

⑤ 19개

22 한 외각의 크기가 40°인 정다각형의 대각선의 개수는?

① 9개 ② 14개

③ 20개 ④ 27개

⑤ 35개

20 한 내각의 크기가 160°인 정다각형의 대각선의 개수는?

① 119개 ② 135개

③ 152개 ④ 170개

⑤ 189개

23 오른쪽 그림과 같은 정오각형 ABCDE에서 ∠x의 크기는?

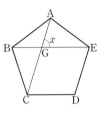

① 48° ② 54°

③ 60° ④ 72°

⑤ 80°

서술형

21 오른쪽 그림에서
∠a+∠b+∠c
+∠d+∠e+∠f
의 크기를 구하여라.
(단, 풀이 과정을 자세히 써라.)

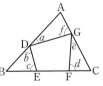

24 오른쪽 그림에서 ∠x의 크기를 구하여라.

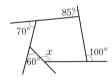

25 오른쪽 그림에서 $\angle x$의 크기는?

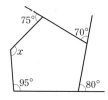

① $110°$ ② $120°$
③ $130°$ ④ $140°$
⑤ $150°$

26 오른쪽 그림에서
$\angle EAB = \angle BAD$,
$\angle DAC = \angle CAF$일
때, $\angle x$의 크기는?

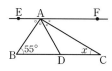

① $20°$ ② $30°$
③ $35°$ ④ $45°$
⑤ $50°$

27 정십이각형의 한 내각의 크기를 $x°$, 정십오각형의 한 외각의 크기를 $y°$라고 할 때, $x+y$의 값을 구하여라.

28 세 내각의 크기의 비가 $2 : 3 : 4$인 삼각형에서 크기가 가장 작은 내각에 대한 외각의 크기를 구하여라.

29 오른쪽 그림에서 $\angle x$의 크기를 구하여라.

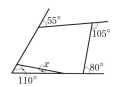

서술형

30 오른쪽 그림에서
$\angle a + \angle b + \angle c + \angle d$
의 크기를 구하여라.
(단, 풀이 과정을 자세히 써라.)

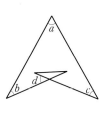

31 오른쪽 그림에서 $\angle x$의 크기를 구하여라.

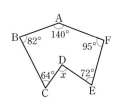

유형 01

십육각형의 한 꼭짓점에서 그을 수 있는 대각선의 개수는 x개이므로 십육각형의 모든 꼭짓점에서 그을 수 있는 대각선의 개수는 $16x$개이다. 이때 $16x$개는 같은 대각선을 두 번씩 헤아린 개수이므로 십육각형의 대각선의 개수는 y개이다. $x+y$의 값을 구하여라.

> 해결포인트 대각선은 다각형의 이웃하지 않는 두 꼭짓점을 연결한 선분이므로 n각형의 한 꼭짓점에서 그을 수 있는 대각선의 개수는 자기 자신과 이웃하는 2개의 꼭짓점을 제외하면 $(n-3)$개이다.

유형 02

오른쪽 그림에서 점 P는 $\angle B$의 이등분선과 $\angle ACB$의 외각의 이등분선과의 교점이다. 이때 $\angle x$의 크기를 구하여라.

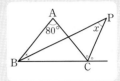

> 해결포인트 삼각형의 한 외각의 크기는 이와 이웃하지 않는 두 내각의 크기의 합과 같으므로 $2\angle ABP+80°=2\angle ACP$임을 알 수 있다.

확인문제

1-1 한 꼭짓점에서 6개의 대각선을 그을 수 있는 다각형의 내각의 크기의 합을 구하여라.

1-2 어떤 다각형의 내각의 크기의 합이 $1080°$일 때, 이 다각형의 대각선의 개수를 구하여라.

확인문제

2-1 오른쪽 그림에서 점 I는 $\angle B$, $\angle C$의 이등분선의 교점이다. $\angle BIC=130°$일 때, $\angle A$의 크기를 구하여라.

2-2 오른쪽 그림에서 $\angle DBC=2\angle ABD$, $\angle DCE=2\angle ACD$이다. $\angle B=60°$일 때, $\angle D$의 크기를 구하여라.

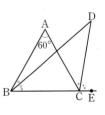

유형 **03**

정 n 각형의 한 내각의 크기가 한 외각의 크기의 3배일 때, 이 다각형의 대각선의 개수를 a개라고 하자. 이때 $n+a$의 값을 구하여라.

> **해결포인트** n각형은 한 꼭짓점에서 그은 대각선에 의해 $(n-2)$개의 삼각형으로 나누어지므로 n각형의 내각의 크기의 총합은 $180° \times (n-2)$이다. 따라서 정 n각형의 한 내각의 크기는 $\dfrac{180° \times (n-2)}{n}$이다.

유형 **04**

다음 그림에서 $\angle a + \angle b + \angle c + \angle d + \angle e + \angle f + \angle g + \angle h$의 크기를 구하여라.

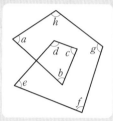

> **해결포인트** 보조선을 그어 n각형의 내각의 크기의 합이 $180° \times (n-2)$임을 이용한다.

 확인문제

3-1 정십이각형의 한 내각과 외각의 크기를 각각 구하여라.

3-2 정 n각형의 한 외각의 크기가 한 내각의 크기보다 $108°$만큼 작을 때, n의 값을 구하여라.

 확인문제

4-1 오른쪽 그림에서 $\angle x$의 크기를 구하여라. (단, $\angle BCD$의 크기는 $180°$보다 작다.)

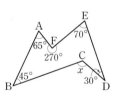

4-2 오른쪽 그림에서 $\angle a + \angle b + \angle c + \angle d + \angle e + \angle f + \angle g$의 크기를 구하여라.

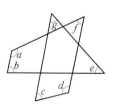

서술형 만점대비

정답 p. 40

1 오른쪽 △ABC에서 $\overline{AD}$, $\overline{CD}$는 각각 ∠A, ∠C의 외각의 이등분선이고 ∠B=72°일 때, ∠ADC의 크기를 구하여라. (단, 풀이 과정을 자세히 써라.)

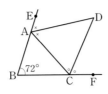

2 오른쪽 그림의 정삼각형 ABC에서 $\overline{BD}=\overline{AE}$이고, $\overline{BE}$와 $\overline{CD}$의 교점을 점 P라 할 때, ∠CPE의 크기를 구하여라.

(단, 풀이 과정을 자세히 써라.)

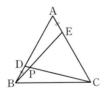

3 오른쪽 그림의 정오각형에서 두 대각선 $\overline{AD}$, $\overline{BE}$가 점 F에서 만난다. 이때 ∠EFD의 크기를 구하여라. (단, 풀이 과정을 자세히 써라.)

4 오른쪽 그림에서 ∠a+∠b+∠c+∠d +∠e+∠f+∠g의 크기를 구하여라. (단, 풀이 과정을 자세히 써라.)

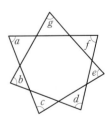

PART 02 원과 부채꼴

1 원과 부채꼴

01 평면 위의 한 점으로부터 같은 거리에 있는 모든 점으로 이루어진 도형을 [   ]이라고 한다.

02 원 위에 두 점 A, B를 잡으면 원은 두 부분으로 나누어지는데 이 두 부분을 각각 [   ]라고 하며 기호로 [   ]와 같이 나타낸다.

03 원 위의 두 점 A, B를 이은 선분을 [   ]라고 한다.

04 원의 호와 그것에 대한 현으로 이루어진 활 모양의 도형을 [   ]이라고 한다.

05 원 O의 두 반지름 OA, OB와 호 AB로 이루어진 도형을 [   ]라고 한다.

06 원 O의 두 반지름 OA, OB가 이루는 각 ∠AOB를 호 AB에 대한 [   ]이라고 한다.

[07~10] 다음 중 옳은 것은 ○표, 옳지 않은 것은 ×표를 하여라.

07 한 원의 현 중에서 길이가 가장 긴 것은 지름이다.   (   )

08 두 반지름과 호로 이루어진 도형을 활꼴이라고 한다.   (   )

09 원에서 현과 호로 이루어진 도형을 부채꼴이라고 한다.   (   )

10 중심각의 크기가 180°인 부채꼴은 반원이다.   (   )

11 오른쪽 그림의 원 O에 대하여 다음을 구하여라
(1) ∠AOB에 대한 호
(2) ∠BOC에 대한 현
(3) 호 CD에 대한 중심각

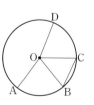

2 중심각의 크기와 호의 길이, 부채꼴의 넓이 사이의 관계

[12~15] 다음 중 옳은 것은 ○표, 옳지 않은 것은 ×표를 하여라.

12 한 원의 길이가 같은 호에 대한 중심각의 크기는 같다. ( )

13 한 원에서 부채꼴의 넓이는 중심각의 크기에 정비례하지 않는다. ( )

14 한 원에서 크기가 같은 중심각에 대한 현의 길이는 같다. ( )

15 한 원에서 현의 길이는 중심각의 크기에 정비례한다. ( )

[16~24] 다음 그림에서 x의 값을 구하여라.

16

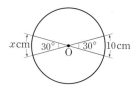

17

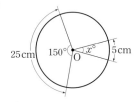

18

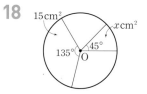

19

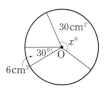

20

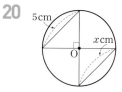

21

22

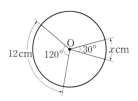

23

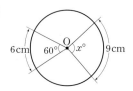

24

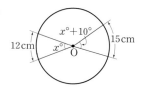

3 원의 둘레의 길이와 넓이

25 반지름의 길이가 r인 원의 둘레의 길이는
[   ], 넓이는 [   ]이다.

26 반지름의 길이가 4cm인 원의 둘레의 길이
l과 넓이 S를 구하여라.

27 지름의 길이가 10cm인 원의 둘레의 길이 l
과 넓이 S를 구하여라.

[28~29] 다음 그림과 같은 원의 둘레의 길이 l
과 넓이 S를 구하여라.

28

29

30 오른쪽 그림의 어두운
부분의 넓이를 구하여
라.

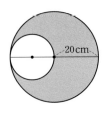

31 오른쪽 그림과 같이 반
지름의 길이가 각각
5cm, 3cm인 반원이
있다. 어두운 부분의 넓이와 둘레의 길이를
각각 구하여라.

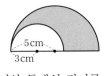

4 부채꼴의 호의 길이와 넓이

[32~33] 반지름의 길이가 r,
중심각의 크기가 $x°$인 부채
꼴 AOB의 호 AB의 길이
를 l, 넓이를 S라 할 때, 다
음 □안에 알맞은 것을 써넣
어라.

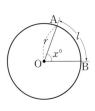

32 $l = $ [   ] $\times \dfrac{x}{360}$

33 $S = $ [   ] $\times \dfrac{x}{360}$

[34~36] 다음 부채꼴의 호의 길이를 구하여라.

34 반지름의 길이가 4cm, 중심각의 크기가
30°인 부채꼴

35 반지름의 길이가 6cm, 중심각의 크기가
72°인 부채꼴

36 반지름의 길이가 5cm, 중심각의 크기가
120°인 부채꼴

[37~38] 다음 부채꼴의 중심각의 크기를 구하여라.

37 반지름의 길이가 6 cm, 호의 길이가 4π cm인 부채꼴

38 반지름의 길이가 8 cm, 호의 길이가 8π cm인 부채꼴

39 호의 길이가 2π cm, 중심각의 크기가 60°인 부채꼴의 반지름의 길이를 구하여라.

[40~41] 다음 부채꼴의 넓이를 구하여라.

40 반지름의 길이가 6 cm, 중심각의 크기가 60°인 부채꼴

41 반지름의 길이가 5 cm, 중심각의 크기가 240°인 부채꼴

[42~43] 다음 부채꼴의 중심각의 크기를 구하여라.

42 반지름의 길이가 3 cm, 넓이가 2π cm²인 부채꼴

43 반지름의 길이가 5 cm, 넓이가 10π cm²인 부채꼴

[44~46] 다음 부채꼴의 넓이를 구하여라.

44 반지름의 길이가 8 cm, 호의 길이가 10 cm인 부채꼴

45 반지름의 길이가 3 cm, 호의 길이가 6 cm인 부채꼴

46 반지름의 길이가 10 cm, 호의 길이가 8 cm인 부채꼴

47 반지름의 길이가 10 cm이고, 넓이가 200 cm²인 부채꼴의 호의 길이를 구하여라.

48 오른쪽 그림의 부채꼴에서 반지름의 길이 r와 부채꼴의 넓이 S를 구하여라.

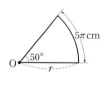

49 오른쪽 그림과 같이 반지름의 길이가 4 cm이고 중심각의 크기가 150°인 부채꼴의 호의 길이와 넓이를 각각 구하여라.

50 오른쪽 그림에서 어두운 부분의 둘레의 길이를 구하여라.

정답 p. 42

01 오른쪽 그림의 원 O에 대한 다음 설명 중 옳지 않은 것은?

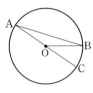

① $\overline{OA}=\overline{OC}$

② $\overline{OB}=\overline{OC}$

③ $\angle AOB$는 $\widehat{AB}$에 대한 중심각이다.

④ $\overline{AB}$, $\overline{OA}$, $\overline{OB}$로 이루어진 도형은 부채꼴이다.

⑤ $\overline{AB}$, $\widehat{AB}$로 이루어진 도형은 활꼴이다.

02 반지름의 길이가 $25\,cm$인 원에서 가장 긴 현의 길이를 구하여라.

03 한 원에서 부채꼴과 활꼴이 같아질 때 부채꼴의 중심각의 크기를 구하여라.

04 오른쪽 그림에서 $\angle AOB=45°$이고 부채꼴 AOB의 넓이가 $4\,cm^2$일 때, 원 O의 넓이를 구하여라.

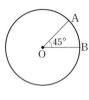

05 오른쪽 그림에서 x, y의 값은?

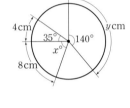

① $x=60$, $y=12$

② $x=60$, $y=16$

③ $x=70$, $y=12$

④ $x=70$, $y=16$

⑤ $x=70$, $y=18$

06 오른쪽 그림에서 $\overline{AB}$, $\overline{CD}$, $\overline{EF}$는 원 O의 지름이다.

$\angle AOC=40°$,

$\angle DOF=20°$,

$\widehat{AC}=10\,cm$일 때, 호 AF의 길이를 구하여라.

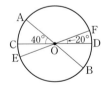

07 오른쪽 그림에서 현 AB 의 길이가 원 O의 반지름 의 길이와 같을 때, $\widehat{AB}$ 에 대한 중심각의 크기를 구하여라.

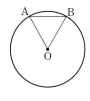

08 오른쪽 그림에서 어두 운 부분의 둘레의 길이 l과 넓이 S를 구하여라.

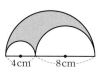

09 오른쪽 그림에서 어두운 부분의 넓 이를 구하여라.

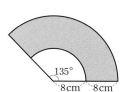

10 오른쪽 그림의 원 O에서 $\widehat{AB} : \widehat{BC} : \widehat{CA}$ $=3:2:5$일 때, ∠AOB의 크기는?

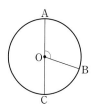

① 72° ② 96°
③ 108° ④ 112°
⑤ 120°

11 오른쪽 그림의 반원에서 $\widehat{AB} : \widehat{BC}=3:1$일 때, ∠BOC의 크기를 구하여라.

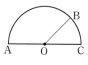

12 오른쪽 그림과 같이 한 변 의 길이가 4 cm인 정사각 형에서 어두운 부분의 넓 이를 구하여라.

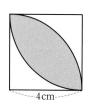

정답 p. 43

01 원에 대한 설명으로 옳은 것을 모두 고르면?

▮ 보기 ▮

(ㄱ) 원 위의 두 점을 양 끝점으로 하는 원의 일부분을 현이라고 한다.

(ㄴ) 원의 중심을 지나는 현은 원의 지름이다.

(ㄷ) 중심각의 크기가 $180°$인 부채꼴은 반원이다.

(ㄹ) 부채꼴은 현과 호로 이루어진 도형이다.

① (ㄱ), (ㄴ)   ② (ㄱ), (ㄷ)

③ (ㄴ), (ㄷ)   ④ (ㄴ), (ㄹ)

⑤ (ㄷ), (ㄹ)

02 오른쪽 그림의 원 O에서 다음 중 옳지 않은 것을 모두 고르면?

(정답 2개)

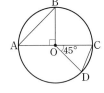

① $\overline{OA}=\overline{OC}$

② $\widehat{AB}=\widehat{BC}$

③ $\widehat{AB}=2\widehat{CD}$

④ $\overline{AB}=2\overline{CD}$

⑤ $\triangle AOB=2\triangle COD$

03 오른쪽 그림에서 x의 값을 구하여라.

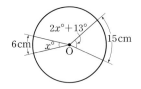

04 오른쪽 그림에서 x, y의 값을 각각 구하여라.

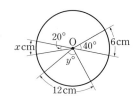

05 오른쪽 그림의 원 O에서 $\angle AOB : \angle BOC : \angle COA$ $=2:3:4$일 때, $\widehat{AC}=k\widehat{AB}$이다. k의 값은?

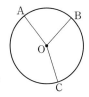

① $\dfrac{1}{2}$ ② $\dfrac{1}{3}$

③ $\dfrac{2}{3}$ ④ $\dfrac{3}{2}$

⑤ 2

06 오른쪽 그림에서 $\overline{AC}$는 원 O의 지름이다. $\widehat{AB} : \widehat{BC}=1:4$일 때, $\angle ABO$의 크기를 구하여라.

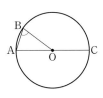

07 오른쪽 그림의 원 O에서 $\overline{AD}\,/\!/\,\overline{OC}$, $\angle BOC=30°$이고 $\widehat{BC}=3\,cm$일 때, 호 AD의 길이는?

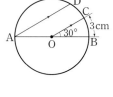

① $9\,cm$ ② $10\,cm$

③ $12\,cm$ ④ $15\,cm$

⑤ $18\,cm$

08 오른쪽 그림의 원 O에서 $\overline{AB}\,/\!/\,\overline{OC}$이고, $\angle BOC=40°$일 때, $\widehat{AB}:\widehat{BC}$는?

① $2:1$ ② $3:2$

③ $4:3$ ④ $5:2$

⑤ $5:3$

09 오른쪽 그림에서 $\overline{AO}\,/\!/\,\overline{BC}$이고, $\overline{BD}$는 원 O의 지름이다. $\angle AOB=30°$, $\widehat{AB}=3\,cm$일 때, $\widehat{CD}$의 길이를 구하여라.

10 다음 그림에서 선분 AB는 원 O의 지름이고, $\widehat{BD}=6\,cm$, $\angle CDO=40°$, $\angle CPO=20°$일 때, $\widehat{AC}$의 길이를 구하여라.
(단, 풀이 과정을 자세히 써라.)

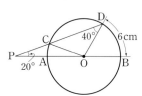

11 오른쪽 그림에서 x의 값은?

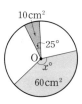

① 110 ② 120

③ 130 ④ 140

⑤ 150

12 오른쪽 그림에서 $\angle AOB=\angle BOC=\angle COD$이다. 호 AB의 길이가 $1\,cm$이고 부채꼴 OAB의 넓이가 $2\,cm^2$일 때, 호 AD의 길이는 $a\,cm$, 부채꼴 OAD의 넓이는 $b\,cm^2$이다. 이때 $a+b$의 값을 구하여라.

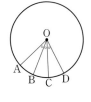

13 오른쪽 그림에서
$\angle AOB : \angle COD = 3 : 1$
이고 부채꼴 OAB의 넓이가 $36\,cm^2$일 때, 부채꼴 COD의 넓이를 구하여라.

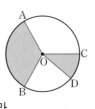

14 반지름의 길이가 같은 부채꼴에 대한 다음 설명 중 옳지 않은 것은?

① 중심각의 크기가 같으면 호의 길이도 같다.
② 중심각의 크기가 같으면 현의 길이도 같다.
③ 중심각의 크기와 호의 길이는 정비례한다.
④ 중심각의 크기와 현의 길이는 정비례한다.
⑤ 중심각의 크기와 넓이는 정비례한다.

15 오른쪽 그림의 원 O에서 $\overline{BC}$의 연장선 위에 $\overline{OC} = \overline{CE}$ 가 되도록 점 E를 잡고, $\overline{OE}$와 원 O가 만나는 점을 D라 하자. $\angle AOD = 48°$일 때, $\angle COD$의 크기를 구하여라.

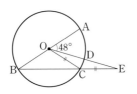

16 오른쪽 그림의 부채꼴 OAB에 대하여 다음 중 옳지 않은 것은?

① $\dfrac{1}{3}\overline{AB} = \overline{BC}$

② $\widehat{AB} = 3\widehat{BC}$

③ $2\angle AOB = 3\angle AOC$

④ $\widehat{BC} = \widehat{AC} = 1 : 2$

⑤ (부채꼴 AOB의 넓이)
$= 3 \times$ (부채꼴 BOC의 넓이)

17 오른쪽 그림에서
$\overline{AB} = \overline{CD} = \overline{DE}$이고,
$\angle AOB = 42°$일 때,
$\angle COE$의 크기를 구하여라.

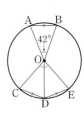

서술형

18 오른쪽 그림에서
$\overline{AB}$는 반원 O의 지름이고, $\overline{OD} = \overline{PC}$,
$\angle BOD = 75°$일 때, $\widehat{AC} : \widehat{BD}$의 비를 가장 간단한 자연수의 비로 나타내어라.
(단, 풀이 과정을 자세히 써라.)

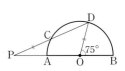

19 오른쪽 그림에서 어두운 부분의 둘레의 길이를 구하여라.

20 다음 그림에서 어두운 부분의 넓이를 구하여라.

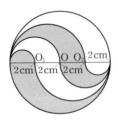

21 반지름의 길이가 12 cm이고, 중심각의 크기가 60°인 부채꼴의 호의 길이는?

① 2π cm ② 3π cm

③ 4π cm ④ 6π cm

⑤ 12π cm

22 중심각의 크기가 80°인 어떤 부채꼴의 호의 길이가 16π cm일 때, 이 부채꼴의 반지름의 길이는?

① 32 cm ② 36 cm

③ 48 cm ④ 64 cm

⑤ 72 cm

23 오른쪽 그림에서 어두운 부분의 둘레의 길이를 구하여라.

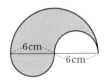

24 오른쪽 그림의 두 원은 모두 중심이 O이다. 이때 어두운 부분의 넓이를 구하여라.

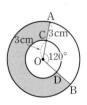

25 오른쪽 그림의 사각형 ABCD가 정사각형일 때, 어두운 부분의 넓이는?

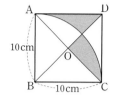

① $25\,\mathrm{cm}^2$

② $(25\pi-50)\,\mathrm{cm}^2$

③ $(50-10\pi)\,\mathrm{cm}^2$

④ $30\,\mathrm{cm}^2$

⑤ $\dfrac{25}{2}\,\mathrm{cm}^2$

26 오른쪽 그림의 사각형은 한 변의 길이가 6 cm인 정사각형이다. 이때 어두운 부분의 넓이를 구하여라.

(단, 풀이 과정을 자세히 써라.)

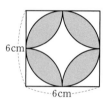

27 다음 그림은 ∠B=90°인 직각삼각형 ABC의 각 변을 지름으로 하는 반원을 그린 것이다. $\overline{\mathrm{AB}}=6\,\mathrm{cm}$, $\overline{\mathrm{BC}}=8\,\mathrm{cm}$, $\overline{\mathrm{AC}}=10\,\mathrm{cm}$일 때, 어두운 부분의 넓이를 구하여라.

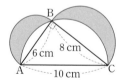

28 오른쪽 그림의 부채꼴에서 어두운 부분의 넓이를 구하여라. (단, 풀이 과정을 자세히 써라.)

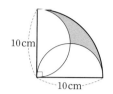

29 오른쪽 그림은 지름의 길이가 10 cm인 반원을 점 A를 중심으로 60°만큼 회전한 것이다. 이때 어두운 부분의 넓이를 구하여라.

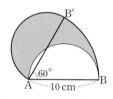

30 밑면의 반지름의 길이가 8 cm인 원기둥 3개를 오른쪽 그림과 같이 묶을 때, 필요한 끈의 길이의 최솟값을 구하여라. (단, 끈의 매듭의 길이는 무시한다.)

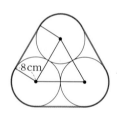

31 다음 그림과 같이 한 변의 길이가 6 cm인 정삼각형 ABC를 직선 l 위를 미끄러지지 않게 한 바퀴 굴릴 때, 꼭짓점 B가 움직인 거리를 구하여라.

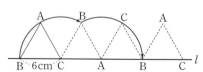

유형 01

다음 그림에서 ∠AOC＝ABC＝15°,
$\overline{AE}$＝10 cm일 때, 호 DE의 길이를 구하여라.

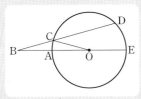

해결**포인트** 한 원의 반지름의 길이는 일정하므로 두 반지름과 현으로 이루어진 삼각형은 이등변삼각형임을 이용한다.

유형 02

오른쪽 그림과 같이 한 변의 길이가 3 cm인 정삼각형 ABC의 세 변을 연장하여 세 부채꼴 BCD, EAD, EBF를 그릴 때, 어두운 부분의 넓이를 구하여라.

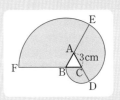

(단, $\overline{BC}=\overline{CD}$, $\overline{AD}=\overline{AE}$, $\overline{BE}=\overline{BF}$)

해결**포인트** 부채꼴의 넓이는 반지름의 길이와 중심각의 크기를 알면 구할 수 있다. 각 부채꼴의 중심각의 크기는 정삼각형의 한 외각의 크기와 같음을 이용한다.

확인문제

1-1 오른쪽 그림과 같이 선분 AB를 지름으로 하는 반원 O에서 $\overline{AD}/\!/\overline{OC}$이고 $\widehat{BC}=\pi$일 때, $\widehat{AD}$의 길이를 구하여라.

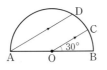

1-2 오른쪽 그림에서 $\overline{AB}$는 원 O의 지름이다. ∠CAB＝20°일 때, $\widehat{AC}:\widehat{BC}$를 가장 간단한 자연수의 비로 나타내어라.

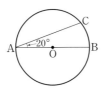

확인문제

2-1 다음 그림과 같이 강가의 말뚝에 소가 묶여 있다. 소를 묶고 있는 줄의 길이가 20 m일 때, 땅 위에서 소가 움직일 수 있는 영역의 넓이를 구하여라.

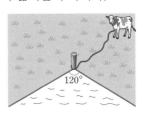

2-2 오른쪽 그림에서 어두운 부분의 넓이를 구하여라.

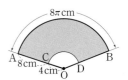

정답 p. 46

1 오른쪽 그림에서 $\overline{AO}/\!/\overline{BC}$이고 $\overline{BD}$는 원 O의 지름이다. 이때 $\overparen{AB}=3\,cm$일 때, $\overparen{CD}$의 길이를 구하여라. (단, 풀이 과정을 자세히 써라.)

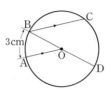

2 오른쪽 그림에서 사각형 ABCD는 정사각형이고 $\overline{AD}$, $\overline{BC}$는 반원의 지름일 때, 어두운 부분의 넓이를 구하여라.
(단, 풀이 과정을 자세히 써라.)

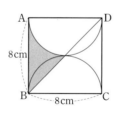

3 다음 그림에서 어두운 부분의 넓이와 직사각형 ABCD의 넓이가 같을 때, $\overline{BC}$의 길이를 구하여라.
(단, 풀이 과정을 자세히 써라.)

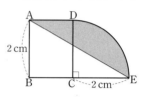

4 다음 그림과 같이 가로, 세로의 길이가 각각 6 cm, 8 cm이고 대각선의 길이가 10 cm인 직사각형 ABCD를 직선 l 위에서 한 바퀴 돌렸을 때, 꼭짓점 A가 그리는 도형의 길이를 구하여라.
(단, 풀이 과정을 자세히 써라.)

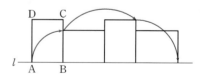

VII 평면도형

도전 1등급 ☆

정답 p. 47

생각해 봅시다!

01 오른쪽 그림과 같이 7개의 빌딩이 있다. 각 빌딩 사이에 통신 회선을 모두 설치하려고 할 때, 설치해야 할 회선의 수는?

① 7개 ② 11개

③ 14개 ④ 21개

⑤ 28개

● 각 빌딩 사이에 통신 회선을 선분으로 표시하여 대각선의 개수와 관련지어 생각해 본다.

02 오른쪽 그림에서 점 F는 ∠DAC와 ∠ACE의 이등분선의 교점이다. ∠B=50°일 때, ∠x의 크기를 구하여라.

● 삼각형의 세 각의 크기의 합은 180°임을 이용한다.

03 오른쪽 그림에서 $\overleftrightarrow{AB}$∥$\overleftrightarrow{EF}$일 때, ∠x의 크기를 구하여라.

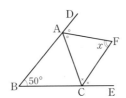

● 보조선을 적당히 그어 평행선과 동위각, 엇각의 성질을 이용한다.

04 오른쪽 그림에서 점 F는 ∠A와 ∠C의 이등분선의 교점이다.
∠AFC=130°일 때,
∠ADC+∠CEA의 크기를 구하여라.

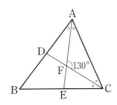

● 삼각형의 세 각의 크기의 합이 180°임을 이용한다.

05 오른쪽 그림에서 오각형 ABCDE 는 정오각형이고, $l /\!/ m$일 때, x의 값은?

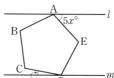

① 8   ② 9

③ 10   ④ 11

⑤ 15

생각해봅시다!

정오각형의 한 내각의 크기는 $\dfrac{180° \times 3}{5} = 108°$임을 이용한다.

06 오른쪽 그림에서 $\angle a + \angle b + \angle c + \angle d + \angle e + \angle f + \angle g$ 의 크기를 구하여라.

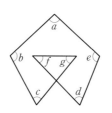

적당한 보조선을 그어 n각형의 내각의 크기의 합이 $180° \times (n-2)$임을 이용한다.

07 오른쪽 그림은 한 변의 길이가 같은 정오각형과 정팔각형의 한 변을 붙여 놓은 것이다. 이때 $\angle x$의 크기를 구하여라.

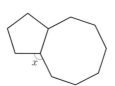

정n각형의 한 내각의 크기는 $\dfrac{180° \times (n-2)}{n}$임을 이용한다.

08 오른쪽 그림은 한 변의 길이가 3 cm인 정육각형의 변을 연장하여 세 부채꼴 AFG, GEH, HDI를 그린 것이다. 이 세 부채꼴의 호의 길이의 합을 구하여라.

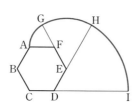

세 부채꼴의 중심각의 크기는 정육각형의 한 외각의 크기와 같음을 이용한다.

09 오른쪽 그림과 같이 반지름의 길이
가 8 cm인 반원에서 어두운 부분
의 넓이를 구하여라.

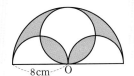

어두운 부분의 넓이를 구하기 위해
보조선을 그어 넓이가 같은 도형을
적절하게 이동시켜 본다.

10 오른쪽 그림에서 △ABC는 직각이
등변삼각형이고, 도형 ABE, CBD
는 부채꼴일 때, 어두운 부분의 넓이
를 구하여라.

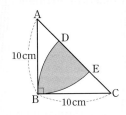

직각이등변삼각형에서 직각이 아
닌 두 각은 모두 45°이므로 두 부
채꼴의 중심각의 크기가 45°임을
알 수 있다.

11 오른쪽 그림과 같이 한 변의 길이
가 4 cm인 정사각형 ABCD에서
어두운 부분의 둘레의 길이를 구하
여라.

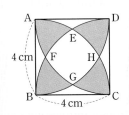

보조선을 그어 각 호의 중심각의
크기를 먼저 구해 본다.

12 오른쪽 그림과 같이 반지름의 길이
가 1 cm인 원 O가 $\overline{AB}=4$ cm,
$\overline{BC}=5$ cm, $\overline{CA}=3$ cm인
△ABC의 세 변 위를 미끄러지지
않게 한 바퀴 돌 때, 원의 중심 O가
움직인 거리를 구하여라.

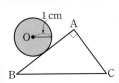

점 O가 지나간 자리를 그려 보면
선분과 부채꼴의 호로 이루어져 있
음을 알 수 있다.

Step 7

대단원 성취도 평가

나의 점수 _____점 / 100점 만점

정답 p. 48

객관식 [각 6점]

01 다음 중 옳은 것을 모두 고르면? (정답 2개)

① 모든 변의 길이가 같은 다각형은 정다각형이다.

② n각형의 한 꼭짓점에서 그을 수 있는 대각선의 개수는 $(n-2)$개이다.

③ 원에서 가장 긴 현은 지름이다.

④ 현의 길이는 그에 대한 중심각의 크기에 정비례한다.

⑤ (n각형의 외각의 크기의 합)$=180°\times n-$(내각의 크기의 합)

02 십각형에 대한 설명으로 옳지 <u>않은</u> 것은?

① 내각의 크기의 합은 $1440°$이다.

② 외각의 크기의 합은 $360°$이다.

③ 한 내각의 크기는 $144°$이다.

④ 한 꼭짓점에서 그을 수 있는 대각선의 개수는 7개이다.

⑤ 대각선은 모두 35개이다.

03 한 꼭짓점에서 그을 수 있는 대각선의 개수가 10개인 다각형이 있다. 이 다각형의 꼭짓점의 개수를 x개, 대각선의 개수를 y개라 할 때, $x+y$의 값은?

① 72   ② 74   ③ 76   ④ 78   ⑤ 80

04 오른쪽 그림에서 $\angle ABP=\angle PBC$, $\angle BCP=\angle PCD$일 때, $\angle x$의 크기는?

① $100°$ ② $105°$ ③ $110°$

④ $115°$ ⑤ $120°$

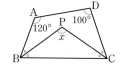

05 오른쪽 그림에서 $\angle x$의 크기는?

① $105°$ ② $110°$ ③ $115°$

④ $120°$ ⑤ $125°$

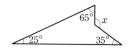

06 오른쪽 그림에서 ∠BOC=3∠AOB일 때, 다음 중 옳은 것을 모두 고르면? (정답 2개)

① $\overset{\frown}{BC}=3\overset{\frown}{AB}$
② $\overline{BC}=3\overline{AB}$
③ △COB=3△AOB
④ $\overline{AC}=4\overline{AB}$
⑤ (부채꼴 BOC의 넓이)=3×(부채꼴 AOB의 넓이)

07 오른쪽 그림에서 ∠x+∠y의 크기는?

① 150°   ② 153°   ③ 155°
④ 157°   ⑤ 159°

08 오른쪽 그림에서 ∠a+∠b+∠c+∠d+∠e+∠f의 크기는?

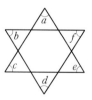

① 180°   ② 270°   ③ 360°
④ 450°   ⑤ 540°

09 오른쪽 그림의 부채꼴 AOB의 넓이가 20 cm²이고 ∠AOB=120°이다. ∠COD=50°일 때, 부채꼴 COD의 넓이는?

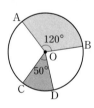

① $\dfrac{20}{3}$ cm²   ② $\dfrac{22}{3}$ cm²   ③ $\dfrac{23}{3}$ cm²
④ $\dfrac{25}{3}$ cm²   ⑤ $\dfrac{26}{3}$ cm²

10 오른쪽 그림에서 △OBD는 정삼각형이고, $\overset{\frown}{AC}=6\pi$ cm, ∠AOC=40°이다. 이때 호 BD의 길이는?

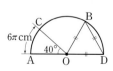

① 6π cm   ② 7π cm   ③ 8π cm
④ 9π cm   ⑤ 10π cm

11 호의 길이가 6π cm, 중심각의 크기가 72°인 부채꼴의 넓이는?

① 42π cm²   ② 45π cm²   ③ 48π cm²   ④ 51π cm²   ⑤ 54π cm²

12 오른쪽 그림의 사각형은 한 변의 길이가 $4a$인 정사각형이다. 이 때 어두운 부분의 넓이는?

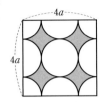

① $16a^2 - 4\pi a^2$ ② $4\pi a^2 - 16a^2$ ③ $16a^2 - 3\pi a^2$

④ $5\pi a^2 - 16a^2$ ⑤ $6\pi a^2 - 16a^2$

13 오른쪽 그림과 같이 밑면의 지름의 길이가 $6\,\text{cm}$인 원기둥 모양의 캔을 끈으로 묶으려고 한다. 필요한 끈의 길이의 최솟값은? (단, 끈의 매듭의 길이는 무시한다.)

① $(24+6\pi)\text{cm}$ ② $(30+6\pi)\text{cm}$ ③ $(36+6\pi)\text{cm}$

④ $(30+9\pi)\text{cm}$ ⑤ $(36+9\pi)\text{cm}$

주관식 [각 7점]

14 어떤 정다각형의 한 내각의 크기와 한 외각의 크기의 비가 $7:2$일 때, 이 정다각형의 대각선의 개수를 구하여라.

15 오른쪽 그림과 같이 반지름의 길이가 $10\,\text{cm}$인 부채꼴에서 반지름의 길이가 $5\,\text{cm}$인 부채꼴을 잘라 낸 도형의 넓이가 $25\pi\ \text{cm}^2$일 때, x의 값을 구하여라.

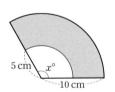

서술형 주관식

16 오른쪽 그림의 정팔각형에서 $\angle DGE$의 크기를 구하여라.
(단, 풀이 과정을 자세히 써라.) [8점]

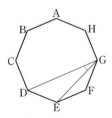

VIII

입체도형

PART 01 다면체

Step 1
교과서 이해

정답 p. 50

1 다면체

01 다각형인 면으로만 둘러싸인 입체도형을 ☐라고 한다.

[02~07] 다음 중 다면체인 것은 ○표, 다면체 가 아닌 것은 ×표를 하여라.

02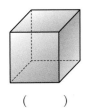
( )

03
( )

04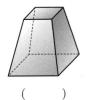
( )

05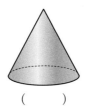
( )

06
( )

07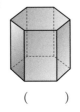
( )

[08~11] 다음 다면체의 면의 개수를 구하고, 몇 면체인지 말하여라.

08

09

10

11

2 각뿔대

12 각뿔을 밑면에 평행한 평면으로 잘라서 생 기는 두 입체도형 중에서 각뿔이 아닌 쪽의 다면체를 ☐라고 한다.

[13~14] 다음 각뿔대의 밑면의 모양과 각뿔대 의 이름을 차례로 써라.

13

14

[15~16] 다음 각뿔대의 높이를 구하여라.

15

5 cm
3 cm

16

12 cm
8 cm

3 다면체

[17~20] 다음 입체도형을 보고 빈칸을 채워라.

17

꼭짓점의 개수	개
모서리의 개수	개
면의 개수	개
옆면의 모양	

18

꼭짓점의 개수	개
모서리의 개수	개
면의 개수	개
옆면의 모양	

19

꼭짓점의 개수	개
모서리의 개수	개
면의 개수	개
옆면의 모양	

20

꼭짓점의 개수	개
모서리의 개수	개
면의 개수	개
옆면의 모양	

21 다음 표의 빈칸을 채워라.

	n각기둥	n각뿔	n각뿔대
면의 개수			
모서리의 개수			
꼭짓점의 개수			
옆면의 모양			

4 정다면체

22 정다면체는 모든 면이 □인 □
이고, 각 꼭짓점에 모인 □의 개수가 같은
다면체이다.

23 정다면체의 종류를 모두 구하여라.

[24~28] 정다면체에 대한 다음 설명 중 옳은
것은 ○표, 옳지 않은 것은 ×표를 하여라.

24 정다면체는 각 면이 합동인 다각형으로 이루
어져 있다. ( )

25 정다면체의 각 꼭짓점에 모이는 면의 개수는
모두 같다. ( )

26 정다면체의 한 면이 될 수 있는 다각형은 정
삼각형과 정오각형뿐이다. ( )

27 정다면체는 한 꼭짓점에 모인 각의 크기의
합이 360°보다 작다. ( )

28 면의 모양이 정삼각형인 정다면체는 정사면
체와 정팔면체뿐이다. ( )

5 정다면체의 성질

[29~34] 다음 조건을 만족하는 정다면체를 모두 말하여라.

29 면의 모양이 정삼각형인 정다면체

30 면의 모양이 정사각형인 정다면체

31 면의 모양이 정오각형인 정다면체

32 한 꼭짓점에 모인 면의 개수가 3개인 정다면체

33 한 꼭짓점에 모인 면의 개수가 4개인 정다면체

34 한 꼭짓점에 모인 면의 개수가 5개인 정다면체

35 다음 표의 빈칸에 알맞은 수를 써넣어라.

정다면체	정사면체	정육면체	정팔면체	정십이면체	정이십면체
면의 개수					
꼭짓점의 개수					
모서리의 개수					

6 정다면체의 전개도

36 다음 정다면체와 그 전개도를 찾아 연결하여라.

(1)   (ㄱ)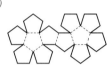

(2)   (ㄴ)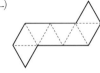

(3)   (ㄷ)

(4)   (ㄹ)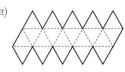

(5)   (ㅁ)

[37~38] 다음 전개도로 만든 입체도형에 대하여 □ 안에 알맞은 것을 써넣어라.

37

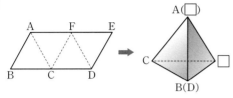

38

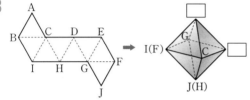

[39~42] 오른쪽 그림과 같은 전개도로 만들어지는 정다면체에 대하여 다음을 구하여라.

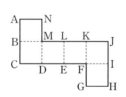

39 점 A와 겹치는 꼭짓점

40 모서리 DE와 겹치는 모서리

41 면 FGHI와 마주 보는 면

42 모서리 DE와 수직인 면

43 오른쪽 그림은 모든 면이 정삼각형인 다면체이지만 정다면체가 아니다. 그 이유를 설명하여라.

7 다면체의 꼭짓점, 모서리, 면의 개수

[44~47] 다음 입체도형의 꼭짓점의 개수를 v개, 모서리의 개수를 e개, 면의 개수를 f개라 할 때, $v-e+f$의 값을 구하여라.

44

45

46

47

01 다음 입체도형 중 다면체가 <u>아닌</u> 것은?

① 삼각기둥   ② 원기둥

③ 오각뿔   ④ 직육면체

⑤ 삼각뿔

02 다음 중 면의 개수가 나머지 넷과 <u>다른</u> 하나는?

① 오각뿔   ② 직육면체

③ 사각기둥   ④ 사각뿔대

⑤ 육각기둥

03 삼각기둥은 a면체이고 사각뿔은 b면체이다. $a+b$의 값을 구하여라.

04 다음 〈보기〉 중 육면체인 것의 개수를 구하여라.

┌─ 보기 ─┐

㈎ 사각기둥   ㈏ 정육면체

㈐ 오각뿔   ㈑ 육각뿔

㈒ 사각뿔대   ㈓ 오각뿔대

05 다음 중 모서리의 개수가 가장 많은 입체도형은?

① 사각기둥   ② 오각뿔

③ 육각뿔   ④ 육각기둥

⑤ 오각뿔대

06 다음 다면체 중 꼭짓점의 개수가 나머지 넷과 <u>다른</u> 하나는?

① 오각뿔   ② 직육면체

③ 사각뿔대   ④ 사각기둥

⑤ 칠각뿔

07 다음 중 입체도형의 옆면의 모양이 <u>잘못</u> 짝 지어진 것을 모두 고르면? (정답 2개)

① 삼각기둥 – 직사각형

② 삼각뿔 – 삼각형

③ 사각뿔대 – 사다리꼴

④ 오각기둥 – 오각형

⑤ 사각뿔 – 사각형

08 다음 조건을 모두 만족하는 입체도형의 이름을 말하여라.

┌─────────────────────┐

㈎ 팔면체이다.

㈏ 옆면의 모양은 사다리꼴이다.

㈐ 두 밑면이 서로 평행하다.

└─────────────────────┘

09 다음 중 정다면체와 그 다면체의 면의 모양을 짝지은 것으로 옳지 <u>않은</u> 것을 모두 고르면? (정답 2개)

① 정사면체 – 정삼각형
② 정육면체 – 정육각형
③ 정팔면체 – 정삼각형
④ 정십이면체 – 정오각형
⑤ 정이십면체 – 정오각형

10 다음 정다면체 중 한 꼭짓점에 모인 면의 개수가 3개가 <u>아닌</u> 것을 모두 고르면? (정답 2개)

① 정사면체　　② 정육면체
③ 정팔면체　　④ 정십이면체
⑤ 정이십면체

11 정팔면체의 모서리의 개수를 a개, 꼭짓점의 개수를 b라 할 때, $a-b$의 값을 구하여라.

12 다음 조건을 모두 만족하는 정다면체의 이름을 말하여라.

(가) 한 꼭짓점에 모인 면의 개수는 3개이다.
(나) 꼭짓점의 개수는 8개이다.
(다) 모서리의 개수는 12개이다.

13 다음 설명 중 옳지 <u>않은</u> 것은?

① 정다면체는 모든 면이 합동인 정다각형으로 이루어진 다면체이다.
② 정다면체는 각 꼭짓점에 모인 면의 개수가 같다.
③ 다면체 중에서 면의 개수가 가장 적은 다면체는 사면체이다.
④ 정십이면체는 12개의 정삼각형으로 이루어져 있다.
⑤ 정다면체는 다섯 종류밖에 없다.

14 오른쪽 전개도로 만들어지는 입체도형에 대하여 다음 물음에 답하여라.

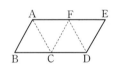

(1) 이 정다면체의 이름을 말하여라.
(2) 모서리 AB와 꼬인 위치에 있는 모서리를 말하여라.
(3) 점 A와 겹치는 꼭짓점을 말하여라.

15 다음 중 정육면체의 전개도가 될 수 없는 것을 모두 고르면? (정답 2개)

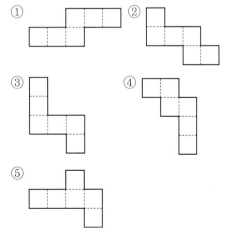

01 다음 입체도형 중 다면체인 것의 기호를 모두 써라.

> (ㄱ) 직육면체   (ㄴ) 사각뿔대
>
> (ㄷ) 정오각형   (ㄹ) 원뿔대
>
> (ㅁ) 정팔면체   (ㅂ) 육각기둥

02 다음 중 면의 개수가 가장 많은 다면체는?

① 사각기둥   ② 직육면체
③ 오각뿔   ④ 육각뿔대
⑤ 오각기둥

03 다음 중 오른쪽 그림의 다면체와 면의 개수가 같은 것을 모두 고르면?

(정답 2개)

① 사각뿔대   ② 오각뿔
③ 육각뿔   ④ 오각기둥
⑤ 육각뿔대

04 다음 중 다면체의 이름이 바르게 연결된 것은?

① 사각기둥 – 오면체
② 오각뿔 – 칠면체
③ 사각뿔 – 육면체
④ 육각기둥 – 팔면체
⑤ 팔각뿔대 – 구면체

서술형

05 밑면의 대각선의 개수가 27개인 각뿔은 몇 면체인지 구하여라.

(단, 풀이 과정을 자세히 써라.)

06 다음 중 다면체와 그 모서리의 개수가 잘못 짝지어진 것은?

① 오각기둥 – 15개
② 육각뿔 – 12개
③ 십각뿔 – 11개
④ 육각뿔대 – 18개
⑤ 팔각기둥 – 24개

07 다음 중 면이 8개이고 모서리가 14개인 입체도형은?

① 육각뿔　　② 육각기둥
③ 칠각뿔　　④ 팔각뿔대
⑤ 칠각기둥

08 다음 중 오각뿔대에 대한 설명으로 옳지 않은 것을 모두 고르면? (정답 2개)

① 칠면체이다.
② 두 밑면은 합동이다.
③ 꼭짓점의 개수는 10개이다.
④ 옆면의 모양은 직사각형이다.
⑤ 오각뿔보다 모서리가 5개 더 많다.

09 오각기둥의 꼭짓점의 개수를 a개, 육각뿔의 면의 개수를 b개, 사각뿔대의 모서리의 개수를 c개라 할 때, $a-b+c$의 값을 구하여라.
(단, 풀이 과정을 자세히 써라.)

10 모서리의 개수가 24개인 각뿔대의 밑면의 모양은?

① 사각형　　② 오각형
③ 육각형　　④ 칠각형
⑤ 팔각형

11 다음 중 다면체와 꼭짓점의 개수가 바르게 짝지어진 것은?

① 사각뿔대−5개
② 오각뿔−10개
③ 오각기둥−15개
④ 칠각뿔−8개
⑤ 팔각뿔대−9개

12 n각뿔의 꼭짓점, 모서리, 면의 개수를 각각 a, b, c라고 할 때, $a+b+c$를 n을 사용한 식으로 나타내면?

① $2n+1$　　② $4n+1$
③ $4n+2$　　④ $6n+1$
⑤ $6n+2$

13 다음 중 다면체와 그 옆면의 모양을 바르게 짝지은 것은?

① 오각기둥 – 오각형
② 사각뿔 – 직사각형
③ 삼각뿔대 – 정삼각형
④ 육각뿔대 – 사다리꼴
⑤ 삼각기둥 – 삼각형

서술형

14 밑면의 대각선의 개수가 35개인 각기둥의 꼭짓점의 개수를 a개, 면의 개수를 b개, 모서리의 개수를 c개라 할 때, $a+b-c$의 값을 구하여라. (단, 풀이 과정을 자세히 써라.)

15 다음 조건을 모두 만족하는 입체도형은?

> ㈎ 십면체이다.
> ㈏ 옆면의 모양은 직사각형이다.
> ㈐ 두 밑면은 서로 평행하다.

① 육각기둥   ② 육각뿔대
③ 팔각뿔대   ④ 팔각기둥
⑤ 칠각뿔

16 다면체에 대한 다음 설명 중 옳은 것은?

① 각뿔의 밑면은 1개이다.
② 오면체에는 오각형인 면이 있다.
③ 각뿔의 옆면의 모양은 사다리꼴이다.
④ 오각기둥과 육각뿔의 꼭짓점의 개수는 같다.
⑤ 각뿔대의 두 밑면은 합동이다.

17 다음은 정다면체에 대한 설명이다. 옳지 <u>않은</u> 것은?

① 정다면체의 면의 모양은 정삼각형, 정사각형, 정오각형뿐이다.
② 각 꼭짓점에 모인 면의 개수가 같다.
③ 모든 면이 합동인 정다각형으로 이루어져 있다.
④ 정사면체, 정육면체, 정팔면체는 한 꼭짓점에 모인 면의 개수가 3개이다.
⑤ 정육면체의 면의 개수와 정팔면체의 꼭짓점의 개수는 같다.

서술형

18 한 꼭짓점에 모이는 면의 개수가 5개인 정다면체의 꼭짓점의 개수를 a개, 면이 가장 적은 정다면체의 모서리의 개수를 b개라 할 때, $a+b$의 값을 구하여라.

(단, 풀이 과정을 자세히 써라.)

19 다음 조건을 모두 만족하는 정다면체는?

> (개) 각 면은 합동인 정삼각형이다.
> (내) 한 꼭짓점에 모인 면의 개수는 4개이다.

① 정사면체   ② 정육면체
③ 정팔면체   ④ 정십이면체
⑤ 정이십면체

20 정다면체의 각 면이 정오각형으로 되어 있는 것은?

① 정사면체   ② 정육면체
③ 정팔면체   ④ 정십이면체
⑤ 정이십면체

21 정다면체에 대하여 다음 물음에 답하여라.
                (단, 풀이 과정을 자세히 써라.)
(1) 정다면체가 되기 위한 조건 두 가지를 말하여라.
(2) 다음 그림과 같이 각 면이 모두 합동인 정삼각형으로 이루어진 두 입체도형이 정다면체가 아닌 이유를 설명하여라.

22 오른쪽 그림은 정육면체의 일부분을 잘라 만든 입체도형이다. 이 입체도형의 면의 개수를 a개, 모서리의 개수를 b개, 꼭짓점의 개수를 c개라 할 때, $a+b-c$의 값을 구하여라.

23 오른쪽 그림의 전개도로 정팔면체를 만들 때, $\overline{AB}$와 겹치는 모서리는?

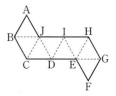

① $\overline{FG}$ ② $\overline{IH}$
③ $\overline{HG}$ ④ $\overline{IJ}$
⑤ $\overline{DE}$

24 오른쪽 그림의 전개도로 정육면체를 만들 때, $\overline{AB}$와 꼬인 위치에 있는 모서리는?

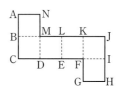

① $\overline{CD}$ ② $\overline{DE}$
③ $\overline{IJ}$ ④ $\overline{JK}$
⑤ $\overline{ML}$

25 정사면체의 각 모서리의 중점을 연결하여 만든 입체도형은?

① 정사면체   ② 정육면체
③ 정팔면체   ④ 정십이면체
⑤ 정이십면체

유형 01

모서리의 개수가 14개인 각뿔의 면의 개수를 a개, 꼭짓점의 개수를 b개라 할 때, $b-a$의 값을 구하여라.

> **해결포인트** n각뿔의 면의 개수는 $(n+1)$개, 꼭짓점의 개수는 $(n+1)$개, 모서리의 개수는 $2n$개임을 이용한다.

유형 02

정팔면체의 꼭짓점의 개수를 a개, 정사면체의 모서리의 개수를 b개, 정십이면체의 꼭짓점의 개수를 c개라 할 때, $a+b+c$의 값을 구하여라.

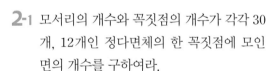
> **해결포인트** 정팔면체는 정삼각형 8개로 이루어져 있고, 한 꼭짓점에 4개의 면이 모이므로 꼭짓점의 개수는 $\dfrac{3 \times 8}{4}$(개)이다.

확인문제

1-1 어떤 각뿔대의 모서리와 면의 개수의 차가 14일 때, 이 입체도형의 꼭짓점의 개수를 구하여라.

1-2 밑면의 대각선의 개수가 20개인 각뿔의 면의 개수를 a개, 꼭짓점의 개수를 b개, 모서리의 개수를 c개라 할 때, $a-b+c$의 값을 구하여라.

확인문제

2-1 모서리의 개수와 꼭짓점의 개수가 각각 30개, 12개인 정다면체의 한 꼭짓점에 모인 면의 개수를 구하여라.

2-2 꼭짓점의 개수가 가장 많은 정다면체의 모서리의 개수를 a개, 모서리의 개수가 가장 적은 정다면체의 꼭짓점의 개수를 b개라 할 때, $a-b$의 값을 구하여라.

Step 5 서술형 만점대비

정답 p. 54

1 팔각뿔대의 면의 개수를 a개, 십각기둥의 모서리의 개수를 b개, 육각뿔의 꼭짓점의 개수를 c개라 할 때, $a+b+c$의 값을 구하여라. (단, 풀이 과정을 자세히 써라.)

2 꼭짓점의 개수가 16개인 각기둥의 면의 개수를 a개, 모서리의 개수를 b개라 할 때, $b-a$의 값을 구하여라.
(단, 풀이 과정을 자세히 써라.)

3 서로 마주 보는 두 면에 있는 점의 개수의 합이 7인 정육면체 모양의 주사위의 전개도가 오른쪽 그림과 같다. 면 A, B, C의 점의 개수를 각각 a개, b개, c개라 할 때, $a+b-c$의 값을 구하여라.

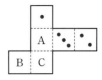

(단, 풀이 과정을 자세히 써라.)

4 정이십면체의 꼭짓점의 개수를 v개, 모서리의 개수를 e개, 면의 개수를 f개라 할 때, $v-e+f$의 값을 구하여라.
(단, 풀이 과정을 자세히 써라.)

PART 02 회전체

1 회전체

01 한 직선 l을 축으로 하여 평면도형을 1회전 시킬 때 생기는 입체도형을 [   ]라고 한다. 이때 직선 l을 [   ]이라고 한다.

02 원뿔을 밑면에 평행한 평면으로 잘라서 생기는 두 입체도형 중에서 원뿔이 아닌 것을 [   ]라고 한다.

03 반원을 지름을 축으로 하여 1회전시킬 때 생기는 입체도형을 [   ]라고 한다.

04 평면도형을 회전시켜 회전체를 만들 때, 옆 면을 이루는 선을 [   ]라고 한다.

05 다음 〈보기〉 중 회전체인 것을 모두 골라라.

> ┃ 보기 ┃
> (ㄱ) 삼각뿔대   (ㄴ) 원뿔
> (ㄷ) 정육면체   (ㄹ) 원기둥
> (ㅁ) 정사면체   (ㅂ) 구

2 회전체의 겨냥도

[06~09] 다음 그림과 같은 평면도형을 직선 l 을 축으로 하여 1회전시킬 때 생기는 회전제 의 겨냥도를 그리고, 그 이름을 말하여라.

06

07

08

09

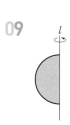

3 회전체의 성질

[10~13] 다음 표의 빈칸에 알맞은 평면도형을 써넣어라.

	회전체	회전축에 수직인 평면으로 자른 단면의 모양	회전축을 포함하는 평면으로 자른 단면의 모양
10	원기둥		
11	원뿔		
12	원뿔대		
13	구		

[14~16] 다음 회전체에 대한 설명 중 옳은 것은 ○표, 옳지 않은 것은 ×표를 하여라.

14 모든 회전체를 회전축에 수직인 평면으로 자르면 그 단면은 항상 원이다. (   )

15 회전체를 회전축에 수직인 평면으로 자를 때 생기는 단면은 모두 합동이다. (   )

16 회전체를 회전축을 포함하는 평면으로 자를 때 생기는 단면은 회전축에 대하여 선대칭 도형이다. (   )

[17~20] 다음 회전체를 회전축에 수직인 평면으로 자를 때 생기는 단면과 회전축을 포함하는 평면으로 자를 때 생기는 단면을 각각 그려라.

17

18
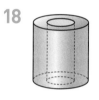

19
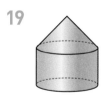

20
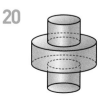

[21~24] 다음 회전체를 회전축을 포함한 평면으로 잘랐을 때의 단면을 그리고 그 넓이를 구하여라.

21

22

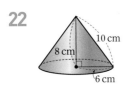

23

24

4 회전체의 전개도

[25~27] 다음 회전체와 그 회전체의 전개도를 보고, a, b, c의 값을 각각 구하여라.

25

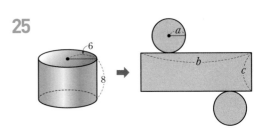

26

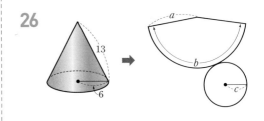

27

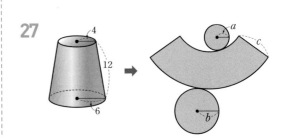

정답 p. 56

01 다음 입체도형 중 회전체가 <u>아닌</u> 것은?

① 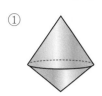 ②

③   ④

⑤

02 다음 그림과 같은 평면도형과 그 평면도형을 직선 l을 축으로 하여 1회전시킬 때 생기는 회전체를 알맞게 연결하여라.

(1) 　　(ㄱ)

(2) 　　(ㄴ)

(3) 　　(ㄷ)

(4) 　　(ㄹ)

03 오른쪽 그림과 같은 평면도형을 직선 l을 축으로 하여 1회전시킬 때 생기는 입체도형은?

①   ②

③   ④

⑤

04 오른쪽 그림의 회전체는 다음 중 어느 평면도형을 직선 l을 축으로 하여 1회전시킨 것인가?

①   ②

③   ④

⑤

05 다음 그림은 오른쪽 직각삼 각형 ABC의 한 변을 축으로 하여 1회전시켜 만든 회 전체이다. 어느 변을 회전축 으로 한 것인지 구하여라.

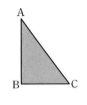

(1)

(2)

(3)

06 다음 중 회전체와 그 회전체를 회전축을 포 함하는 평면으로 자를 때 생기는 단면의 모 양을 잘못 짝지은 것은?

① 구 – 원
② 원기둥 – 직사각형
③ 원뿔 – 부채꼴
④ 반구 – 반원
⑤ 원뿔대 – 등변사다리꼴

07 다음 중 어떤 평면으로 잘라도 그 단면이 항 상 원이 되는 회전체는?

① 원기둥 　　② 원뿔
③ 원뿔대 　　④ 반구
⑤ 구

08 오른쪽 그림과 같은 직사각형 을 직선 *l*을 축으로 하여 1회 전시킬 때 생기는 입체도형을 회전축을 포함하는 평면으로 잘랐을 때 생기는 단면의 넓이 는?

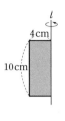

① 28 cm²　　② 36 cm²
③ 40 cm²　　④ 60 cm²
⑤ 80 cm²

09 오른쪽 그림과 같은 원뿔 의 전개도에서 다음을 구 하여라.

(1) 부채꼴의 반지름의 길이
(2) 부채꼴의 호의 길이

10 다음 중 원뿔대의 전개도인 것은?

① 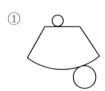　　②

③ 　　④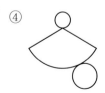

⑤

정답 p. 57

01 다음 〈보기〉의 입체도형 중 회전체인 것의 개수를 구하여라.

┌─ 보기 ┐
(ㄱ) 원뿔   (ㄴ) 정사면체
(ㄷ) 오각뿔대   (ㄹ) 반원
(ㅁ) 원기둥   (ㅂ) 육각기둥
(ㅅ) 구   (ㅇ) 원뿔대
(ㅈ) 정십이면체

02 다음 평면도형을 직선 l을 축으로 하여 1회 전시킬 때 생기는 입체도형으로 옳지 <u>않은</u> 것은?

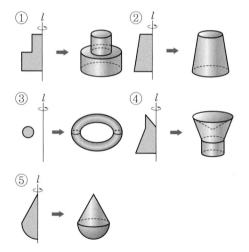

03 오른쪽 그림의 평면도형을 직선 l을 축으로 하여 1회 전시킬 때 생기는 입체도형은?

①  ②

③   ④

⑤

04 오른쪽 입체도형은 다음 중 어떤 도형을 회전시킨 것인가?

①   ②

③   ④

⑤

05 오른쪽 그림과 같은 사다리꼴 ABCD를 한 직선을 축으로 하여 1회전시켜 원뿔대를 만들려고 한다. 다음 중 회전축이 될 수 있는 것은?

① $\overrightarrow{AB}$ ② $\overrightarrow{BC}$
③ $\overrightarrow{CD}$ ④ $\overrightarrow{DA}$
⑤ $\overrightarrow{AC}$

06 원뿔을 회전축을 포함하는 평면과 회전축에 수직인 평면으로 잘랐을 때 생기는 단면의 모양을 차례로 적으면?

① 직각삼각형, 원 ② 이등변삼각형, 원
③ 등변사다리꼴, 원 ④ 원, 직각삼각형
⑤ 원, 이등변삼각형

07 다음 중 회전축에 수직인 평면으로 자를 때 생기는 단면이 항상 합동인 회전체는?

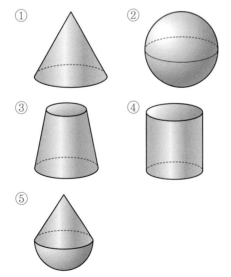

08 다음 중 평면도형과 그 평면도형을 직선 l을 축으로 하여 1회전시킬 때 생기는 회전체를 회전축을 포함하는 평면으로 자를 때 생기는 단면의 모양으로 옳지 않은 것은?

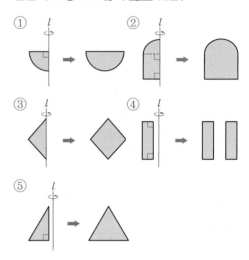

09 다음 회전체에 대한 친구들의 설명 중 잘못 말한 사람은?

① 정민 : 구를 회전축에 수직인 평면으로 자른 단면은 원이다.
② 원미 : 원뿔대를 회전축에 수직인 평면으로 자른 단면은 사다리꼴이다.
③ 수정 : 원뿔을 회전축에 수직인 평면으로 자른 단면은 원이다.
④ 지연 : 원기둥을 회전축을 포함하는 평면으로 자른 단면은 직사각형이다.
⑤ 호현 : 구를 회전축을 포함하는 평면으로 자른 단면은 원이다.

10 오른쪽 그림의 원뿔을
평면 ①, ②, ③, ④, ⑤
로 각각 자를 때 생기
는 단면의 모양이 될
수 <u>없는</u> 것은?

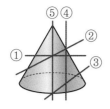

①   ②

③   ④

⑤

서술형

11 오른쪽 그림과 같은 평
면도형을 직선 l을 축으
로 하여 1회전시킬 때
생기는 입체도형을 회전
축을 포함하는 평면으로
잘랐을 때 생기는 단면
의 넓이를 구하여라.

(단, 풀이 과정을 자세히 써라.)

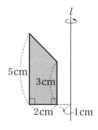

12 모선의 길이가 12 cm이고, 밑면의 반지름의
길이가 5 cm인 원뿔의 전개도에서 부채꼴의
중심각의 크기를 구하여라.

서술형

13 오른쪽 그림은 어떤 회
전체의 전개도이다. 다
음 물음에 답하여라.
(단, 풀이 과정을 자세
히 써라.)

(1) 회전체의 겨냥도를 그리고, 그 입체도
형의 이름을 말하여라.

(2) 회전체를 회전축을 포함하는 평면으로
자른 단면을 그리고, 그 평면도형의 이
름을 말하여라.

(3) 회전체를 회전축에 수직인 평면으로 자
른 단면을 그리고, 그 평면도형의 이름
을 말하여라.

14 오른쪽 그림은 원
기둥의 전개도이
다. 이때, 원기둥
의 밑면의 반지름
의 길이는?

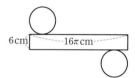

① 5 cm   ② 6 cm

③ 7 cm   ④ 8 cm

⑤ 9 cm

서술형

15 오른쪽 그림과 같은 원
뿔의 전개도로 만든 원
뿔의 밑면의 반지름의
길이를 구하여라.
(단, 풀이 과정을 자세
히 써라.)

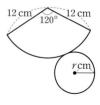

유형 01

오른쪽 그림의 평면도형을 직선 l을 축으로 하여 1회전시킬 때 생기는 회전체를 회전축을 포함하는 평면으로 자른 단면의 넓이를 구하여라.

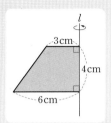

해결**포인트** 회전체를 회전축을 포함하는 평면으로 자른 단면의 넓이는 회전시키기 전의 평면도형의 넓이의 2배와 같다.

유형 02

오른쪽 그림과 같이 밑면인 원의 반지름의 길이가 3 cm이고, 높이가 5 cm인 원기둥이 있다. 이 원기둥의 전개도에서 옆면이 되는 직사각형의 넓이를 구하여라.

해결**포인트** 원기둥의 전개도에서 옆면의 가로의 길이는 밑면의 둘레의 길이와 같다.

확인문제

1-1 오른쪽 그림과 같은 이등변삼각형 ABC를 직선 BC를 축으로 하여 1회전시킬 때 생기는 입체도형을 회전축을 포함하는 평면으로 자른 단면의 둘레의 길이를 구하여라.

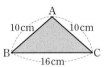

확인문제

2-1 오른쪽 그림과 같이 밑면인 원의 반지름의 길이가 4 cm이고, 높이가 6 cm인 원기둥이 있다. 이때 다음 물음에 답하여라.
(1) 이 원기둥의 전개도를 그려라.
(2) 전개도에서 옆면이 되는 직사각형의 가로의 길이와 세로의 길이를 구하여라.

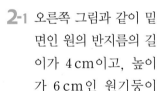

1-2 오른쪽 그림과 같이 반지름의 길이가 2 cm인 원을 직선 l로부터 3 cm만큼 떨어진 위치에서 직선 l을 축으로 하여 1회전시킬 때 생기는 회전체를 원의 중심 O를 지나면서 회전축에 수직인 평면으로 자른 단면의 넓이를 구하여라.

2-2 오른쪽 그림과 같이 밑면의 반지름의 길이가 4 cm, 모선의 길이가 25 cm인 원기둥 모양의 롤러에 페인트를 묻혀 한 바퀴 굴릴 때, 페인트가 칠해지는 부분의 넓이를 구하여라.

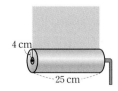

서술형 만점대비

1 오른쪽 그림과 같은 평면도형을 $\overline{DC}$를 축으로 하여 1회전시킬 때 생기는 회전체를 회전축을 포함하는 평면으로 자를 때, 그 단면의 넓이를 구하여라.

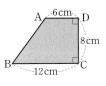

(단, 풀이 과정을 자세히 써라.)

2 오른쪽 그림과 같은 직각삼각형을 직선 l을 축으로 하여 1회전시킬 때 생기는 회전체에 대하여 다음 물음에 답하여라.

(1) 회전체의 겨냥도를 그려라.

(2) 회전체를 회전축을 포함하는 평면으로 잘랐을 때 생기는 단면의 넓이를 구하여라.

(3) 회전체를 회전축에 수직인 평면으로 자를 때 생기는 가장 큰 단면의 반지름의 길이를 구하여라.

3 오른쪽 원뿔대의 전개도를 그렸을 때, 옆면이 되는 도형의 둘레의 길이를 구하여라.

(단, 풀이 과정을 자세히 써라.)

4 오른쪽 그림과 같은 원뿔에서 다음 물음에 답하여라.

(단, 풀이 과정을 자세히 써라.)

(1) 이 원뿔의 전개도를 그리고, 모선의 길이와 밑면인 원의 반지름의 길이를 전개도에 써넣어라.

(2) 옆면인 부채꼴의 호의 길이를 구하여라.

(3) 전개도에서 옆면인 부채꼴의 중심각의 크기를 구하여라.

PART 03 입체도형의 부피와 겉넓이

Step 1 교과서 이해

정답 p. 60

1 기둥의 부피

01 밑넓이가 S이고 높이가 h인 기둥의 부피 V는 $V = \boxed{}$이다.

02 밑면의 반지름의 길이가 r이고, 높이가 h인 원기둥의 부피 V는 $V = \boxed{}$이다.

[03~05] 다음 각기둥을 보고, 빈칸을 채워라.

03

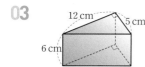

(1) 밑넓이	cm^2
(2) 높이	cm
(3) 부피	cm^3

04

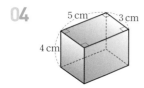

(1) 밑넓이	cm^2
(2) 높이	cm
(3) 부피	cm^3

05

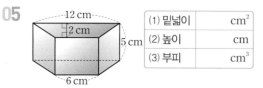

(1) 밑넓이	cm^2
(2) 높이	cm
(3) 부피	cm^3

[06~07] 다음 원기둥을 보고, 빈칸을 채워라.

06

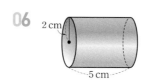

(1) 밑넓이	cm^2
(2) 높이	cm
(3) 부피	cm^3

07

(1) 밑넓이	cm^2
(2) 높이	cm
(3) 부피	cm^3

[08~09] 다음 입체도형의 부피를 구하여라.

08

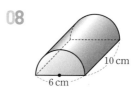

09

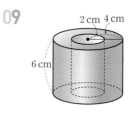

2 기둥의 겉넓이

10 (기둥의 겉넓이)=(☐☐☐)×2+(☐☐☐)
이다.

[11~14] 다음 기둥을 보고, 빈칸을 채워라.

11
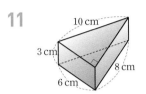

(1) 밑넓이		cm²
(2) 옆넓이		cm²
(3) 겉넓이		cm²

12
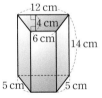

(1) 밑넓이		cm²
(2) 옆넓이		cm²
(3) 겉넓이		cm²

13

(1) 밑넓이		cm²
(2) 옆넓이		cm²
(3) 겉넓이		cm²

14

(1) 밑넓이		cm²
(2) 옆넓이		cm²
(3) 겉넓이		cm²

3 뿔의 부피

15 밑넓이가 S이고 높이가 h인 뿔의 부피 V는
$V =$ ☐ 이다.

[16~19] 다음 뿔을 보고, 빈칸을 채워라.

16
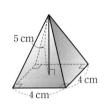

(1) 밑넓이		cm²
(2) 높이		cm
(3) 부피		cm³

17
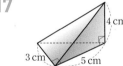

(1) 밑넓이		cm²
(2) 높이		cm
(3) 부피		cm³

18

(1) 밑넓이		cm²
(2) 높이		cm
(3) 부피		cm³

19
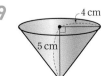

(1) 밑넓이		cm²
(2) 높이		cm
(3) 부피		cm³

[20~21] 다음 입체도형을 보고, 빈칸을 채워라.

20

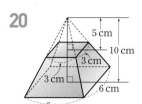

(1) 큰 각뿔의 부피	cm³
(2) 작은 각뿔의 부피	cm³
(3) 각뿔대의 부피	cm³

21

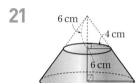

(1) 큰 원뿔의 부피	cm³
(2) 작은 원뿔의 부피	cm³
(3) 원뿔대의 부피	cm³

4 뿔의 겉넓이

22 뿔의 전개도에서

(뿔의 겉넓이)=(밑넓이)+(□□□)이다.

[23~24] 다음 그림과 같이 옆면이 모두 합동인 삼각형으로 이루어진 각뿔에 대하여 물음에 답하여라.

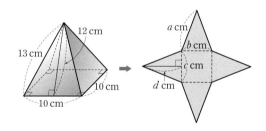

23 a, b, c, d의 값을 각각 구하여라.

24 □ 안에 알맞은 수를 써넣어라.

사각뿔의 전개도에서 (밑넓이)=□cm²
옆면인 삼각형의 한 개의 넓이는 □cm²이므로
(옆넓이)=□cm²
(사각뿔의 겉넓이)=(밑넓이)+(옆넓이)
　　　　　　　=□cm²

[25~26] 다음 그림과 같은 원뿔에 대하여 물음에 답하여라.

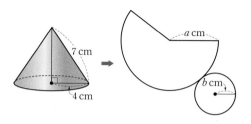

25 a, b의 값을 각각 구하여라.

26 □ 안에 알맞은 수를 써넣어라.

원뿔의 전개도에서
(밑넓이)=□cm²
옆면인 부채꼴의 호의 길이는 □cm이므로
(옆넓이)=□cm²
(원뿔의 겉넓이)=(밑넓이)+(옆넓이)
　　　　　　　=□cm²

[27~28] 다음 그림과 같은 원뿔대에 대하여 물음에 답하여라.

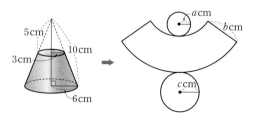

27 a, b, c의 값을 각각 구하여라.

28 □ 안에 알맞은 수를 써넣어라.

원뿔대의 전개도에서
(큰 원의 넓이)=□ cm²,
(작은 원의 넓이)=□ cm²
(옆넓이)=(큰 부채꼴의 넓이)
　　　　－(작은 부채꼴의 넓이)
　　　=□ cm²
∴ (원뿔대의 겉넓이)
　＝(밑넓이의 합)+(옆넓이)=□ cm²

5 구의 부피

29 반지름의 길이가 r인 구의 부피 V는
$V=$□이다.

[30~31] 다음 구의 부피를 구하여라.

30

31

32 오른쪽 그림과 같은 반
구의 부피를 구하여라.

33 오른쪽 그림과 같이 반지
름의 길이가 10 cm인 구
의 $\frac{1}{4}$을 잘라 내고 남은
입체도형의 부피를 구하
여라.
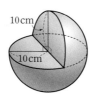

34 오른쪽 그림과 같이 원기둥
안에 원뿔과 구가 꼭 맞게
들어 있다. 이때 원기둥,
구, 원뿔의 부피의 비를 가
장 간단한 자연수의 비로
나타내어라.

6 구의 겉넓이

35 반지름의 길이가 r인 구의 겉넓이 S는
$S=$□이다.

[36~37] 다음 구의 겉넓이를 구하여라.

36

37

38 오른쪽 그림과 같은 반
구의 겉넓이를 구하여
라.

01 오른쪽 그림과 같이 밑면이 사다리꼴인 사각기둥의 부피는?

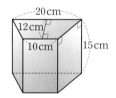

① $2500\,cm^3$

② $2600\,cm^3$

③ $2700\,cm^3$

④ $2800\,cm^3$

⑤ $2900\,cm^3$

02 오른쪽 그림의 전개도로 만들어지는 입체도형의 부피를 구하여라.

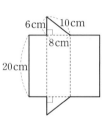

03 밑면인 원의 반지름의 길이가 $10\,cm$, 높이가 $15\,cm$인 원기둥의 부피를 구하여라.

04 다음 그림과 같은 두 원기둥 A, B의 부피가 같을 때, h의 값은?

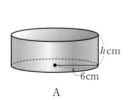

A   B

① 2   ② 3

③ 4   ④ 5

⑤ 6

05 오른쪽 그림의 전개도로 만들어지는 입체도형의 부피는?

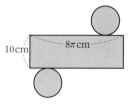

① $120\pi\,cm^3$ ② $140\pi\,cm^3$

③ $160\pi\,cm^3$ ④ $180\pi\,cm^3$

⑤ $200\pi\,cm^3$

06 다음 그림은 삼각기둥과 그 전개도이다. 이때, $a-b$의 값을 구하여라.

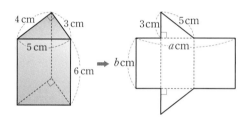

07 오른쪽 그림과 같은 각기둥의 겉넓이는?

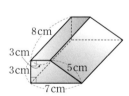

① $164\,cm^2$

② $168\,cm^2$

③ $170\,cm^2$

④ $172\,cm^2$

⑤ $174\,cm^2$

08 오른쪽 그림과 같은 원기둥의 겉넓이가 $130\pi\,cm^2$일 때, h의 값을 구하여라.

09 다음 그림과 같이 밑면이 합동이고 높이가 6으로 같은 사각뿔과 사각기둥 모양의 용기가 있다. 사각뿔 모양의 용기에 모래를 가득 채워 사각기둥 모양의 용기에 부었을 때, 모래의 높이는? (단, 용기의 두께는 무시한다.)

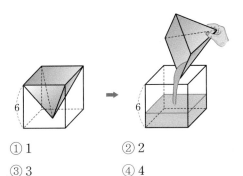

① 1   ② 2
③ 3   ④ 4
⑤ 5

10 밑면이 한 변의 길이가 8 cm인 정사각형인 사각뿔의 부피가 256 cm³일 때, 이 사각뿔의 높이는?

① 4 cm   ② 6 cm
③ 8 cm   ④ 10 cm
⑤ 12 cm

11 오른쪽 입체도형의 겉넓이는?

① 28π cm²
② 36π cm²
③ 40π cm²
④ 60π cm²
⑤ 80π cm²

12 오른쪽 그림은 원뿔의 전개도이다. 이 원뿔의 겉넓이는?

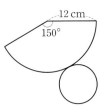

① 45π cm²
② 60π cm²
③ 85π cm²
④ 90π cm²
⑤ 120π cm²

13 반지름의 길이가 3 cm인 구 A와 반지름의 길이가 9 cm인 구 B가 있다. 구 B의 부피는 구 A의 부피의 몇 배인지 구하여라.

14 겉넓이가 27π cm²인 반구와 반지름의 길이가 같은 구의 부피를 구하여라.

15 오른쪽 그림과 같은 입체도형의 겉넓이는?

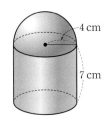

① 96π cm²
② 101π cm²
③ 104π cm²
④ 108π cm²
⑤ 124π cm²

01 오른쪽 그림과 같은
입체도형의 부피는?

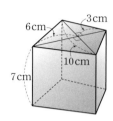
6cm 3cm
10cm
7cm

① 240 cm^3

② 315 cm^3

③ 440 cm^3

④ 540 cm^3

⑤ 630 cm^3

서술형

02 오른쪽 그림과 같은
사각형을 밑면으로 하
는 사각기둥이 있다.
이 사각기둥의 높이가
10 cm일 때, 그 부피
를 구하여라. (단, 풀이 과정을 자세히 써라.)

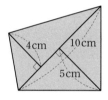
4cm 10cm
5cm

03 오른쪽 그림과 같은
오각기둥의 부피는?

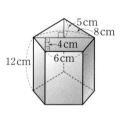
5cm
8cm
4cm
12cm
6cm

① 480 cm^3

② 500 cm^3

③ 510 cm^3

④ 540 cm^3

⑤ 576 cm^3

04 오른쪽 그림과 같이 밑
면의 한 변의 길이가
3 cm이고, 높이가
6 cm인 정육각기둥의
옆넓이를 구하여라.

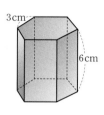
3cm
6cm

05 오른쪽 그림과 같이 원기둥
의 일부를 잘라서 만든 입체
도형이 있다. 이 입체
도형의 부피는?

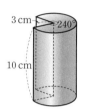
3cm 240°
10cm

① 60 cm^3 ② 60π cm^3

③ 62 cm^3 ④ 62π cm^3

⑤ 80π cm^3

06 오른쪽 입체도형은 높이
가 같은 두 원기둥을 쌓
아 만든 것이다. 이 입체
도형의 부피를 구하여라.

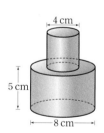
4 cm
5 cm
8 cm

07 원기둥 모양의 그릇에
물이 담겨 있다. 그릇
을 기울인 모습이 오
른쪽 그림과 같을 때,
물의 부피를 구하여라.

4cm
10cm
6cm

08 밑면의 지름이 16 cm, 높이가 18 cm인 원기둥 모양의 통에 사과 주스가 가

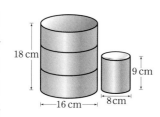

득 들어 있다. 이 사과 주스를 밑면의 지름이 8 cm, 높이가 9 cm인 원기둥 모양의 유리컵 12개에 똑같이 나누어 부으려고 한다. 각 유리컵에 몇 cm의 깊이로 사과 주스를 부으면 되겠는지 구하여라.

09 오른쪽 그림은 밑면이 등변사다리꼴인 사각기둥의 전개도이다. 이 전개도로 만든 사

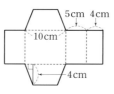

각기둥의 겉넓이가 248cm²일 때, 사각기둥의 높이를 구하여라.

서술형

10 밑면의 반지름의 길이가 5 cm, 높이가 7 cm인 원기둥 A와 밑면의 반지름의 길이가 6 cm, 높이가 h cm인 원기둥 B가 있다. 이 두 원기둥의 겉넓이가 같을 때, h의 값을 구하여라. (단, 풀이 과정을 자세히 써라.)

11 어느 도시의 버스터미널에는 다음 그림과 같이 지붕이 원기둥의 반으로 이루어진 택시 승강장이 있다. 승강장을 덮은 비닐 천막의 넓이를 구하여라.

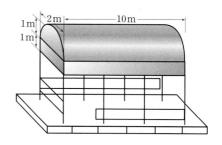

12 오른쪽 그림과 같이 한 모서리의 길이가 a인 정육면체의 한 모서리에서 한 모서리의 길이가 b인 정육면체를 잘라 냈다.

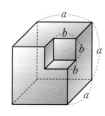

남아 있는 입체도형의 겉넓이와 부피를 각각 구하여라.

13 오른쪽 그림과 같이 밑면은 작은 원의 반지름의 길이가 2 cm, 큰 원의 반지름의 길이가

4 cm인 고리 모양이고 높이가 8 cm인 원통에 칠을 하려고 한다. 칠을 해야 할 넓이는 얼마인지 겉넓이를 구하여라.

14 지름이 6 cm, 높이가 10 cm인 원기둥 모양의 음료수 캔 8개를 오른쪽 그림과 같이 쌓은 후 이것을 담을 가장 작은 직육면체 모양의 종이 상자를 만들려고 한다. 이 종이 상자의 겉넓이를 구하여라.

15 오른쪽 그림과 같이 한 변의 길이가 12 cm인 정사각형 ABCD가 있다. 변 BC, CD의 중점을 각각 E, F라고 할 때, 다음 물음에 답하여라.

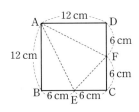

(1) 선분 AE, EF, FA를 접어서 점 B, C, D가 한 점에 모이는 삼각뿔을 만들 때, 이 삼각뿔의 부피를 구하여라.

(2) 위의 삼각뿔에서 삼각형 AEF를 밑면으로 할 때, 이 삼각뿔의 높이를 구하여라.

16 오른쪽 그림은 정육면체의 일부를 잘라낸 것이다. 이 입체도형의 부피를 구하여라.

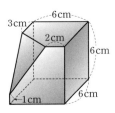

17 다음 그림과 같이 원뿔 모양의 그릇에 물을 가득 채워서 원기둥 모양의 그릇에 옮겼을 때, 물의 높이를 구하여라.

(단, 그릇의 두께는 무시한다.)

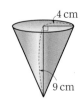

18 오른쪽 그림과 같은 입체도형의 부피를 구하여라.

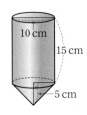

19 오른쪽 그림과 같은 사다리꼴을 직선 l을 축으로 하여 1회전시켜 생기는 회전체의 부피는?

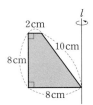

① $412\pi \, cm^3$

② $416\pi \, cm^3$

③ $420\pi \, cm^3$

④ $424\pi \, cm^3$

⑤ $440\pi \, cm^3$

20 오른쪽 그림과 같은 탈의실을 만들려고 한다. 탈의실의 지붕은 모두 합동인 삼각형으로 된 사각뿔 모양이고, 옆면은 모두 합동인 직사각형 모양이다. 탈의실 한 개를 만드는 데 필요한 천막의 넓이를 구하여라.

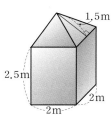

21 밑면의 넓이가 $16\pi\,cm^2$인 원뿔의 겉넓이가 $56\pi\,cm^2$일 때, 모선의 길이는?

① $4\,cm$ ② $6\,cm$
③ $8\,cm$ ④ $10\,cm$
⑤ $12\,cm$

22 오른쪽 그림의 삼각형 ABC는 $\angle C=90°$인 직각삼각형이다. 직선 BC를 축으로 하여 이 삼각형을 1회전시킬 때 생기는 입체도형의 겉넓이와 부피를 각각 구하여라.

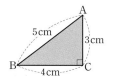

23 오른쪽 그림과 같은 입체도형의 부피는?

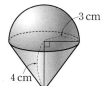

① $30\pi\,cm^3$
② $32\pi\,cm^3$
③ $34\pi\,cm^3$
④ $40\pi\,cm^3$
⑤ $42\pi\,cm^3$

24 오른쪽 그림의 입체도형은 반지름의 길이가 $9\,cm$인 구의 일부분을 잘라 낸 것이다. 이 입체도형의 부피를 구하여라.

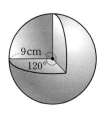

25 오른쪽 그림과 같이 모선의 길이가 $24\,cm$이고, 밑면의 반지름의 길이가 $8\,cm$인 원뿔을 한 점 O를 중심으로 굴린다. 이때 원뿔을 몇 회전시키면 원래의 자리로 돌아오겠는가?

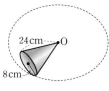

① 2회 ② 3회
③ 4회 ④ 5회
⑤ 6회

26 오른쪽 그림에서 어두운 부분을 직선 l을 축으로 하여 1회전시킬 때 생기는 회전체의 부피를 구하여라.

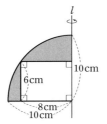

서술형

27 반지름의 길이가 6 cm인 구 모양의 쇠구슬을 녹여 반지름의 길이가 2 cm인 쇠구슬을 만들려고 한다. 반지름의 길이가 2 cm인 쇠구슬을 몇 개 만들 수 있는지 구하여라.

(단, 풀이 과정을 자세히 써라.)

28 오른쪽 그림과 같이 반지름의 길이가 4 cm인 원기둥 모양의 통에 3개의 테니스 공을 꽉 차게 넣었다. 공 주위의 빈 공간의 부피를 구하여라.

29 오른쪽 그림의 입체도형은 반지름의 길이가 6 cm인 구의 일부분을 잘라 낸 것이다. 이 입체도형의 겉넓이는?

① $126\pi\,\mathrm{cm}^2$ ② $134\pi\,\mathrm{cm}^2$

③ $150\pi\,\mathrm{cm}^2$ ④ $160\pi\,\mathrm{cm}^2$

⑤ $172\pi\,\mathrm{cm}^2$

30 오른쪽 그림과 같은 입체도형의 겉넓이는?

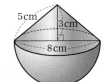

① $52\pi\,\mathrm{cm}^2$

② $54\pi\,\mathrm{cm}^2$

③ $56\pi\,\mathrm{cm}^2$

④ $58\pi\,\mathrm{cm}^2$

⑤ $60\pi\,\mathrm{cm}^2$

31 오른쪽 그림에서 어두운 부분은 정사각형과 부채꼴로 이루어진 도형이다. 이 도형을 직선 l을 축으로 하여 1회전시켰을 때 생기는 입체도형의 겉넓이를 구하여라.

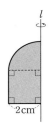

정답 p. 65

유형 01

오른쪽 그림과
같이 정육면체
모양의 입체에
구멍이 뚫려 있
는 입체도형이
있다. 이 입체
도형의 겉넓이와 부피를 각각 구하여라.

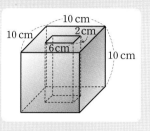

해결포인트 구멍이 뚫린 입체도형의 부피는 큰 입체도형의
부피에서 작은 입체도형의 부피를 빼서 구한다.

유형 02

오른쪽 그림과 같은
삼각형을 직선 l 을
축으로 하여 1회전
시킬 때 생기는 회
전체 A와 직선 m
을 축으로 하여 1회
전시킬 때 생기는 회전체 B의 겉넓이의 비
를 가장 간단한 자연수의 비로 나타내어라.

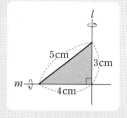

해결포인트 직각삼각형을 직각을 낀 변을 축으로 하여 회
전시키면 원뿔이 된다. 이때 원뿔의 밑면의 반지름의 길이와
높이가 회전시키기 전의 직각삼각형의 밑변과 높이와 어떤 관
계가 있는지 생각한다.

확인문제

1-1 오른쪽 그림과 같은 입체
도형의 겉넓이와 부피를
각각 구하여라.

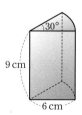

1-2 오른쪽 그림과 같은
입체도형의 겉넓이와
부피를 각각 구하여
라.

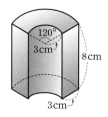

확인문제

2-1 오른쪽 그림과 같은 직사
각형을 직선 l 을 축으로
하여 1회전시킬 때 생기는
회전체의 부피와 겉넓이를
각각 구하여라.

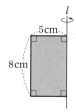

2-2 오른쪽 그림에서
어두운 부분은 직
각삼각형과 부채
꼴로 이루어진 도형이다. 이 도형을 직선
l 을 축으로 하여 1회전시킬 때 생기는 회
전체의 부피와 겉넓이를 각각 구하여라.

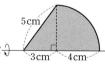

1 오른쪽 그림과 같은 원기둥 모양의 통 A, B에 같은 양의 음료를 담아 판매하려고 한다. 다음 물음에 답하여라. (단, 풀이 과정을 자세히 써라.)

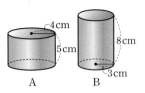

(1) A, B의 겉넓이를 각각 구하여라.

(2) 포장 비용이 통의 겉넓이에 정비례할 때, A, B 중에서 포장 비용이 절약되는 것은 어느 것인지 구하여라.

2 오른쪽 그림과 같은 전개도로 만들어지는 입체도형의 겉넓이와 부피를 각각 구하여라.

(단, 풀이 과정을 자세히 써라.)

3 오른쪽 그림의 도형을 직선 l을 축으로 하여 1회전시켰을 때 생기는 입체도형의 부피 V와 겉넓이 S를 구하여라.

(단, 풀이 과정을 자세히 써라.)

4 밑면인 원의 반지름의 길이가 r인 원기둥 안에 구와 원뿔이 꼭 맞게 들어 있다. 다음 물음에 답하여라.

(단, 풀이 과정을 자세히 써라.)

(1) 원뿔, 구, 원기둥의 부피를 구하여라.

(2) 원뿔, 구, 원기둥의 부피의 비를 가장 간단한 정수의 비로 나타내어라.

Step 6

도전 1등급☆

정답 p. 66

생각해 봅시다!

01 n각기둥의 꼭짓점의 개수를 a개, 면의 개수를 b개, 모서리의 개수를 c개라 할 때, $a+b+c$를 n에 대한 식으로 나타내어라.

● a, b, c를 각각 n에 대한 식으로 나타낸다.

02 오른쪽 그림과 같이 정육면체의 각 모서리를 삼등분한 점을 이어서 만들어지는 삼각뿔을 각 꼭짓점에서 잘라 낼 때, 남은 입체도형의 모서리의 개수와 꼭짓점의 개수의 차는?

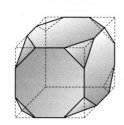

① 12개   ② 13개
③ 14개   ④ 15개   ⑤ 16개

● 남은 입체도형의 면의 모양을 생각하고 한 꼭짓점에 모인 면의 개수를 이용하여 모서리와 꼭짓점의 개수를 구한다.

03 오른쪽 그림과 같이 정육면체 20개를 한 꼭짓점을 공유하도록 연결하였다. 이 도형의 꼭짓점의 개수를 v개, 모서리의 개수를 e개, 면의 개수를 f개라 할 때, $v-e+f$의 값을 구하여라.

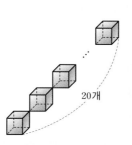

20개

● 정육면체 1개의 꼭짓점, 모서리, 면의 개수를 먼저 구해 본다.

04 정이십면체의 각 모서리를 삼등분하여 각 꼭짓점과 모서리의 $\frac{1}{3}$지점을 양 끝으로 하는 선분들로 이루어진 각뿔을 자른 후 바람을 넣으면 오른쪽 그림과 같은 축구공을 만들 수 있다. 이 축구공의 모서리의 개수를 a개, 꼭짓점의 개수를 b개라 할 때, $a+b$의 값을 구하여라.

● 정이십면체를 각 꼭짓점에 모인 모서리의 삼등분점을 지나도록 자르면 꼭짓점은 정오각형이 되고, 원래 정삼각형이었던 면은 정육각형이 된다.

05 오른쪽 그림의 정육면체에서 점 P, Q는 각각 모서리 AB, AD의 중점이다. 다음 세 점을 지나는 평면으로 자를 때 생기는 단면은 어떤 다각형인지 말하여라.

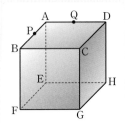

(1) B, D, G   (2) A, B, G

(3) D, P, F   (4) P, Q, E

주어진 평면으로 자른 단면의 모양을 그려 본다.

06 다음 그림은 주어진 평면도형의 한 변을 회전축으로 하여 한 바퀴 회전시킨 입체도형이다. 이때 회전축이 될 수 있는 변을 모두 고르면? (정답 2개)

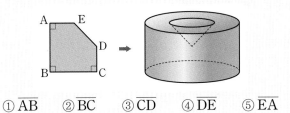

① $\overline{AB}$ ② $\overline{BC}$ ③ $\overline{CD}$ ④ $\overline{DE}$ ⑤ $\overline{EA}$

보기에 주어진 변을 회전축으로 하여 1회전시킬 때 생기는 회전체를 각각 그려 본다.

07 오른쪽 그림의 직사각형을 다음 직선을 축으로 하여 1회전시킬 때, 원기둥이 되지 <u>않는</u> 것은?

① l ② m
③ $\overleftrightarrow{DC}$ ④ $\overleftrightarrow{BC}$
⑤ $\overleftrightarrow{AC}$

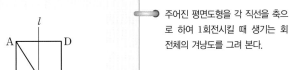

주어진 평면도형을 각 직선을 축으로 하여 1회전시킬 때 생기는 회전체의 겨냥도를 그려 본다.

08 한 모서리의 길이가 1 cm인 정육면체 1000개를 쌓아서 한 모서리의 길이가 10 cm인 큰 정육면체를 만들었다. 큰 정육면체의 겉면에 색을 칠한 후 다시 한 모서리의 길이가 1 cm인 정육면체로 분리하였다. 이때 적어도 한 면에 색이 칠해져 있는 정육면체의 개수를 구하여라.

큰 정육면체에서 한 면, 두 면, 세 면에 색이 칠해진 작은 정육면체의 개수를 각각 구해 본다.

09 오른쪽 그림과 같이 밑면이 부채꼴 모양인 기둥의 겉넓이를 구하여라.

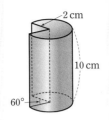

생각해 봅시다!

- (밑넓이)=(부채꼴의 넓이),
(옆넓이)=(부채꼴의 둘레의 길이)
×(높이)임을 이용한다.

10 오른쪽 그림과 같은 입체도형의 부피를 구하여라.

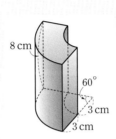

- (밑넓이)=(큰 부채꼴의 넓이)
－(작은 부채꼴의 넓이)임을 이용한다.

11 오른쪽 그림과 같이 밑면인 원의 반지름이 길이가 $4\,\mathrm{cm}$, 높이가 $12\,\mathrm{cm}$인 원뿔 모양의 빈 그릇에 1분에 $2\pi\,\mathrm{cm}^3$씩 물을 넣을 때, 그릇을 가득 채우는 데 걸리는 시간을 구하여라.
　　　　(단, 그릇의 두께는 생각하지 않는다.)

- 그릇의 부피를 먼저 구한다.

12 오른쪽 그림은 밑면의 반지름의 길이가 $6\,\mathrm{cm}$, 모선의 길이가 $10\,\mathrm{cm}$인 원뿔을 꼭짓점과 밑면의 중심을 지나는 평면으로 잘라 한 쪽 부분을 나타낸 것이다. 이 입체도형의 겉넓이를 구하여라.
(단, 점 O는 밑면의 중심이고, 원뿔의 높이는 $8\,\mathrm{cm}$이다.)

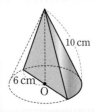

- (밑넓이)=(반원의 넓이),
(옆넓이)=(부채꼴의 넓이)
　　　　×(삼각형의 넓이)
임을 이용한다.

13 오른쪽 그림과 같은 평면도형을 직선 l을 축으로 하여 1회전시킬 때 생기는 회전체의 겉넓이와 부피를 각각 구하여라.

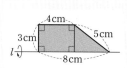

14 오른쪽 그림과 같이 두 밑면의 반지름의 길이가 각각 5 cm, 10 cm이고 모선의 길이가 10 cm인 원뿔대의 겉넓이를 구하여라.

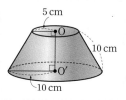

15 탁구공 16개가 오른쪽 그림과 같은 직육면체 모양의 상자에 꼭 맞게 들어 있다. 이때 탁구공이 차지하는 부분의 부피와 상자의 부피의 비를 구하여라.

16 오른쪽 그림과 같이 직사각형 ABCD, 반원 O, 삼각형 ABC가 있다. 반원 O는 선분 AB를 지름으로 하고 직사각형 ABCD에 꼭 맞게 들어 있다. 직사각형 ABCD, 반원 O, 삼각형 ABC를 직선 AB를 축으로 하여 1회전시킬 때 생기는 입체도형의 부피를 각각 V_1, V_2, V_3이라고 할 때, $\dfrac{V_1}{V_2+V_3}$의 값을 구하여라.

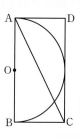

정답 p. 68

나의 점수 _____점 / 100점 만점

객관식 [각 6점]

01 다음에서 개수가 가장 많은 것과 가장 적은 것을 순서대로 나열한 것은?

> (ㄱ) 사각기둥의 모서리　　(ㄴ) 사각뿔대의 꼭짓점　　(ㄷ) 육각뿔대의 모서리
>
> (ㄹ) 오각기둥의 꼭짓점　　(ㅁ) 정사면체의 모서리　　(ㅂ) 칠각뿔의 모서리

① (ㄱ), (ㄴ)　　② (ㄷ), (ㄴ)　　③ (ㄷ), (ㅁ)　　④ (ㅂ), (ㄷ)　　⑤ (ㅂ), (ㄹ)

02 다음에서 각뿔대에 대한 설명으로 옳은 것을 모두 고르면? (정답2개)

① 밑면이 원 모양인 경우도 있다.

② 밑면이 n각형이면 꼭짓점은 $2n$개이다.

③ 밑면이 n각형이면 면은 $(n+1)$개이다.

④ 모든 각뿔대의 옆면은 사다리꼴이다.

⑤ 각뿔대의 모서리의 개수는 밑면인 다각형의 꼭짓점의 개수의 2배이다.

03 다음 조건을 모두 만족하는 다면체의 꼭짓점의 개수는?

> (가) 두 밑면은 평행하고 서로 합동이다.
>
> (나) 옆면의 모양은 직사각형이다.
>
> (다) 모서리의 개수는 24개이다.

① 10개　　② 12개　　③ 14개　　④ 16개　　⑤ 18개

04 다음 정다면체 중 한 꼭짓점에 모인 면의 개수가 4개인 것은?

① 정사면체　　② 정육면체　　③ 정팔면체　　④ 정십이면체　　⑤ 정이십면체

05 오른쪽 그림과 같은 전개도로 만들어지는 정다면체에 대한 다음 설명 중 옳지 않은 것은?

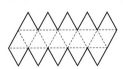

① 정이십면체이다.

② 꼭짓점의 개수는 12개이다.

③ 모서리의 개수는 30개이다.

④ 한 꼭짓점에 모인 면의 개수는 4개이다.

⑤ 모든 면이 합동인 정삼각형으로 이루어져 있다.

06 오른쪽 그림과 같은 정육면체에서 두 점 M, N은 각각 모서리 BC, CD의 중점이다. 정육면체를 네 점 M, F, H, N을 지나는 평면으로 자를 때 생기는 두 입체도형의 면의 개수의 합은?

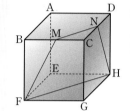

① 8개 ② 9개 ③ 10개
④ 12개 ⑤ 14개

07 오른쪽 그림과 같은 사다리꼴을 직선 *l*을 축으로 하여 1회전시켜 회전체를 만들었다. 이 회전체를 회전축을 포함하는 평면과 회전축에 수직인 평면으로 각각 잘랐을 때 생기는 단면의 모양을 차례로 쓰면?

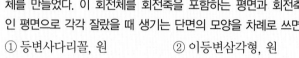

① 등변사다리꼴, 원 ② 이등변삼각형, 원
③ 사다리꼴, 반원 ④ 직사각형, 정삼각형
⑤ 등변사다리꼴, 반원

08 오른쪽 그림과 같이 한 모서리의 길이가 10 cm인 정육면체의 일부를 잘라 낸 입체도형의 겉넓이는?

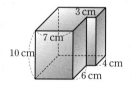

① 482 cm² ② 512 cm² ③ 548 cm²
④ 564 cm² ⑤ 586 cm²

09 오른쪽 그림과 같이 밑면의 지름의 길이가 12 cm인 병에 물을 담았다. 병을 바로 놓았을 때, 물의 높이는 12 cm이고 병을 뒤집었을 때, 물이 담기지 않은 부분의 높이는 3 cm이다. 이 병의 부피는?

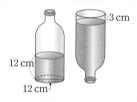

① 108π cm³ ② 180π cm³ ③ 324π cm³
④ 432π cm³ ⑤ 540π cm³

10 오른쪽 그림과 같이 부피가 108 π cm³인 원기둥에 두 개의 구가 꼭 맞게 들어 있다. 이때 구 한 개의 부피는?

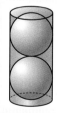

① 16π cm³ ② 20π cm³ ③ 24π cm³
④ 32π cm³ ⑤ 36π cm³

11 오른쪽 그림과 같은 원뿔 모양의 컵을 이용하여 원기둥 모양의 통에 물을 가득 채우려고 할 때, 최소한 몇 번을 부어야 하는가?

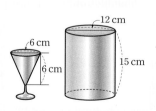

① 12번 ② 18번 ③ 24번
④ 28번 ⑤ 30번

주관식 [각 7점]

12 어떤 각뿔대의 모서리의 개수와 면의 개수의 차가 18일 때, 이 각뿔대의 꼭짓점의 개수를 구하여라.

13 오른쪽 그림은 직육면체의 일부를 잘라 낸 것이다. 이 입체도형의 부피를 구하여라.

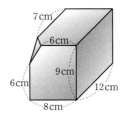

14 다음 그림과 같이 두 직육면체 모양의 그릇에 들어 있는 물의 양이 같을 때, 물의 양과 x의 값을 구하여라.

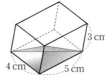 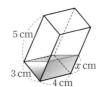

서술형 주관식

15 오른쪽 그림의 어두운 부분을 직선 l을 축으로 하여 1회전시킬 때 생기는 회전체에 대하여 다음 물음에 답하여라. [총 6점]
(1) 회전체의 겨냥도를 그려라. [3점]
(2) 회전체의 부피를 구하여라. [3점]

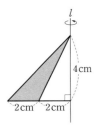

16 오른쪽 그림과 같이 한 모서리의 길이가 4 cm인 정육면체가 있다. 각 면의 대각선의 교점 P, Q, R, S, T, U를 연결하여 입체도형을 만들었다. [총 7점]
(1) 이들 점으로 이루어진 입체도형의 이름을 말하여라. [3점]
(2) 이 입체도형의 부피를 구하여라. [4점]

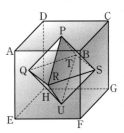

기말고사 대비

내신 만점 테스트

나의 점수 _____ 점 / 100점 만점

____ 반   이름 _____

01 다음 설명 중 옳은 것은? [3점]

① 사각형의 한 외각의 크기는 $60°$이다.
② 모든 변의 길이가 같은 다각형을 정다각형이라고 한다.
③ 사각형에서는 모두 3개의 대각선을 그을 수 있다.
④ 모든 다각형의 외각의 크기의 합은 $360°$이다.
⑤ 오각형의 한 꼭짓점에서 그을 수 있는 대각선의 개수는 5개이다.

02 오른쪽 그림의 삼각형 ABC에서 $\overline{AD}$는 $\angle A$의 이등분선이다. $\angle B=50°$, $\angle ACE=120°$일 때, $\angle ADC$의 크기는? [3점]

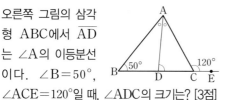

① $65°$ ② $70°$
③ $75°$ ④ $80°$
⑤ $85°$

03 오른쪽 그림에서 $\angle x+\angle y$의 크기는? [4점]

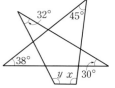

① $215°$ ② $220°$
③ $225°$ ④ $230°$
⑤ $235°$

04 한 꼭짓점에서 대각선을 그으면 12개의 삼각형으로 나누어지는 다각형이 있다. 이 다각형의 대각선의 개수는? [3점]

① 44개   ② 54개
③ 77개   ④ 90개
⑤ 120개

05 내각의 크기의 합과 외각의 크기의 합의 비가 $7:2$인 정다각형의 한 내각의 크기는? [4점]

① $100°$ ② $110°$
③ $120°$ ④ $130°$
⑤ $140°$

06 오른쪽 그림은 한 변의 길이가 원 O 의 반지름과 같도록 정사각형, 정육각형, 정구각형을 그린 것이다. 이때 생기는 부채꼴의 넓이를 각각 S_1, S_2, S_3이라 할 때, $S_1 : S_2 : S_3$는? [4점]

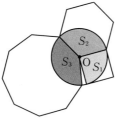

① $1 : 2 : 3$ ② $2 : 3 : 4$

③ $3 : 4 : 5$ ④ $7 : 9 : 12$

⑤ $9 : 12 : 14$

07 오른쪽 그림과 같이 한 변의 길이가 $8\,\mathrm{m}$인 정사각형의 내부에 반지름의 길이가 $4\,\mathrm{m}$인 원과 지름이 $4\,\mathrm{m}$인 원을 그렸을 때, 어두운 부분의 넓이는? [4점]

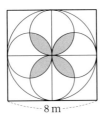

① $(4\pi - 16)\mathrm{m}^2$ ② $(4\pi - 8)\mathrm{m}^2$

③ $(8\pi - 16)\mathrm{m}^2$ ④ $(8\pi - 8)\mathrm{m}^2$

⑤ $(16\pi - 4)\mathrm{m}^2$

08 오른쪽 그림에 대한 설명으로 옳지 않은 것은? [4점]

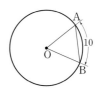

① 호 AB의 길이는 중심각의 크기에 정비례한다.

② 반지름의 길이와 호의 길이가 같을 때, 부채꼴 AOB의 넓이는 50π이다.

③ $\overarc{AB}$에 대한 중심각은 ∠AOB이다.

④ $\overarc{AB}$와 $\overline{AB}$로 이루어진 도형을 활꼴 이라 한다.

⑤ 중심 O를 지나는 현은 그 원의 지름 이다.

09 다음 그림은 밑면의 반지름의 길이가 $3\,\mathrm{cm}$인 원기둥 모양의 음료수 캔 6개를 끈을 이용하여 두 가지 방법으로 묶은 것이다. 묶은 매듭의 길이를 무시했을 때, 다음 설명 중 옳은 것은? [4점]

[방법 A] [방법 B]

① 두 끈의 길이는 같다.

② A가 B 보다 $3\,\mathrm{cm}$ 더 길다.

③ B가 A 보다 $3\,\mathrm{cm}$ 더 길다.

④ A가 B 보다 $3\pi\,\mathrm{cm}$ 더 길다.

⑤ B가 A 보다 $3\pi\,\mathrm{cm}$ 더 길다.

10 다음 설명 중 옳은 것을 모두 고르면?

(정답 2개) [4점]

① n각뿔의 면의 개수는 $2n$개이다.

② n각뿔대의 꼭짓점의 개수는 $(n+2)$개이다.

③ 각뿔대를 밑면에 평행인 평면으로 자르면 항상 각뿔대가 생긴다.

④ 모서리의 개수가 27개인 각기둥은 십면체이다.

⑤ 꼭짓점의 개수가 16개인 각기둥의 모서리의 개수는 24개이다.

11 다음 중 직선 l을 축으로 하여 1회전시킬 때, 오른쪽 그림과 같은 회전체가 나오는 것은? [3점]

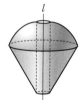

 ①

 ②

 ③

 ④

 ⑤

12 회진체와 그 회전체를 회전축을 보함하는 평면으로 자를 때 생기는 단면의 모양을 연결한 것으로 옳지 <u>않은</u> 것은? [3점]

① 반구—반원

② 원뿔—정삼각형

③ 원기둥—직사각형

④ 구—원

⑤ 원뿔대—사다리꼴

13 면의 개수가 가장 적은 정다면체의 꼭짓점의 개수를 a개, 면의 개수가 가장 많은 정다면체의 한 꼭짓점에 모인 면의 개수를 b개라 할 때, $a+b$의 값은? [3점]

① 6   ② 7

③ 8   ④ 9

⑤ 10

14 오른쪽 그림의 삼각기둥에 대한 설명으로 옳지 <u>않은</u> 것은? [3점]

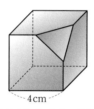

① 오면체이다.

② 두 밑면은 평행하다.

③ 옆면은 직사각형이다.

④ 겉넓이는 108 cm²이다.

⑤ 부피는 96 cm³이다.

16 오른쪽 그림의 직각삼각형을 직선 l을 축으로 하여 1회전시킬 때 생기는 원뿔의 전개도에서 부채꼴의 중심각의 크기는? [4점]

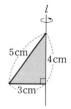

① 80°   ② 108°

③ 144°   ④ 216°

⑤ 288°

15 오른쪽 그림은 한 모서리의 길이가 4 cm인 정육면체를 세 모서리의 중점을 지나는 평면으로 자른 것이다. 이때 생기는 두 입체도형 중에서 부피가 큰 쪽의 부피는? [4점]

① 56 cm³   ② $\dfrac{184}{3}$ cm³

③ 60 cm³   ④ $\dfrac{188}{3}$ cm³

⑤ $\dfrac{4}{3}$ cm³

17 오른쪽 그림과 같이 반지름의 길이가 3 cm이고 높이가 12 cm인 원기둥 모양의 통에 물을 가득 채운 후, 반지름의 길이가 3 cm인 공 2개를 꼭 맞게 넣었더니 물이 넘쳐 흘렀다. 그 후에 다시 공 2개를 꺼냈을 때, 원기둥 모양의 통에 남아 있는 물의 높이는? [4점]

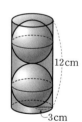

① 3 cm   ② 4 cm

③ 5 cm   ④ 6 cm

⑤ 7 cm

주관식

18 오른쪽 그림에서 $\angle x$ 의 크기를 구하여라. [6점]

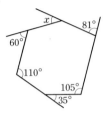

19 밑면의 반지름의 길이가 3 cm이고 모선의 길이가 6 cm인 원뿔의 겉넓이를 구하여라. [6점]

20 오른쪽 그림과 같이 원기둥을 비스듬히 잘라 낸 입체도형의 부피를 구하여라. [6점]

21 오른쪽 그림과 같이 밑면의 모양이 부채꼴인 입체도형의 부피를 구하여라. [6점]

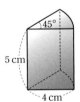

서술형 주관식

22 다음 조건을 보고 물음에 답하여라. [총 7점]

> (가) 각 면은 모두 합동인 정오각형이다.
> (나) 각 꼭짓점에 모인 면의 개수는 3개이다.
> (다) 각 면은 모두 12개이다.

(1) 위의 조건을 모두 만족하는 정다면체의 이름을 말하여라. [3점]

(2) 위의 정다면체의 꼭짓점의 개수와 모서리의 개수를 차례로 구하여라. [4점]

23 다음 그림과 같은 모양의 두 그릇 (가), (나)가 있다. 어떤 물통에 물을 채우는데 그릇 (가)를 이용하면 6번을 부어야 할 때, 물음에 답하여라. (단, 풀이 과정을 자세히 써라.) [총 8점]

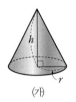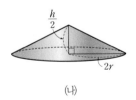

(가)　　　　　　　　(나)

(1) 그릇 (가)의 부피를 h, r를 이용하여 나타내어라. [2점]

(2) 그릇 (나)의 부피를 h, r를 이용하여 나타내어라. [3점]

(3) 그릇 (나)를 이용하여 물을 채우려면 몇 번을 부어야 하는지 구하여라. [3점]

기말고사 대비
내신 만점 테스트

정답 p. 71

4회

_____ 반   이름 _____

01 다음 설명 중 옳은 것은? [3점]

① 사각형의 내각의 크기는 모두 같다.

② 칠각형의 대각선의 개수는 28개이다.

③ 모든 변의 길이가 같은 다각형을 정다
각형이라고 한다.

④ 다각형의 대각선의 길이는 모두 같다.

⑤ 구각형의 한 꼭짓점에서 그을 수 있는
대각선의 개수는 6개이다.

02 오른쪽 그림에서
∠x의 크기는?

[3점]

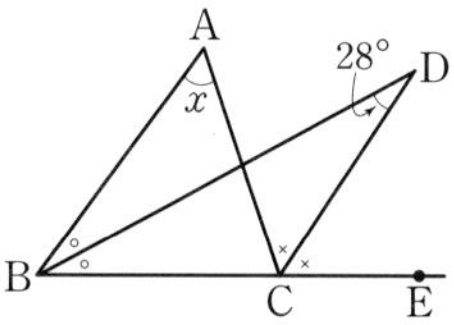

① 48° ② 52°

③ 56° ④ 60°

⑤ 64°

03 오른쪽 그림과 같이 사
각형 ABCD에서
∠A=165°, ∠C=75°
이고 두 내각 ∠B, ∠D
의 이등분선의 교점을
O라 할 때, ∠x의 크기는? [4점]

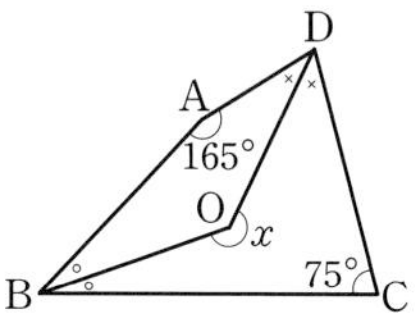

① 135°   ② 160°

③ 210°   ④ 225°

⑤ 250°

04 다음 그림에서
∠a＋∠b＋∠c＋∠d＋∠e＋∠f＋∠g＋∠h
의 크기는? [4점]

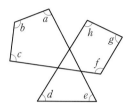

① 360°   ② 450°

③ 540°   ④ 600°

⑤ 720°

05 어떤 다각형의 대각선의 개수가 27개일 때,
다각형의 내각의 크기의 합은? [3점]

① 810°   ② 900°

③ 1080°   ④ 1260°

⑤ 1440°

06 오른쪽 그림의 원 O에서 ∠AOB=∠BOC이고 ∠DOE=3∠AOB일 때, 다음 중 옳지 않은 것은? [3점]

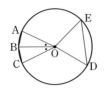

① $\widehat{AB}=\widehat{BC}$

② $\overline{AB}=\overline{BC}$

③ $\widehat{AC}=2\widehat{AB}$

④ $\overline{DE}=3\overline{AB}$

⑤ $\triangle OAB \equiv \triangle OBC$

07 지름의 길이가 12 cm인 반원을 오른쪽 그림과 같이 점 A를 중심으로 45° 회전시켰을 때, 어두운 부분의 넓이는? [4점]

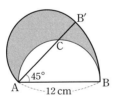

① 12π cm^2 ② 14π cm^2

③ 16π cm^2 ④ 18π cm^2

⑤ 20π cm^2

08 오른쪽 그림과 같이 반지름의 길이가 1 cm인 원 O를 한 변의 길이가 4 cm인 정삼각형의 변을 따라 한 바퀴 돌렸을 때, 원의 중심 O가 움직인 거리를 구하면? [4점]

① $(\pi+12)$ cm ② $(2\pi+12)$ cm

③ $(2\pi+18)$ cm ④ $(3\pi+12)$ cm

⑤ $(3\pi+18)$ cm

09 오른쪽 그림과 같이 한 변의 길이가 18 cm인 정사각형 모양의 종이를 점선을 따라 접어서 만든 삼각뿔의 부피는? [4점]

① 180 cm^3 ② 210 cm^3

③ 232 cm^3 ④ 243 cm^3

⑤ 270 cm^3

10 꼭짓점의 개수가 16개인 각기둥의 면의 개수를 x개, 모서리의 개수를 y개라 할 때, $y-x$의 값은? [3점]

① 10 ② 12

③ 14 ④ 16

⑤ 18

11 오른쪽 그림과 같은 전개도를 가진 입체 도형에 대한 설명으로 옳지 <u>않은</u> 것은? [4점]

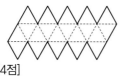

① 정이십면체이다.

② 꼭짓점의 개수는 24개이다.

③ 각 꼭짓점에 모인 면의 수는 5개이다.

④ 모서리의 개수는 30개이다.

⑤ 정십이면체와 (꼭짓점의 개수)+(면의 개수)의 값이 같다.

12 다음 설명 중 옳지 <u>않은</u> 것을 모두 고르면?

(정답 2개) [4점]

① 원뿔을 밑면에 수직인 평면으로 자른 단면은 항상 원이다.

② 회전체를 축에 수직인 평면으로 자른 단면은 항상 원이다.

③ 회전체를 축을 포함하는 평면으로 자른 단면은 서로 합동이다.

④ 구를 회전축을 포함하는 평면으로 자른 단면은 항상 합동인 원이다.

⑤ 원기둥을 회전축에 수직인 평면으로 자른 단면은 사다리꼴이다.

13 오른쪽 그림의 전개 도로 만들어진 입체 도형에 대하여 변 AB와 겹치는 변과 점 C와 겹치는 꼭짓 점을 차례대로 쓴 것은? [4점]

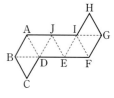

① $\overline{\mathrm{EI}}$, 점 E   ② $\overline{\mathrm{FI}}$, 점 E

③ $\overline{\mathrm{GF}}$, 점 E   ④ $\overline{\mathrm{EI}}$, 점 F

⑤ $\overline{\mathrm{HI}}$, 점 F

14 오른쪽 그림과 같은 사다리꼴 을 직선 l을 축으로 하여 1회 전시킬 때 생기는 입체도형의 겉넓이는? [4점]

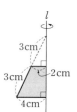

① $38\pi\,\mathrm{cm}^2$ ② $40\pi\,\mathrm{cm}^2$

③ $43\pi\,\mathrm{cm}^2$ ④ $45\pi\,\mathrm{cm}^2$

⑤ $48\pi\,\mathrm{cm}^2$

15 밑면의 반지름의 길이가 5 cm, 높이가 12 cm 인 원기둥 모양의 그릇에 1분에 $20\pi\,\mathrm{cm}^3$씩 물 을 넣을 때, 물을 가득 채우려면 몇 분이 걸리는 가? [4점]

① 10분   ② 12분

③ 15분   ④ 18분

⑤ 20분

16 오른쪽 그림은 반지름의 길이가 6 cm인 구에서 이 구의 중심을 지나도록 구의 $\frac{1}{4}$을 잘라 낸 입체도형이다. 이 입체도형의 겉넓이는? [3점]

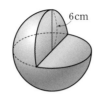

① 108π cm^2 ② 120π cm^2

③ 128π cm^2 ④ 136π cm^2

⑤ 144π cm^2

17 오른쪽 그림에서 어두운 부분을 직선 l을 축으로 하여 1회전시켰을 때 생기는 회전체의 부피는? [4점]

① 18π cm^3

② 20π cm^3

③ 24π cm^3

④ 28π cm^3

⑤ 32π cm^3

주관식

18 오른쪽 그림에서 어두운 부분의 넓이를 구하여라. [6점]

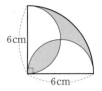

19 오른쪽 그림과 같이 둘레의 길이가 32 cm인 원 모양의 시계가 있다. 1시 30분일 때, 시침과 분침 사이의 호의 길이를 구하여라. [6점]

20 오른쪽 그림과 같이 밑면의 반지름의 길이가 6 cm인 원뿔을 꼭짓점 O를 중심으로 2바퀴 굴렸더니 다시 처음의 자리로 돌아왔다. 이때 이 원뿔의 옆넓이를 구하여라. [6점]

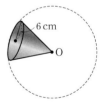

21 오른쪽 그림과 같은 평면도형을 직선 l을 축으로 하여 1회 전시킬 때 생기는 회전체의 겉넓이를 구하여라. [6점]

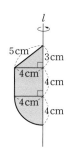

서술형 주관식

22 오른쪽 그림과 같은 정오각형에서 다음 물음에 답하여라. (단, 풀이 과정을 자세히 써라.)
[총 6점]

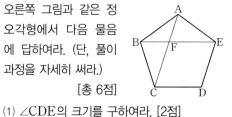

(1) ∠CDE의 크기를 구하여라. [2점]

(2) ∠AEF의 크기를 구하여라. [2점]

(3) ∠AFE의 크기를 구하여라. [2점]

23 오른쪽 그림과 같이 한 모서리의 길이가 6 cm인 정육면체가 있다. 이 정육면체를 △ACH, △AHF, △AFC, △CHF의 네 개의 평면으로 자를 때, 물음에 답하여라.
(단, 풀이 과정을 자세히 써라.) [총 8점]

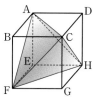

(1) 정육면체의 부피를 구하여라. [2점]

(2) 삼각뿔 A−BCF의 부피를 구하여라.
[2점]

(3) 삼각뿔 A−HFC의 부피를 구하여라.
[2점]

(4) 정육면체의 부피를 V_1, 삼각뿔 A−HFC 의 부피를 V_2라고 할 때, $V_1 : V_2$를 구하여라. [2점]

MeMo

개정
교육과정
완벽 반영

기초 탄탄, 성적 쑥쑥
시험에 나올만한 문제는 모두 모았다!

문제은행

3000제
꿀꺽수학

정답 및 해설   중1하

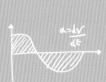

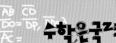

수학은국격

3000제 꿀꺽수학

정답 및 해설 활용법

문제를 모두 풀었습니까? 반드시 문제를 푼 다음에 해설을 확인하도록 합시다.

해설을 미리 보면 모르는 것도 마치 알고 있는 것처럼 생각하고 쉽게 넘어갈 수 있습니다.

3000제 꿀꺽수학

01 자료의 정리

P. 6~9

Step**1** 교과서 이해

01 변량

02 줄기와 잎 그림

03 읽은 책의 수   (0|9는 9권)

줄기	잎
0	3 4 7 8 9
1	0 2 5 5 5 6 6 7
2	0 1 3 4 8

04 0 2 5 5 5 6 6 7

05 3명

06 15

07 수학 성적   (4|0은 40점)

줄기	잎
4	0 2 3 9
5	3 4 6
6	0 1 8
7	0 0 4 5 8
8	0 2 2 5 6 9
9	0 5 7

08 8

09 6명

10 5개

11 76－32＝44

12 24명 중 많이 한 순서대로 7번째이므로 많이 한 편이다.

13 19명

14 98점

15 10명

16 남학생 : 14명, 여학생 : 15명

17 70점대

18 14명

19 여학생

20 계급, 계급의 크기

21 계급값

22 도수

23 도수분포표

24 71, 94

25

맥박 수(회)		학생 수(명)
70이상 ~ 75미만	//	2
75 ~ 80	////	4
80 ~ 85	//// ///	8
85 ~ 90	//// //	7
90 ~ 95	//// ////	9
합계		30

26 80회 이상 85회 미만

27 10회

28 20회 이상 30회 미만

29 12명

30 15명

31 히스토그램

32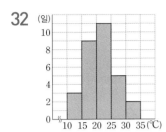

33 계급의 크기 : 10점, 계급의 개수 : 7개

34 14명

35 75점

36 60명

37 도수분포다각형

38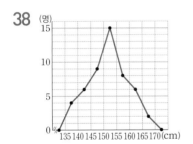

39 10점

40 75점

41 6명

Step2 개념탄탄

01 17명

02 4

03 6+4=10   답 ④

04 수학 성적   (5|6은 56점)

줄기	잎
5	6 4
6	1 5
7	4 8 1
8	2 6 0 4 8 3
9	2 3 4

답 5개

05 83점

06 70점 미만인 학생은 2+2=4(명)

$\therefore \dfrac{4}{16} \times 100 = 25(\%)$ 답 25%

07 4+11+A+8+2+1=40

$\therefore A=14, \ B=40 \cdots$ 답

08 $\dfrac{6+9}{2}=7.5$(분)   답 7.5분

09 기록이 12분 이상인 학생은 2+1=3(명)

$\therefore \dfrac{3}{40} \times 100 = 7.5(\%)$ 답 7.5%

10 14+12=26(명)   답 ⑤

11 1+5+11+14+12+9+8=60(명)

답 60명

12 기록이 25m 미만인 학생은 1+5=6(명)

$\therefore \dfrac{6}{60} \times 100 = 10(\%)$ 답 10%

13 기록이 10번째로 좋은 학생은 40m 이상 45m 미만인 계급에 속하므로

$\dfrac{40+45}{2}=42.5$(m)   답 42.5m

14 계급의 크기 : 5℃, 계급의 개수 : 5개

15 9일

16 $\dfrac{20+25}{2}=22.5$(℃)   답 22.5℃

17 기온이 20℃ 미만인 날은 3+9=12(일)

$\therefore \dfrac{12}{30} \times 100 = 40(\%)$ 답 40%

P. 12~15

Step **3** 실력완성

01 ① 자료의 개수가 많거나 자료의 값의 범위가 큰 경우에는 줄기와 잎 그림을 사용하는 것이 적합하지 않다.

④ 잎은 반드시 크기순으로 써야 하는 것은 아니다.

⑤ 도수분포표에 대한 설명이다.

답 ②, ③

02 ③ 164cm보다 큰 변량은 166cm, 168cm, 171cm, 174cm의 4개이다.

답 ③

03 계급, 계급의 크기, 계급값, 도수

04 ⑤ 지능지수가 120인 학생은 120 이상 130 미만인 계급에 속하므로 도수는 3이다.

답 ⑤

05 $4+12=16$(명)

답 16명

06 ③ $3+1=4$(명)

⑤ 계급값이 85인 계급의 도수는 4이므로

$\dfrac{4}{40} \times 100 = 10(\%)$

답 ③, ⑤

07 $2+6+16+14+2a+a=50$

$38+3a=50$ ∴ $a=4$

답 4

08 계급값이 47.5kg인 계급은 45kg 이상 50kg 미만이므로 도수는 12명이다.

답 12명

09 30kg 이상 35kg 미만인 학생 : 5명,

35kg 이상 40kg 미만인 학생 : 11명

따라서 몸무게가 가벼운 쪽에서 15번째인 학생은 35kg 이상 40kg 미만인 계급에 속하므로 계급값은

$\dfrac{35+40}{2}=37.5$(kg)

답 ②

10 몸무게가 50kg 이상인 학생은 $4+2=6$(명)

전체 학생 수는

$5+11+16+12+4+2=50$(명)

∴ $\dfrac{6}{50} \times 100 = 12(\%)$

답 12%

채점 기준

몸무게가 50kg 이상인 학생 수 구하기	40%
전체 학생 수 구하기	40%
답 구하기	20%

11 55kg 이상 60kg 미만인 학생 : 2명

50kg 이상 55kg 미만인 학생 : 4명

45kg 이상 50kg 미만인 학생 : 12명

따라서 몸무게가 무거운 쪽에서 15번째인 학생은 45kg 이상 50kg 미만인 계급에 속하므로

$\dfrac{12}{50} \times 100 = 24(\%)$

답 24%

12 직사각형의 가로의 길이는 계급의 크기와 같으므로 일정하다. 따라서 직사각형의 넓이는 세로의 길이, 즉 도수에 정비례한다.

답 ①

13 $A=B+1$이므로

$B+1+14+9+B+8+13=55$

$2B=10$ ∴ $B=5$, $A=6$

답 $A=6$, $B=5$

14 몸무게가 65kg 이상인 학생 수 : $30 \times 0.3 = 9$(명)

$B+1=9$에서 $B=8$

$2+8+A+8+1=30$

$19+A=30$ ∴ $A=11$

답 $A=11$, $B=8$

채점 기준

몸무게가 65kg 이상인 학생 수 구하기	40%
A, B의 값 각각 구하기	각 30%

15 $5+15+13+12+3=48$(명)

답 48명

16 직사각형의 넓이는 각 계급의 도수에 정비례한다.

160cm 이상 180cm 미만 : 15명

220cm 이상 240cm 미만 : 3명

∴ $15 \div 3 = 5$(배)

답 5배

17 주어진 히스토그램을 도수분포표로 나타내면

던지기 기록(m)	도수(회)	자료
21^{이상} ～ 22^{미만}	1	21.6
22 ～ 23	3	22.5, 22.0, 22.4
23 ～ 24	3	23.7, 23.2, A
24 ～ 25	2	24.8, 24.3
25 ～ 26	1	25.4
합계	10	

따라서 A는 23m 이상 24m 미만인 계급에 속한다. **답** 23m 이상 24m 미만

18 성적이 60점 미만인 학생 수는 $2+6=8$(명)

90점 이상인 학생 수는 2(명)

$\therefore 8 \div 2 = 4$(배) **답** 4배

19 도수분포다각형과 가로축으로 둘러싸인 부분의 넓이는 히스토그램의 직사각형의 넓이의 합과 같다.

$\therefore (2+6+8+10+4+2) \times 10 = 320$ **답** 320

20 영민이는 점수가 높은 순서대로 20번째이고 영민이의 점수인 87점 보다 낮은 점수가 9개 있으므로 구하는 학생 수는

$20+9=29$(명) **답** 29명

21 수명이 1100시간 미만인 전구의 개수는

$25+50+75=150$(개)

따라서 수명이 1100시간 이상인 전구의 개수는

$500-150=350$(개)

$\therefore \dfrac{350}{500} \times 100 = 70(\%)$ **답** 70%

22 수명이 1150시간 미만인 전구의 개수는

$500 \times 0.65 = 325$(개)

수명이 1200시간 이상인 전구의 개수는

$50+25=75$(개)

따라서 수명이 1150시간 이상 1200시간 미만인 계급의 도수는

$500-(325+75)=100$(개) **답** 100개

채점 기준

수명이 1150시간 미만인 전구의 개수 구하기	40%
수명이 1200시간 이상인 전구의 개수 구하기	40%
답 구하기	20%

23 계급값이 55점인 계급은 50점 이상 60점 미만이고 도수는 5이다.

$\therefore a=5$

계급값이 75점인 계급은 70점 이상 80점 미만이고 도수는 10이다. $\therefore b=10$

③ $2b=30$, $3a=15$이므로 $2b>3a$

답 ③

24 성적이 70점 미만인 학생 : $1+5+6=12$(명)

성적이 80점 이상인 학생 : $5+3=8$(명)

70점 이상 80점 미만인 학생은

$30-(12+8)=10$(명)

$\therefore (12+5):(8+5)=17:13$ **답** 17 : 13

채점 기준

성적이 70점 미만, 80점 이상인 학생 수 각각 구하기	**각** 20%
성적이 70점 이상 80점 미만인 학생 수 구하기	30%
답 구하기	30%

25 통학 시간이 20분 미만인 학생 수는

$2+4=6$(명)

전체 학생 수를 x명이라 하면

$x \times \dfrac{12}{100} = 6 \qquad \therefore x=50$ **답** 50명

P. 16

S**tep 4** 유형클리닉

1 30점 이상 40점 미만인 학생 수를 x명이라고 하면 전체 학생 수는

$6+x+4+8+7+4+7+5=x+41$(명)

$\dfrac{6+x}{x+41} \times 100 = 30 \qquad \therefore x=9$ **답** 9명

1-1 성적이 80점 이상 90점 미만인 학생 수는

$32-(1+1+8+2+6+4)=10$(명)

답 10명

2 윗몸일으키기 횟수가 50회 미만인 학생 수는

$40 \times \dfrac{4}{4+1} = 32$(명)

50회 이상인 학생 수는 $40 \times \dfrac{1}{4+1} = 8$(명)

따라서 윗몸일으키기 횟수가 40회 이상 50회 미만인 학생 수는

$32-(3+9+12)=8$(명)

50회 이상 60회 미만인 학생 수는

$8-2=6$(명)

$\therefore 8 : 6 = 4 : 3$

답 $4 : 3$

2 전체의 30%는 $30 \times \dfrac{30}{100} = 9$(명)

$\therefore B = 9-3 = 6$

$A = 30-(5+7+6+3) = 9$

답 $A=9$, $B=6$

2-1 기록이 40회 이상 50회 미만인 학생 수를 x명이라고 하면

$(3+8+x) : (6+1) = 3 : 1$

$11+x=21$ $\therefore x=10$

답 10명

3 관람한 영화가 4편 이상 6편 미만인 학생은 7명이고, 이것이 전체의 20%이므로 전체 학생 수를 x명이라 하면

$x \times \dfrac{20}{100} = 7$ $\therefore x=35$

따라서 영화를 6편 이상 8편 미만 관람한 학생 수는

$35-(6+7+7+5)=10$(명)

답 10명

P. 17

Step **5** 서술형 만점 대비

4 점수가 14점 이상인 학생 수는

$10+5+3=18$(명)

전체 학생 수는

$1+5+6+10+5+3=30$(명)

$\therefore \dfrac{18}{30} \times 100 = 60(\%)$

답 60%

01 키

(15|3은 153cm)

줄기	잎
15	2 3 5 6 8
16	1 1 2 3 3 4 6 7 7 8 9
17	0 2 3 4

전체의 20%는 $20 \times \dfrac{20}{100} = 4$(명)

따라서 키가 큰 쪽에서 20% 이내에 포함되려면 최소한 170 cm 이상이어야 한다.

답 170 cm

02 자료의 분석

P. 18~21

Step 1 교과서 이해

01 $\dfrac{76+80+84+82+78}{5}=\dfrac{400}{5}=80$ **답** 80

02 86.4

03 17

04 6.4

05 7.3

06 159

07 (득점의 총합)=57(점)

$\therefore$ (평균)$=\dfrac{57}{30}=1.9$(점) **답** 1.9점

08 $\dfrac{10\times1+9\times4+8\times6+7\times6+6\times4+5\times4}{25}$

$=\dfrac{180}{25}=7.2$(점) **답** 7.2점

09 $\dfrac{5\times3+6\times10+7\times13+8\times14+9\times7+10\times3}{50}$

$=\dfrac{371}{50}=7.42$(점) **답** 7.42점

10

기록(초)	계급값	(계급값)×(도수)
11^{이상} ~ 13^{미만}	12	24
13 ~ 15	14	70
15 ~ 17	16	368
17 ~ 19	18	288
19 ~ 21	20	80
합계		830

11 $\dfrac{830}{50}=16.6$(초) **답** 16.6초

12

수학 성적(점)	계급값	(계급값)×(도수)
70^{이상} ~ 75^{미만}	72.5	72.5×3=217.5
75 ~ 80	77.5	77.5×8=620
80 ~ 85	82.5	82.5×15=1237.5
85 ~ 90	87.5	87.5×10=875
90 ~ 95	92.5	92.5×4=370
합계		3320

$\therefore$ (평균)$=\dfrac{3320}{40}=83$(점) **답** 83점

13

컴퓨터 사용 시간(분)	계급값	(계급값)×(도수)
0^{이상} ~ 20^{미만}	10	10×3=30
20 ~ 40	30	30×8=240
40 ~ 60	50	50×10=500
60 ~ 80	70	70×14=980
80 ~ 100	90	90×5=450
합계		2200

$\therefore$ (평균)$=\dfrac{2200}{40}=55$(분) **답** 55분

14

기록(초)	도수(명)	계급값	(계급값)×(도수)
7.0^{이상} ~ 7.5^{미만}	2	7.25	7.25×2=14.5
7.5 ~ 8.0	4	7.75	7.75×4=31
8.0 ~ 8.5	5	8.25	8.25×5=41.25
8.5 ~ 9.0	4	8.75	8.75×4=35
9.0 ~ 9.5	3	9.25	9.25×3=27.75
9.5 ~ 10.0	1	9.75	9.75×1=9.75
10.0 ~ 10.5	1	10.25	10.25×1=10.25
합계	20		169.5

$\therefore$ (평균)$=\dfrac{169.5}{20}=8.475$(초) **답** 8.475초

15

국어 성적(점)	도수(명)	계급값	(계급값)×(도수)
30^{이상} ~ 40^{미만}	2	35	35×2=70
40 ~ 50	3	45	45×3=135
50 ~ 60	6	55	55×6=330
60 ~ 70	10	65	65×10=650
70 ~ 80	8	75	75×8=600
80 ~ 90	5	85	85×5=425
90 ~ 100	1	95	95×1=95
합계	35		2305

$\therefore$ (평균)$=\dfrac{2305}{35}=65.9$(점) **답** 65.9점

16 상대도수

17 도수의 총합

18 위쪽부터 차례로 0.04, 0.12, 0.32, 0.28, 0.16, 0.08, 1

19 위쪽부터 차례로 0.02, 0.2, 0.48, 0.14, 0.1, 0.06, 1

20 $1 \div D = 0.02$이므로 $D = 50$
$A = 50 \times 0.18 = 9$, $B = 50 \times 0.44 = 22$,
$C = 50 \times 0.12 = 6$
답 $A = 9$, $B = 22$, $C = 6$, $D = 50$

21 $E = \dfrac{5}{50} = 0.1$, $F = \dfrac{4}{50} = 0.08$
상대도수의 총합은 1이므로 $G = 1$
답 $E = 0.1$, $F = 0.08$, $G = 1$

22 $0.26 + 0.20 = 0.46$ **답** 46%

23 $0.14 + 0.07 = 0.21$ **답** 21%

24 양 끝값, 상대도수

25 위쪽부터 차례로 0.04, 0.1, 0.2, 0.28, 0.18, 0.12, 0.08, 1

26
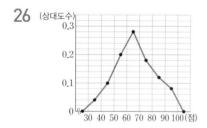

27 0.2

28 3개 : 0.4, 4개 : 0.08, 5개 : 0.04
$0.4 + 0.08 + 0.04 = 0.52$
따라서 충치가 3개 이상인 학생 수는
$25 \times 0.52 = 13$(명) **답** 13명

29 1학년 : 35 kg 이상 40 kg 미만
2학년 : 45 kg 이상 50 kg 미만

30 1학년 : 2명, 2학년 : 3명

31 $50 \times 0.3 = 15$(명) **답** 15명

32 $70 \sim 75 : 0.08$, $75 \sim 80 : 0.18$
$\therefore 0.08 + 0.18 = 0.26$
$50 \times 0.26 = 13$(명) **답** 13명

P. 22~23

Step**2** 개념탄탄

01 $\dfrac{5 \times 1 + 6 \times 2 + 7 \times 3 + 8 \times 2 + 9 \times 1 + 10 \times 1}{10}$
$= \dfrac{73}{10} = 7.3$(점) **답** 7.3점

02 $\dfrac{88 + 86 + x + 84 + 88}{5} = 87$
$346 + x = 435$ $\therefore x = 89$ **답** 89

03 $\dfrac{55 \times 2 + 65 \times 6 + 75 \times 11 + 85 \times 6 + 95 \times 5}{30}$
$= \dfrac{2310}{30} = 77$(점) **답** 77점

04 $\dfrac{35 \times 3 + 45 \times 11 + 55 \times 4 + 65 \times 2}{20}$
$= \dfrac{950}{20} = 47.5$(kg) **답** ④

05 $\dfrac{50}{250} = 0.2$ **답** 0.2

06 왼쪽부터 차례로 0.17, 0.19, 0.16, 0.16, 0.17, 0.15, 1

07 $A = 50 \times 0.1 = 5$, $B = 50 \times 0.26 = 13$,
$C = 50 \times 0.02 = 1$
답 $A = 5$, $B = 13$, $C = 1$

08 $D=\dfrac{2}{50}=0.04,\ E=\dfrac{16}{50}=0.32,$

$F=\dfrac{10}{50}=0.2,\ G=\dfrac{3}{50}=0.06$

답 $D=0.04,\ E=0.32,\ F=0.2,\ G=0.06$

09 $15.0\sim16.0$: 2명, $16.0\sim17.0$: 5명

따라서 5번째인 학생은 $16.0\sim17.0$에 속한다.

$\therefore \dfrac{5}{50}\times100=10(\%)$ **답** $10\ \%$

10 (도수의 총합)$=\dfrac{3}{0.06}=50$이므로

$A=\dfrac{21}{50}=0.42,\ B=50\times0.4=20$

답 $A=0.42,\ B=20$

11 $130\sim135$의 도수가 3, 상대도수가 0.06이므로

도수의 총합은 $\dfrac{3}{0.06}=50$(명)

$150\sim155$: 0.14, $155\sim160$: 0.12,

$160\sim165$: 0.04이므로 키가 150 cm 이상인 경우의 상대도수는

$0.14+0.12+0.04=0.3$

$\therefore 50\times0.3=15$(명) **답** 15명

12 $130\sim135$: 0.06, $135\sim140$: 0.16이므로 키가 140 cm 이하인 경우의 상대도수는

$0.06+0.16=0.22$

$\therefore 50\times0.22=11$(명) **답** 11명

13 도수가 가장 큰 계급은 $140\sim145$이고 상대도수가 0.28이므로 도수는 $50\times0.28=14$(명)

도수가 가장 작은 계급은 $160\sim165$이고 상대도수가 0.04이므로 도수는 $50\times0.04=2$(명)

따라서 도수의 차는 $14-2=12$ **답** 12

14 $140\sim145$: 0.28, $145\sim150$: 0.2

이므로 $50\times(0.28+0.2)=24$(명) **답** 24명

P. 24~26

Step**3** 실력완성

01

계급값	도수	(계급값)×(도수)
3	4	$3\times4=12$
5	8	$5\times8=40$
7	6	$7\times6=42$
9	2	$9\times2=18$
합계	20	112

$\therefore$ (평균)$=\dfrac{112}{20}=5.6$(점) **답** 5.6점

02 $A=20-(2+4+8+1)=5$

$\therefore$ (평균)$=\dfrac{55\times2+65\times4+75\times8+85\times5+95\times1}{20}$

$=\dfrac{1490}{20}=74.5$(점) **답** ④

03 $55\sim65$인 계급의 도수는

$20-(2+7+8+1)=2$

$\therefore$ (평균)$=\dfrac{30\times2+40\times7+50\times8+60\times2+70\times1}{20}$

$=\dfrac{930}{20}=46.5$(kg) **답** ②

04 (평균)$=\dfrac{4\times3+12\times4+20\times5+28\times4+36\times3+44\times0+52\times1}{20}$

$=\dfrac{432}{20}=21.6$(개) **답** 21.6개

05 $40\sim50$의 도수가 8, 상대도수가 0.2이므로 전체 학생 수는

$\dfrac{8}{0.2}=40$(명) **답** 40명

06 $60\sim70$의 상대도수를 x라 하면

$0.2+0.15+x+0.2+0.15+0.05=1$

$\therefore x=0.25$

$40\times0.25=10$(명)

답 상대도수 : 0.25, 학생 수 : 10명

채점 기준

상대도수 구하기	60%
학생 수 구하기	40%

07 (도수의 총합)$=\dfrac{3}{0.075}=40$ 답 40

08 $A=50\times0.24=12$
$B=50-(5+15+12+8)=10$
답 $A=12$, $B=10$

09 $A=1-(0.02+0.06+0.24+0.34+0.2+0.1)$
$=0.04$
도수는 상대도수에 정비례하므로 도수가 가장 큰 계급은 $70\sim80$이다. 따라서 계급값은
$\dfrac{70+80}{2}=75$(점) 답 ③

10 1반과 2반에서 100점을 받은 학생 수를 각각 a명, b명이라고 하면
$x=\dfrac{a}{51}$에서 $a=51x$
$y=\dfrac{a}{49}$에서 $b=49y$
두 학급 전체에서 100점을 받은 학생 수는
$a+b=51x+49y$
두 학급 전체 학생 수는 $51+49=100$(명)이므로 구하는 상대도수는 $\dfrac{51x+49y}{100}$
답 $\dfrac{51x+49y}{100}$

채점 기준	
1반과 2반에서 각각 100점을 받은 학생 수 구하기	각 30%
두 학급의 전체 학생 수 구하기	20%
답 구하기	20%

11 도수의 총합을 $2a$, a라 하고
도수를 각각 $4b$, $5b$라 하면
상대도수의 비는
$\dfrac{4b}{2a}:\dfrac{5b}{a}=\dfrac{2b}{a}:\dfrac{5b}{a}=2:5$ 답 $2:5$

채점 기준	
도수의 총합을 $2a$, a로 나타내기	30%
도수를 $4b$, $5b$로 나타내기	30%
답 구하기	40%

12 ④ $60\sim70:0.25$, $70\sim80:0.35$
이므로 60점 이상 80점 미만인 학생은
$(0.25+0.35)\times100=60(\%)$ 답 ④

13 $70\sim80$의 상대도수는
$1-(0.1+0.1+0.2+0.15+0.1)=0.35$
(평균)$=45\times0.1+55\times0.1+65\times0.2$
$+75\times0.35+85\times0.15+95\times0.1$
$=71.5$(점) 답 ④

14 ① 상대도수만으로는 도수의 총합을 알 수 없다.
② 남학생의 봉사 활동 시간 중 도수가 가장 큰 계급은 $8\sim12$이므로 계급값은 10시간이다.
③ 계급값이 22시간인 계급은 $20\sim24$이므로
$80\times0.15=12$(명)
④ 승준이는 $16\sim20$에 속하고 $16\sim20:0.15$, $20\sim24:0.1$이므로 봉사 활동 시간이 많은 쪽에서 $(0.15+0.1)\times100=25(\%)$ 이내에 든다.
⑤ 여학생 중 봉사 활동 시간이 16시간 미만인 학생은 $(0.1+0.2+0.25)\times100=55(\%)$
답 ③, ④

15 $110\sim120$의 상대도수를 A라 하면
무게가 $110\,\mathrm{g}$ 이상인 귤의 상대도수는
$A+0.1$
$100\times(A+0.1)=26$이므로 $A=0.16$
따라서 $100\sim110$의 상대도수는
$1-(0.06+0.18+0.3+0.16+0.1)=0.2$
답 0.2

채점 기준	
$110\sim120$의 상대도수 구하기	60%
$100\sim110$의 상대도수 구하기	40%

16 ② 1학년에서 상대도수가 가장 큰 계급 : $45\sim50$
2학년에서 상대도수가 가장 큰 계급 : $50\sim55$
⑤ 몸무게가 $45\,\mathrm{kg}$ 미만인 학생은
1학년 : $60\times(0.1+0.25)=21$(명)
2학년 : $40\times(0.05+0.2)=10$(명)
답 ②, ⑤

P. 27

Step **4** 유형클리닉

1 $6 \sim 8$의 도수를 A라 하면 책을 6권 이상 읽은 학생이 전체의 20%이므로

$$A + 2 = 40 \times \frac{20}{100} \quad \therefore A = 6$$

$2 \sim 4$의 도수는

$$40 - (6 + 12 + 6 + 2) = 14$$

$$\therefore (\text{평균}) = \frac{1 \times 6 + 3 \times 14 + 5 \times 12 + 7 \times 6 + 9 \times 2}{40}$$

$$= \frac{168}{40} = 4.2(\text{권})$$

답 4.2권

1-1 $20 \sim 40$의 도수가 2, 상대도수가 0.08이므로

도수의 총합은 $\frac{2}{0.08} = 25$

$0 \sim 20 : 25 \times 0.16 = 4$

$60 \sim 80 : 25 \times 0.24 = 6$

$$\therefore (\text{평균}) = \frac{10 \times 4 + 30 \times 2 + 50 \times 4 + 70 \times 6 + 90 \times 9}{25}$$

$$= \frac{1530}{25} = 61.2(\text{분})$$

답 61.2분

2 $90 \sim 100$의 도수는 $50 \times 0.06 = 3(\text{명})$

이고 80점 이상인 학생이 14명이므로

$80 \sim 90$의 도수는 11, 상대도수는 $\frac{11}{50} = 0.22$

$70 \sim 80$의 상대도수는

$$1 - (0.04 + 0.16 + 0.2 + 0.22 + 0.06) = 0.32$$

따라서 도수는 $50 \times 0.32 = 16(\text{명})$

답 16명

2-1 몸무게가 $50 \, \mathrm{kg}$ 미만인 학생 수는

$$60 \times (0.1 + 0.2) = 18(\text{명})$$

이므로 $60 \sim 70$의 도수는

$$18 \times \frac{2}{3} = 12(\text{명})$$

따라서 $50 \sim 60$인 학생 수는

$$60 - (18 + 12) = 30(\text{명})$$

답 30명

P. 28

Step **5** 서술형 만점 대비

1 1반의 총점은 $68 \times 38 = 2584(\text{점})$

2반의 총점은 $72 \times 42 = 3024(\text{점})$

두 반 전체의 학생 수는 $38 + 42 = 80(\text{명})$

따라서 전체의 평균은

$$\frac{2584 + 3024}{80} = 70.1(\text{점})$$

답 70.1점

채점 기준

각 반의 총점 구하기	각 **30%**
두 반 전체의 학생 수 구하기	**20%**
답 구하기	**20%**

2 계급값이 $26 \, \mathrm{g}$인 계급의 상대도수는

$$\frac{11}{50} = 0.22$$

이므로 계급값이 $34 \, \mathrm{g}$인 계급의 상대도수는

$$0.22 - 0.06 = 0.16$$

따라서 구하는 도수는

$$50 \times 0.16 = 8(\text{개})$$

답 8개

채점 기준

계급값이 $26 \, \mathrm{g}$인 계급의 상대도수 구하기	**40%**
계급값이 $34 \, \mathrm{g}$인 계급의 상대도수 구하기	**40%**
답 구하기	**20%**

3 $90 \sim 100$의 도수는

$$50 - (4 + 10 + 14 + 16) = 6(\text{명})$$

$$\therefore (\text{평균}) = \frac{55 \times 4 + 65 \times 10 + 75 \times 14 + 85 \times 16 + 95 \times 6}{50}$$

$$= \frac{3850}{50} = 77(\text{점})$$

답 77점

채점 기준

$90 \sim 100$의 도수 구하기	**50%**
평균 구하기	**50%**

4 $30 \sim 35$의 도수가 1이고 상대도수가 0.02이므로

도수의 총합은 $\frac{1}{0.02} = 50$

몸무게가 $60 \, \mathrm{kg}$ 이상인 경우는 $0.1 + 0.04 = 0.14$

따라서 구하는 학생 수는 $50 \times 0.14 = 7(\text{명})$

답 7명

채점 기준	
도수의 총합 구하기	40%
60 kg 이상인 계급의 상대도수의 합 구하기	40%
답 구하기	20%

P. 29~31

Step 6 도전 1등급

01 $48-\dfrac{12}{2}\leq x<48+\dfrac{12}{2}$, 즉 $42\leq x<54$

이므로 $a=42,\ b=54$

$\therefore 2a-b=30$　　　　　답 30

02 60~80의 도수 : $40\times\dfrac{25}{100}=10$(명)

$\therefore A=10$

$B=40-(3+7+13+10+2)=5$

100~120의 도수 : 2, 80~100의 도수 : 5,

60~80의 도수 : 10이므로 컴퓨터 사용 시간이

많은 쪽에서 10번째인 학생은 60~80에 속한다.

따라서 계급값은 $\dfrac{60+80}{2}=70$(분)　　답 70분

03 컴퓨터 사용 시간이 80분 이상인 학생은

$5+2=7$(명)

$\therefore \dfrac{7}{40}\times100=17.5(\%)$　　답 17.5 %

04 16~20의 도수를 x명이라 하면

봉사 활동 시간이 12시간 이상 20시간 미만인

학생 수는 $8+x$(명)

또, 전체 학생 수는 $5+7+8+x+6=26+x$(명)

이므로 $\dfrac{8+x}{26+x}\times100=50$

$16+2x=26+x$　　$\therefore x=10$

따라서 전체 학생 수는 $26+x=36$(명)　답 36명

05 50~60의 도수를 x명이라 하면

70~90의 도수는 $(x+7)$명이므로

$2+x+6+(x+7)+3=40$

$2x=22$　　$\therefore x=11$　　답 11명

06 70~90의 도수가 $11+7=18$이므로 70점 이상

인 학생은

$18+3=21$(명)

$\therefore \dfrac{21}{40}\times100=52.5(\%)$　　답 52.5 %

07 1반 전체 학생의 수는 $5+12+15+6+2=40$(명)

40명의 20 %는 8명이고 1반에서

90~100 : 2명, 80~90 : 6명

이므로 1반에서 상위 20 % 이내에 드는 학생의

점수는 최소 80점 이상이다.

2반 전체 학생의 수는 $6+9+13+8+4=40$(명)

이고 2반에서 80점 이상인 학생은

$8+4=12$(명)

이므로 $\dfrac{12}{40}\times100=30(\%)$

따라서 1반에서 성적이 상위 20 % 이내에 드는

학생은 2반에서는 최소한 상위 30 % 이내에 든다.

답 30 %

08 1반과 2반의 학생 수를 각각 x명, y명이라고 하면

(1반의 총점)$=65x$(점), (2반의 총점)$=70y$(점)

두 반 전체의 평균이 68점이므로

$\dfrac{65x+70y}{x+y}=68,\ 65x+70y=68x+68y$

$2y=3x$　　$\therefore x:y=2:3$　　답 2 : 3

09 6과 8의 최소공배수는 24이므로 도수의 총합은

24의 배수이어야 한다.

따라서 참여한 인원 수가 될 수 있는 것은 ②이다.

답 ②

10 30~40 : x라 하면 20~30 : $2x$이고,

$8+2x+x+6+4+2=50,\ 3x=30$

$\therefore x=10$

따라서 읽은 책이 20권 이상 30권 미만인 학생

수는 20명이다.　　답 20명

11 60~70의 상대도수는

$1-(0.2+0.15+0.2+0.15+0.05)=0.25$

$$\therefore (\text{평균})=45\times0.2+55\times0.15+65\times0.25$$
$$+75\times0.2+85\times0.15+95\times0.05$$
$$=66(\text{점})$$
답 66점

12 3~4의 상대도수 : $0.5-0.15=0.35$

전체 학생 수는 $\dfrac{6}{0.15}=40$(명)

따라서 구하는 학생 수는

$40\times0.35=14$(명)　　**답** 14명

P. 32~34

Step 7 대단원 성취도 평가

01 ④

02 전체 학생 수는 $3+5+9+11+7=35$(명)

90점 이상인 학생 수는 7명이므로

$\dfrac{7}{35}\times100=20(\%)$　　**답** ③

03 도수가 가장 큰 계급은 60~70이므로 $x=65$

도수가 가장 작은 계급은 90~100이므로 $y=95$

답 ③

04 전체 학생 수는 $4+6+11+9+7+3=40$(명)

40명의 25%는 10명이므로 점수가 낮은 순서대
로 10명이 특별 보충 학습에 참여해야 한다.

40~50의 도수가 4, 50~60의 도수가 6이므로
특별 보충 학습에 참여해야 하는 학생들의 점수
는 60점 미만이다.　　**답** ②

05 160~170의 도수는 $50-(7+9+12+6)=16$

④ 키가 가장 작은 학생의 키는 130 cm 이상
140 cm 미만이지만 정확한 자료의 값은 알
수 없다.　　**답** ④

06 키가 160 cm 이상인 학생의 수는 $16+6=22$(명)

$\therefore \dfrac{22}{50}\times100=44(\%)$　　**답** ③

07 $\dfrac{135\times7+145\times9+155\times12+165\times16+175\times6}{50}$

$=\dfrac{7800}{50}=156$(cm)　　**답** ②

08 도수의 총합은 $\dfrac{5}{0.125}=40$　　**답** ③

09 $A=\dfrac{11}{40}=0.275$　　**답** ⑤

10 계급값이 68인 계급에 속하는 변량을 x라 하면

$68-\dfrac{10}{2}\le x<68+\dfrac{10}{2}$, 즉 $63\le x<73$

따라서 계급이 63 이상 73 미만, 73 이상 83 미
만, …과 같이 나누어지므로 변량 79가 속하는
계급은 73 이상 83 미만이다.　　**답** ③

11 ①

12 서현이네 반 전체 학생 수는 $\dfrac{5}{0.125}=40$(명)

$\therefore x=40-(5+7+10+12+4)=2$,

$y=\dfrac{2}{40}=0.05$　　$\therefore x+y=2.05$　　**답** 2.05

13 10~11의 상대도수는

$1-(0.05+0.25+0.4+0.1)=0.2$

$\therefore (\text{평균})=7.5\times0.05+8.5\times0.25+9.5\times0.4$
$+10.5\times0.2+11.5\times0.1$
$=9.55(\text{초})$　　**답** 9.55초

14 상대도수가 가장 큰 계급은 5~7이므로

전체 학생 수는 $\dfrac{78}{0.26}=300$(명)

계급값이 10시간인 계급은 9~11이므로
도수는 $300\times0.18=54$(명)　　**답** 54명

15 $A:B=5:3$이므로 $A=5x$, $B=3x$라 하면

$36+96+5x+3x+12=240$

$8x=96$　　$\therefore x=12$

따라서 $A=60$, $B=36$이므로 12~16의 상대도

수는 $\dfrac{36}{240}=0.15$　　**답** 0.15

채점 기준	
$A:B=5:3$임을 이용하여 식 세우기	4점
A, B의 값 구하기	각 2점
답 구하기	2점

01 기본도형

3000제 꿀꺽수학

P. 36~39

Step **1** 교과서 이해

01 평면도형

02 입체도형

03 점, 선, 면

04 점, 선

05 교점

06 교선

07 무수히 많이 있다

08 1개 있다

09 $\overrightarrow{AB}$

10 $\overleftrightarrow{PQ}$

11 $\overrightarrow{QP}$

12 $\overline{PQ}$

13 ① $\overrightarrow{AB}$, $\overrightarrow{BC}$, $\overrightarrow{AC}$
　　② $\overrightarrow{CA}$, $\overrightarrow{CB}$
　　③ $\overline{AC}$, $\overline{CA}$

14 $\frac{1}{2}$

15 2

16 $\frac{1}{3}$

17 3, 3

18 2

19 4

20 $\overline{AN}=\frac{1}{4}\overline{AB}=\frac{1}{4}\times 20=5(cm)$

답 5

21 각

22 ∠AOB, ∠BOA, ∠O, ∠a

23 꼭짓점, 변

24 크기

25 평각

26 직각

27 90°, 180°

28 예각, 둔각

29 ∠a=∠AOB=∠BOA

30 ∠b=∠AOC=∠COA

31 ∠c=∠AOD=∠DOA

32 예각

33 예각

34 직각

35 둔각

36 둔각

37 평각

38 ∠COD=180°−(50°+40°)=90° 〖답〗90°

39 ∠AOD=180°−50°=130° 〖답〗130°

40 ∠BOC=180°−40°=140° 〖답〗140°

41 110

42 $2x+7x=180,\ 9x=180$
    $\therefore x=20$ 〖답〗20

43 교각

44 4, 맞꼭지각

45 ∠BOF

46 ∠BOD

47 ∠COF

48 ∠AOD

49 ∠a=180°−30°=150°
    맞꼭지각이므로 ∠b=30°
    〖답〗∠a=150°, ∠b=30°

50 ∠a=180°−110°=70°
    ∠b=∠a=70°
    〖답〗∠a=70°, ∠b=70°

51 ∠a=40°, ∠b=40°, ∠c=140°

52 ∠a=30°, ∠b=110°, ∠c=110°

53 $x+3x+2x=180,\ 6x=180$
    $\therefore x=30$ 〖답〗30

54 $x+10=3x−20,\ 2x=30$
    $\therefore x=15$ 〖답〗15

55 ∠x=90°−30°=60° 〖답〗60°

56 ∠x=90°+38°=128° 〖답〗128°

57 ∠x=90°+35°=125° 〖답〗125°

58 직교, $\overleftrightarrow{AB} \perp \overleftrightarrow{CD}$

59 수직, 수선

60 수선, 수선의 발

61 수직이등분선

62 $\overline{AD}$, $\overline{BC}$

63 $\overline{AB}$, $\overline{DC}$

64 3 cm

P. 40~41

Step 2 개념탄탄

01 ○

02 ×

03 ○

04 $a=4,\ b=6$
    $\therefore a+b=10$ 〖답〗10

05 ㉢

06 두 반직선은 시작점과 방향이 모두 같아야 같은
    반직선을 나타낸다. 〖답〗⑤

07 직선 : $\overleftrightarrow{AB}$, $\overleftrightarrow{AC}$, $\overleftrightarrow{AD}$, $\overleftrightarrow{BC}$, $\overleftrightarrow{BD}$, $\overleftrightarrow{CD}$

$\therefore a=6$

반직선 : $\overrightarrow{AB}$, $\overrightarrow{BA}$, $\overrightarrow{AC}$, $\overrightarrow{CA}$, $\overrightarrow{AD}$, $\overrightarrow{DA}$,

$\overrightarrow{BC}$, $\overrightarrow{CB}$, $\overrightarrow{BD}$, $\overrightarrow{DB}$, $\overrightarrow{CD}$, $\overrightarrow{DC}$

$\therefore b=12$

$\therefore a+b=18$ 답 18

08 $\dfrac{1}{2}$

09 $=$

10 $\overline{AC}=\overline{AB}+\overline{BC}=2\overline{MB}+2\overline{BN}$
$=2(\overline{MB}+\overline{BN})=2\overline{MN}$
$=2\times6=12\,(\mathrm{cm})$

답 12 cm

11 $\overline{BC}=x\,\mathrm{cm}$라고 하면 $\overline{AB}=3x\,\mathrm{cm}$

$\overline{AM}=\overline{BM}=\dfrac{3}{2}x\,\mathrm{cm}$, $\overline{BN}=\overline{CN}=\dfrac{1}{2}x\,\mathrm{cm}$

$\dfrac{3}{2}x+\dfrac{1}{2}x=12$에서 $2x=12$이므로 $x=6$

$\therefore \overline{AB}=3x=18\,(\mathrm{cm})$

답 18 cm

12 (ㄷ), (ㄴ), (ㄹ), (ㄱ)

13 $\angle x=\angle AOC-\angle AOB=90°-60°=30°$
$\angle y=\angle BOD-\angle BOC=90°-30°=60°$

답 $\angle x=30°$, $\angle y=60°$

14 $\angle a=80°$, $\angle b=50°$, $\angle c=50°$, $\angle d=50°$

15 $\angle a=100°$, $\angle b=100°$, $\angle c=45°$, $\angle d=35°$

16 $4\angle a=180°$ $\therefore \angle a=45°$
$\angle b=3\angle a=135°$
$\angle a=\angle c=45°$

답 $\angle a=45°$, $\angle b=135°$, $\angle c=45°$

17 $\angle a=90°-40°=50°$
$\angle b=180°-\angle a=130°$
$\angle c=\angle a=50°$

답 $\angle a=50°$, $\angle b=130°$, $\angle c=50°$

P. 42~45

Step 3 실력완성

01 $a=8$, $b=12$이므로
$a+b=20$ 답 20

02 ④

03 ② $\overrightarrow{AB}$와 $\overrightarrow{BC}$는 방향은 같지만 시작점이 다르다.
③ $\overrightarrow{BC}$와 $\overrightarrow{CD}$의 공통 부분은 $\overrightarrow{CD}$이다.
⑤ $\overrightarrow{BD}$와 $\overrightarrow{CA}$의 공통 부분은 $\overline{BC}$이다.

답 ④

04 직선 : $\overleftrightarrow{AB}$, $\overleftrightarrow{AC}$, $\overleftrightarrow{AD}$, $\overleftrightarrow{AE}$, $\overleftrightarrow{BC}$, $\overleftrightarrow{BD}$,
$\overleftrightarrow{BE}$, $\overleftrightarrow{CD}$, $\overleftrightarrow{CE}$, $\overleftrightarrow{DE}$

$\therefore x=10$, $y=2\times x=20$, $z=x=10$

$\therefore x+y+z=40$ 답 40

05 세 점 C, D, E가 한 직선 위에 있으므로
$\overleftrightarrow{AB}$, $\overleftrightarrow{AC}$, $\overleftrightarrow{AD}$, $\overleftrightarrow{AE}$, $\overleftrightarrow{BC}$, $\overleftrightarrow{BD}$, $\overleftrightarrow{BE}$, $\overleftrightarrow{CD}$
의 8개이다. 답 ②

06 $\overline{AM}=\overline{BM}$, $\overline{BN}=\overline{CN}$,
$\overline{MN}=\overline{BM}+\overline{BN}=24\mathrm{cm}$
$\therefore \overline{AC}=\overline{AM}+\overline{MB}+\overline{BN}+\overline{NC}$
$=2(\overline{BM}+\overline{BN})=48\mathrm{cm}$ 답 48 cm

07 $\overline{AB}=\dfrac{1}{3}\overline{AC}=\dfrac{1}{3}\times12=4\,\mathrm{cm}$
$\overline{BC}=8\mathrm{cm}$
$\overline{AM}=\overline{BM}=2\mathrm{cm}$, $\overline{BN}=\overline{CN}=4\,\mathrm{cm}$
$\therefore \overline{MN}=6\mathrm{cm}$ 답 6 cm

채점 기준	
$\overline{AB}$의 길이 구하기	20%
$\overline{BC}$, $\overline{BM}$, $\overline{BN}$의 길이 구하기	각 20%
답 구하기	20%

08 ④ $\overline{AN}=4\overline{PM}$ 답 ④

09 $\angle BOE = 90° - \angle x$, $\angle COD = 90° - \angle x$이므로
$(90° - \angle x) + \angle x + 90° - \angle x + 32° = 180°$
$180° - \angle x + 32° = 180°$　∴ $\angle x = 32°$

탑 32°

10 $\angle AOB + \angle BOC = 90°$　　　$\cdots\cdots$ ㉠
$\angle COD + \angle BOC = 90°$　　　$\cdots\cdots$ ㉡
㉠+㉡을 하면
$\angle AOB + \angle BOC + \angle COD + \angle BOC = 180°$
$50° + 2\angle BOC = 180°$,　$2\angle BOC = 130°$
∴ $\angle BOC = 65°$

탑 ④

11 $3\angle x - 10° = 180° - 130°$, $3\angle x = 60°$
∴ $\angle x = 20°$

탑 ③

12 $\angle x : \angle y = 1 : 2$에서 $\angle y = 2\angle x$
또, $\angle x + \angle y = 90°$이므로
$\angle x + 2\angle x = 90°$, $3\angle x = 90°$
∴ $\angle x = 30°$

탑 ④

13 $\angle BOC = \angle x$, $\angle COD = \angle y$라고 하면
$\angle AOC = 4\angle x$, $\angle COE = 4\angle y$
$\angle AOC + \angle COE = 4\angle x + 4\angle y = 180°$
∴ $\angle x + \angle y = 45°$
∴ $\angle BOD = \angle BOC + \angle COD$
$\qquad\qquad = \angle x + \angle y = 45°$

탑 45°

14 40분 동안 분침이 회전한 각도는 $6° \times 40 = 240°$
시침이 40분 동안 회전한 각도는 $0.5° \times 40 = 20°$
3시 정각일 때 시침과 분침이 이루는 각도는 90°
따라서 구하는 각도는
$240° - (90° + 20°) = 130°$

탑 ③

15 $\angle x + 40° = 3\angle x - 10°$에서 $2\angle x = 50°$
∴ $\angle x = 25°$

탑 25°

16 두 직선이 만날 때마다 맞꼭지각이 2쌍이 생긴다.
네 직선을 a, b, c, d라고 하면
a, b가 만날 때 : 2쌍,　a, c가 만날 때 : 2쌍
a, d가 만날 때 : 2쌍,　b, c가 만날 때 : 2쌍
b, d가 만날 때 : 2쌍,　c, d가 만날 때 : 2쌍
따라서 모두 12쌍의 맞꼭지각이 생긴다.　**탑** ⑤

17 $\angle x + 120° + 35° = 180°$　　∴ $\angle x = 25°$

탑 25°

18 $\angle x + 10° + 2\angle x + 10° + \angle x = 180°$
$4\angle x + 20° = 180°$, $4\angle x = 160°$
∴ $\angle x = 40°$

탑 40°

19 $\angle x + \angle y + 62° + 50° = 180°$
∴ $\angle x + \angle y = 180° - 112° = 68°$

탑 68°

20 $\angle BOC = \angle a$라고 하면 $\angle AOC = 90° + \angle a$
$90° + \angle a = 6\angle a$, $5\angle a = 90°$　∴ $\angle a = 18°$
$\angle COE = 90° - 18° = 72°$
∴ $\angle COD = 72° \div 4 = 18°$

탑 18°

채점 기준	
$\angle BOC$의 크기 구하기	60%
$\angle COE$의 크기 구하기	30%
답 구하기	10%

21 $100° + \angle y + 60° = 180°$　∴ $\angle y = 20°$
$20° + 60° + \angle x = 180°$　∴ $\angle x = 100°$
또, $\angle z = 60°$ (∵ 맞꼭지각)
∴ $\angle x + \angle y + \angle z = 180°$

탑 ⑤

22 $95° + 43° + 20° + \angle x = 180°$
$\angle x + 158° = 180°$　　∴ $\angle x = 22°$　**탑** 22°

23 구하는 시각을 8시 y분이라고 하면
$30 \times 8 + 0.5y = 6y$, $240 = 5.5y$
$11y = 480$　∴ $y = 43\frac{7}{11}$　**탑** 8시 $43\frac{7}{11}$분

24 ⑤ 점 A와 $\overleftrightarrow{CD}$ 사이의 거리는 $\overline{AH}$이다.

탑 ⑤

25 ⑤ 점 B에서 $\overline{AC}$에 내린 수선의 발은 점 A이다.

탑 ⑤

P. 46

Step 4 유형클리닉

1 $\overline{AM}=\overline{BM}=a\,cm$,
$\overline{BN}=\overline{CN}=b\,cm$라고 하면
$a+b=30$에서 $2a+2b=60$
따라서 $\overline{AC}=60\,cm$이므로

$\overline{AB}=60\times\dfrac{3}{4}=45\,cm$ **답** $45\,cm$

1-1 $\overline{AB}=x\,cm$라 하면 $\overline{BC}=2x\,cm$
$\overline{AC}=x+2x=3x=36$에서 $x=12$
$\therefore \overline{AB}=12\,cm$ **답** $12\,cm$

1-2 $\overline{NM}=2\overline{NL}=4\,cm$
$\overline{AM}=\overline{BM}=2\overline{NM}=8\,cm$
$\overline{LM}=\overline{NL}=2\,cm$이므로
$\overline{LB}=\overline{LM}+\overline{MB}=2+8=10(cm)$
    답 $10\,cm$

2 $\angle BOC=\angle a$라 하면 $\angle AOC=7\angle a$
$\angle AOB=6\angle a=90°$이므로 $\angle a=15°$
$\angle COE=90°-15°=75°$
$\angle COD=75°\times\dfrac{1}{3}=25°$
$\therefore \angle BOD=15°+25°=40°$ **답** $40°$

2-1 $\angle AOP=\angle POQ=\angle a$,
$\angle QOR=\angle ROB=\angle b$라 하면
$\angle a+\angle a+\angle b+\angle b=180°$, $\angle a+\angle b=90°$
$\therefore \angle POR=\angle a+\angle b=90°$ **답** $90°$

2-2 $\angle COD=\angle a$, $\angle DOE=\angle b$라 하면
$\angle AOC=2\angle a$, $\angle BOE=2\angle b$
$3\angle a+3\angle b=180°$, $\angle a+\angle b=60°$
$\therefore \angle COE=\angle a+\angle b=60°$ **답** $60°$

P. 47

Step 5 서술형 만점 대비

1 $\overline{AC}=40\times\dfrac{3}{5}=24\,cm$이므로

$\overline{MC}=\overline{AC}\times\dfrac{2}{3}=24\times\dfrac{2}{3}=16(cm)$

또, $\overline{CB}=16\,cm$이므로

$\overline{CN}=\overline{BN}=\dfrac{1}{2}\times16=8(cm)$

$\therefore \overline{MN}=\overline{MC}+\overline{CN}$
$=16+8=24(cm)$ **답** $24\,cm$

채점 기준	
$\overline{MC}$의 길이 구하기	40%
$\overline{CN}$의 길이 구하기	40%
답 구하기	20%

2 $90°+\angle a+35°=180°$ $\therefore \angle a=55°$
$\angle b=\angle a=55°$(맞꼭지각)이므로
$\angle a+\angle b=110°$ **답** $110°$

채점 기준	
$\angle a$의 크기 구하기	50%
$\angle b$의 크기 구하기	40%
답 구하기	10%

3 $\angle AOB=2\angle COB=90°$에서
$\angle COB=45°$
$\angle COE=90°-45°=45°$이므로
$\angle COD=\angle DOE=22.5°$
$\therefore \angle BOD=45°+22.5°=67.5°$ **답** $67.5°$

채점 기준	
$\angle BOC$의 크기 구하기	40%
$\angle COD$의 크기 구하기	40%
답 구하기	20%

4 $\angle AOB + \angle BOC = 90°$ …… ㉠
$\angle BOC + \angle COD = 90°$ …… ㉡
㉠+㉡을 하면
$\angle AOB + 2\angle BOC + \angle COD = 180°$
$70° + 2\angle BOC = 180°$, $2\angle BOC = 110°$
$\therefore \angle BOC = 55°$ 답 55°

채점 기준

$\angle AOC = 90°$임을 알기	30%
$\angle BOD = 90°$임을 알기	30%
식 세우기	30%
답 구하기	10%

3000제 꿀꺽수학

02 위치 관계

P. 48~51

Step 1 교과서 이해

01 점 B, 점 E

02 점 A, 점 C, 점 D

03 점 C, 점 D, 점 E

04 점 A, 점 B

05 점 A, 점 B

06 점 C, 점 D, 점 E, 점 F, 점 G, 점 H

07 점 B, 점 F, 점 G, 점 C

08 평행하다

09 평행

10 변 AD, 변 BC

11 변 AD

12 변 AB, 변 AD

13 $/\!/$

14 $\perp$

15 $/\!/$

16 $\perp$

17 꼬인 위치

18 꼬인 위치

19 꼬인 위치에 있다

20 평행하다.

21 꼬인 위치에 있다.

22 평행하다.

23 한 점에서 만난다.

24 $\overline{BC}$, $\overline{EH}$, $\overline{FG}$

25 $\overline{AB}$, $\overline{DC}$, $\overline{AE}$, $\overline{DH}$

26 $\overline{BF}$, $\overline{CG}$, $\overline{EF}$, $\overline{HG}$

27 ×　　　　**28** ○

29 ○　　　　**30** ×

31 ○

32 (i) 포함된다　(ii) 평행하다

33 평행하다, $l /\!/ P$

34 $\overline{EF}$, $\overline{FG}$, $\overline{GH}$, $\overline{EH}$

35 $\overline{AE}$, $\overline{BF}$, $\overline{CG}$, $\overline{DH}$

36 면 AEHD, 면 CGHD

37 $\overline{AE}$, $\overline{BF}$, $\overline{CG}$, $\overline{DH}$

38 평행하다(만나지 않는다)

39 $\overline{CD}$

40 면 ABFE

41 면 BFGC와 면 EFGH

42 ×　　　　**43** ○

44 ×　　　　**45** ○

46 $\angle e$　　　　**47** $\angle f$

48 $\angle g$　　　　**49** $\angle h$

50 $\angle g$　　　　**51** $\angle h$

52 $\angle e = 40°$　　　**53** $\angle f = 140°$

54 $\angle c = 60°$　　　**55** $\angle e = 40°$

56 같다　　　　**57** 평행하다

58 $/\!/$

59 $\angle a = 60°$(동위각)　　　　답 $60°$

60 $\angle b = \angle a = 60°$(맞꼭지각)　　답 $60°$

61 $\angle a = 180° - 50° = 130°$　　답 $130°$

62 $\angle b = 50°$(맞꼭지각)　　　답 $50°$

63 $\angle c = \angle b = 50°$(엇각)　　　답 $50°$

64 $\angle d = \angle c = 50°$(맞꼭지각)　　답 $50°$

65 $\angle x = 40°$(엇각), $\angle y = 80°$(동위각),
$\angle x + \angle z + 80° = 180°$이므로 $\angle z = 60°$
답 $\angle x = 40°$, $\angle y = 80°$, $\angle z = 60°$

66 $\angle x = 40° + 20° = 60°$　　답 $60°$

67 $\angle x = 35° + 65° = 100°$　　답 $100°$

P. 52~53

Step2 개념탄탄

01 ⑤

02 ④ 점 D는 두 직선 l, m의 교점이다.
답 ④

03 $\overleftrightarrow{DC}$　　　　**04** $\overleftrightarrow{BC}$

05 점 B　　　　**06** $\overline{BC}$, $\overline{EF}$

07 ① $\overline{AB}$와 $\overline{DH}$는 꼬인 위치에 있다.
② $\overline{AB}$와 $\overline{EF}$는 평행하다.
④ 면 ABCD와 면 AEHD는 수직이다.
답 ③, ⑤

08 $\overline{BF}$, $\overline{DH}$

09 $\overline{BF}$, $\overline{DH}$, $\overline{EF}$, $\overline{FG}$, $\overline{GH}$, $\overline{EH}$

10 $\overline{AD}$, $\overline{EH}$, $\overline{FG}$

11 $\overline{AE}$, $\overline{DH}$, $\overline{EF}$, $\overline{HG}$

12 $\overline{AB}$, $\overline{EF}$, $\overline{DC}$, $\overline{HG}$ 〔답〕 4개

13 × **14** ○

15 × **16** ○

17 $\angle b = 180° - 55° = 125°$ 〔답〕 125°

18 $\angle c = 180° - 125° = 55°$ 〔답〕 55°

19 55° **20** 65°

21 65°

22 b, c, c

23 $\angle x + 40° = 90°$
  $\therefore \angle x = 50°$
  〔답〕 50°

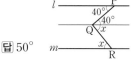

P. 54~58

Step **3** 실력완성

01 ④ 점 C는 두 직선 l, n의 교점이다.
  〔답〕 ④

02 $\overleftrightarrow{AB}$, $\overleftrightarrow{CD}$, $\overleftrightarrow{AH}$, $\overleftrightarrow{HG}$, $\overleftrightarrow{DE}$, $\overleftrightarrow{EF}$
  〔답〕 6개

03 평면 ABC, 평면 ACD, 평면 ABD,
  평면 BCD의 4개 〔답〕 4개

04 ①, ②

05 $\overline{AD}$와 평행한 모서리 : $\overline{BC}$, $\overline{FG}$, $\overline{EH}$
  $\therefore a = 3$
  $\overline{AD}$와 꼬인 위치에 있는 모서리 : $\overline{BF}$, $\overline{CG}$,
  $\overline{EF}$, $\overline{HG}$
  $\therefore b = 4$
  $\therefore a + b = 7$ 〔답〕 7

06 ①은 면 ADEB에 포함되고, 나머지 넷은 면
  ADEB와 한 점에서 만난다. 〔답〕 ①

07 ③, ⑤

08 $\overleftrightarrow{BF}$는 $\overleftrightarrow{CG}$와 한 평면 위에 있으므로 꼬인 위치
  에 있지 않다. 〔답〕 ⑤

09 주어진 전개도로 삼각뿔을
  만들어 보면 $\overline{AB}$와 꼬인 위
  치에 있는 것은 $\overline{CD}$이다.
  〔답〕 $\overline{CD}$

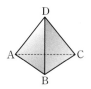

10 면 ABFE와 평행한 것은 면 DCGH 1개뿐이다.
  $\therefore a = 1$
  면 ABFE와 수직인 것은 면 ABCD,
  면 BFGC, 면 EFGH, 면 AEHD의 4개이다.
  $\therefore b = 4$
  $\therefore a + b = 5$ 〔답〕 5

채점 기준	
a의 값 구하기	40%
b의 값 구하기	40%
답 구하기	20%

11 ③ 직선 AC는 면 ABCD에 포함된다.
  〔답〕 ③

12 $\overline{AC}$와 꼬인 위치에 있는 모서리 : $\overline{EF}$, $\overline{FG}$, $\overline{GH}$, $\overline{EH}$, $\overline{DH}$

∴ $a=5$

$\overline{AC}$와 수직인 모서리 : $\overline{AE}$, $\overline{CG}$

∴ $b=2$

∴ $a-b=3$ **답** ①

13 ①

14 ①, ④

15 주어진 전개도로 만든 정육면체에서 $\overline{AN}$과 꼬인 위치에 있는 것은 ① $\overline{BE}$이다.

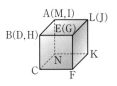

답 ①

16 ⑤

17 $67°+47°+∠x=180°$

∴ $∠x=66°$

$∠y=67°$(엇각)

답 $∠x=66°$, $∠y=67°$

18 $∠EGF=∠a$, $∠GEF=∠b$라 하면

$∠AEG=∠EGD$(엇각)이고

$∠EGD=2∠EGF=2∠a$이므로

$∠AEG=2∠a$

$∠AEB=180°$이므로

$∠AEG+∠GEB=180°$

즉, $2∠a+2∠b=180°$에서 $∠a+∠b=90°$

$△EGF$에서 $∠EGF+∠GEF+∠EFG=180°$

즉, $∠a+∠b+∠EFG=180°$이므로

$∠EFG=180°-(∠a+∠b)$

      $=180°-90°=90°$

답 $90°$

19 ⑤

20 ④

21 $∠x=50°$, $∠y=77°$

∴ $∠x+∠y=127°$

답 $127°$

22 $∠x+35°=73°$ ∴ $∠x=38°$

답 $38°$

23 $∠x=95°+30°$

     $=125°$

답 $125°$

24 $∠x=35°+15°$

     $=50°$

답 $50°$

25 $15°+∠x+140°=180°$

∴ $∠x=25°$

답 $25°$

26 ②

27 $∠x=∠y=∠z=180°-137°=43°$

∴ $∠x+∠y+∠z=129°$

답 $129°$

28 $30°+125°+∠x=180°$

∴ $∠x=25°$

답 $25°$

29 $(180° - \angle x) + 50° + 50°$
$= 180°$
$\therefore \angle x = 100°$

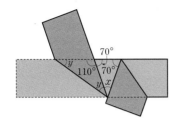

답 $100°$

30

$\angle x + 70° + 70° = 180°$　$\therefore \angle x = 40°$
$110° + \angle y + \angle y = 180°$　$\therefore \angle y = 35°$
$\therefore \angle x + \angle y = 75°$

답 $75°$

P. 59~60

Step**4** 유형클리닉

1 $\overline{AC}$는 원래 직육면체의 면 ABCD에 포함되므로 $\overline{AC}$에 평행한 면은 면 EFGH이다.
또, 원래의 직육면체에서 면 AEHD와 면 BFGC가 평행하므로 면 AEHD와 평행한 면은 면 CFG이다.　**답** 면 EFGH, 면 CFG

1-1 면 BFJI와 평행한 면은 면 AEHD의 1개이다.
$\therefore a = 1$
또, 면 IJHD와 수직인 면은 면 ABID, 면 FJHE의 2개이므로 $b = 2$
$\therefore a + b = 3$　**답** 3

2 5개의 점 A, B, C, D, E 중 세 점으로 이루어지는 평면은 모두 같은 평면으로 1개로 계산한다. 따라서 구하는 평면은 평면 FAB, FAC, FAD, FAE, FBC, FBD, FBE, FCD, FCE, FDE, ABE의 11개이다.

답 11개

2-1 (ㄱ), (ㄴ), (ㄹ)

3 $\angle BCD = \angle ADC = 24°$(엇각)이므로
$\angle ACD = \angle BCD = 24°$
따라서 $\angle ACB = 48°$이고
$\angle ABC = \angle BAD = 52°$(엇각)이므로
$\triangle ABC$에서
$52° + \angle x + 48° = 180°$
$\therefore \angle x = 80°$　**답** $80°$

3-1 $\angle b = 50°$(엇각)
$50° + 2\angle a + 40° = 180°$　$\therefore \angle a = 45°$
$\therefore \angle a + \angle b = 95°$　**답** $95°$

3-2 $\angle EAB = \angle a$라 하면 $\angle BAD = 2\angle a$
$\angle CAF = \angle b$라 하면 $\angle CAD = 2\angle b$
$3\angle a + 3\angle b = 180°$이므로 $3(\angle a + \angle b) = 180°$
$\therefore \angle a + \angle b = 60°$
$\therefore \angle BAC = 2\angle a + 2\angle b = 2(\angle a + \angle b)$
$\qquad = 2 \times 60° = 120°$　**답** $120°$

4 $l /\!/ k /\!/ m$일 때
$\angle ABF = 25°$(동위각)
$\angle CBF = \angle CDG$(엇각)
$\qquad = 32° + 35° = 67°$
$\therefore \angle x = \angle ABF + \angle CBF$
$\qquad = 25° + 67° = 92°$

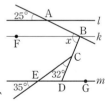

답 $92°$

4-1 $\angle x = 25° + 140°$
$\qquad = 165°$

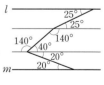

답 $165°$

4-2

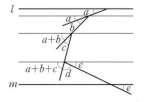

$\therefore \angle a + \angle b + \angle c + \angle d + \angle e = 180°$

답 $180°$

Step **5** 서술형 만점 대비

1 $\overline{\mathrm{BG}}$와 평행한 모서리는
$\overline{\mathrm{AF}}$, $\overline{\mathrm{EJ}}$, $\overline{\mathrm{DI}}$, $\overline{\mathrm{CH}}$의 4개
$\therefore a=4$
$\overline{\mathrm{BG}}$와 꼬인 위치에 있는 모서리는
$\overline{\mathrm{AE}}$, $\overline{\mathrm{ED}}$, $\overline{\mathrm{DC}}$, $\overline{\mathrm{FJ}}$, $\overline{\mathrm{JI}}$, $\overline{\mathrm{IH}}$의 6개
$\therefore b=6$ $\quad$ $\therefore a+b=10$ $\qquad$ 답 10

채점 기준	
a의 값 구하기	40%
b의 값 구하기	40%
답 구하기	20%

2 $\overline{\mathrm{AD}}$와 평행한 면은 면 BFGC, 면 EFGH의 2개
$\therefore a=2$
$\overline{\mathrm{BF}}$와 꼬인 위치에 있는 모서리는
$\overline{\mathrm{AD}}$, $\overline{\mathrm{DC}}$, $\overline{\mathrm{EH}}$, $\overline{\mathrm{HG}}$의 4개
$\therefore b=4$ $\quad$ $\therefore a+b=6$ $\qquad$ 답 6

채점 기준	
a의 값 구하기	40%
b의 값 구하기	40%
답 구하기	20%

3 $\triangle \mathrm{ABF}$에서 $\angle \mathrm{ABF}=180°-(90°+40°)=50°$
즉, $\angle a+30°=50°$이므로 $\angle a=20°$
또, $\triangle \mathrm{BEF}$에서 $\angle \mathrm{BEF}=60°$
$\therefore \angle b=\angle \mathrm{BEF}=60°$(맞꼭지각)
$\therefore \angle a+\angle b=80°$ $\qquad$ 답 80°

채점 기준	
$\angle a$의 크기 구하기	40%
$\angle b$의 크기 구하기	40%
$\angle a+\angle b$의 크기 구하기	20%

4 $\angle x+62°+62°=180°$
$\therefore \angle x=56°$
답 56°

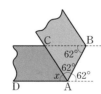

채점 기준	
엇각의 크기가 같음을 알기	40%
접은 부분의 각의 크기가 같음을 알기	40%
답 구하기	20%

03 작도와 합동

Step **1** 교과서 이해

01 작도

02 눈금 없는 자

03 컴퍼스

04 ㉠ 직선 l을 긋는다.
㉡ l 위에 점 P를 중심으로 하고 $\overline{\mathrm{AB}}$의 길이를 반지름으로 하는 호를 그렸을 때, l과 호가 만나는 점을 Q라 하면, 선분 PQ가 구하는 선분이다.

05 ㉠ $\overline{\mathrm{AB}}$에 자를 대고 B쪽으로 연장한다.
㉡ 점 B를 중심으로 하고 $\overline{\mathrm{AB}}$의 길이를 반지름으로 하는 호를 그렸을 때, 이 호가 $\overline{\mathrm{AB}}$를 연장한 직선과 만나는 점을 C라 하면, $\overline{\mathrm{AC}}$가 구하는 선분이다.

06 ㉠ 점 O를 중심으로 적당한 원을 그려서 $\overrightarrow{\mathrm{OX}}$, $\overrightarrow{\mathrm{OY}}$와의 교점을 각각 A, B라고 한다.
㉡ 점 A, 점 B를 중심으로 반지름의 길이가 같은 두 원을 그리고, 그 교점을 P라고 한다.
㉢ 점 O와 점 P를 이은 $\overrightarrow{\mathrm{OP}}$가 $\angle \mathrm{XOY}$의 이등분선이다.

07 ㉠ 점 O를 중심으로 적당한 원을 그리고 $\overrightarrow{\mathrm{OA}}$, $\overrightarrow{\mathrm{OC}}$, $\overrightarrow{\mathrm{OB}}$와의 교점을 차례로 X, Y, Z라고 한다.
㉡ 점 X, Y를 중심으로 반지름의 길이가 같은 원을 각각 그리고, 그 교점을 M이라 한다.
㉢ $\overrightarrow{\mathrm{OM}}$이 $\angle \mathrm{AOC}$의 이등분선이다.
㉣ 점 Y, Z를 중심으로 반지름의 길이가 같은 원을 각각 그리고, 그 교점을 N이라 한다.
㉤ $\overrightarrow{\mathrm{ON}}$이 $\angle \mathrm{BOC}$의 이등분선이다.

08 ㉠ 점 O를 중심으로 적당한 원을 그리고, 직선 l 과의 교점을 A, B라고 한다.

㉡ 점 A, B를 중심으로 반지름의 길이가 같은 원을 각각 그리고, 그 교점을 P라 한다.

㉢ $\overrightarrow{OP}$가 구하는 수선이다.

09 ㉠ 점 P를 중심으로 적당한 원을 그리고, 직선 l 과의 교점을 A, B라고 한다.

㉡ 점 A, B를 중심으로 반지름의 길이가 같은 원을 각각 그리고, 그 교점을 Q라 한다.

㉢ 두 점 P, Q를 연결하면 직선 PQ가 직선 l의 수선이 된다.

10 ㉠ 점 A를 중심으로 적당한 원을 그린다.

㉡ 점 B를 중심으로 ㉠과 반지름의 길이가 같은 원을 그리고, ㉠의 원과의 교점을 C, D라 한다.

㉢ 두 점 C, D를 지나는 직선을 그리면 $\overrightarrow{CD}$가 $\overline{AB}$의 수직이등분선이 된다.

11 점 B의 작도 : 선분 OA의 수직이등분선을 작도하고 선분 OA와의 교점을 B라고 하면 된다.

점 C의 작도 : 반직선 OA에서 점 A의 오른쪽에 $\overline{AB}$와 길이가 같은 선분 AC를 잡으면 점 C가 구하는 점이다.

12 ㉠ 점 O를 중심으로 적당한 원을 그리고 $\overrightarrow{OA}$, $\overrightarrow{OB}$와의 교점을 각각 P, Q라 한다.

㉡ 점 P, Q를 중심으로 ㉠의 원과 반지름의 길이가 같은 원을 각각 그리고, ㉠의 원과의 교점을 C, D라 한다.

㉢ $\overrightarrow{OC}$, $\overrightarrow{OD}$가 ∠AOB의 삼등분선이다.

[설명] △DOQ에서 $\overline{DO}=\overline{DQ}=\overline{OQ}$이므로

∠DOQ=60° ∴ ∠POD=90°−60°=30°

△POC에서 $\overline{PO}=\overline{OC}=\overline{CP}$이므로

∠POC=60° ∴ ∠COQ=90°−60°=30°

∴ ∠AOD=∠DOC=∠COB=30°

13 문제 **12**와 같이 30°를 작도한 다음 30°를 이등분한다.

14 ㉠ 문제 **08**과 같이 수선(90°)을 작도한다.

㉡ 90°를 이등분한다.

15 75°=60°+15°이므로 60°와 15°를 작도한다.

㉠ 문제 **12**와 같이 60°를 작도한다.

㉡ 30°를 이등분한다.

16 105°=90°+15°이므로 90°와 15°를 작도한다.

㉠ 수선(90°)을 작도한다.

㉡ 30°를 작도하고, 이것을 이등분한다.

17 ㉠ 점 O를 중심으로 원을 적당히 그리고 $\overrightarrow{OA}$, $\overrightarrow{OB}$와의 교점을 각각 C, D라 한다.

㉡ 점 P를 중심으로 반지름의 길이가 $\overline{OC}$인 원을 그리고 $\overrightarrow{PQ}$와 만나는 점을 E라 한다.

㉢ 점 E를 중심으로 반지름의 길이가 $\overline{CD}$인 원을 그리고 ㉡의 원과의 교점을 F라 한다.

㉣ 두 점 P, F를 지나는 반직선을 그린다.

18 ㉠ 점 P를 지나는 직선이 $\overleftrightarrow{XY}$와 만나는 점을 A라고 한다.

㉡ 점 A를 중심으로 적당한 원을 그리고, $\overrightarrow{AP}$, $\overleftrightarrow{XY}$와의 교점을 각각 B, C라 한다.

㉢ 점 P를 중심으로 $\overline{AC}$와 반지름의 길이가 같은 원을 그리고 $\overrightarrow{AP}$와의 교점을 Q라 한다.

㉣ 점 B를 중심으로 $\overline{BC}$를 반지름으로 하는 원을 그린다.

㉤ 점 Q를 중심으로 $\overline{BC}$를 반지름으로 하는 원을 그리고 ㉢의 원과의 교점을 R라 한다.

㉥ 두 점 P, R를 지나는 직선을 긋는다.

19 점 A, 점 B, 점 C

20 $\overline{AB}$, $\overline{BC}$, $\overline{AC}$

21 ∠A, ∠B, ∠C

22 차례로 $\overline{BC}$, $\overline{AC}$, $\overline{AB}$

23 차례로 ∠C, ∠A, ∠B

24 (1) > (2) > (3) >

25 ○ **26** ×

27 ○ **28** ○

29 ×

30 a가 가장 긴 변일 때 $a<2+5$ $\quad\therefore a<7$
5가 가장 긴 변일 때 $5<2+a$ $\quad\therefore 3<a$
따라서 $3<a<7$이고 a는 정수이므로
$a=4,\ 5,\ 6,\ \cdots$ **답**

31 ㉠ 한 직선 l을 긋고 그 위에 a의 길이와 같은
선분 BC를 잡는다.
㉡ 점 B를 중심으로 하고 c를 반지름으로 하는
원을 그린다.
㉢ 점 C를 중심으로 하고 b를 반지름으로 하는
원을 그려 ㉡의 원과의 교점을 A라고 한다.
㉣ 점 A와 점 B, 점 A와 점 C를 이으면 △ABC
가 구하는 삼각형이다.

32 ㉠ ∠A와 같은 크기의 ∠XAY를 작도한다.
㉡ 점 A를 중심으로 하고 c를 반지름으로 하는
원을 그려서 $\overrightarrow{\text{AX}}$와의 교점을 B라 한다.
㉢ 점 A를 중심으로 하고 b를 반지름으로 하는
원을 그려서 $\overrightarrow{\text{AY}}$와의 교점을 C라 한다.
㉣ 점 B, C를 이으면 △ABC가 구하는 삼각형
이다.

33 ㉠ 한 직선 l 위에 a와 같은 길이의 선분 BC를
잡는다.
㉡ ∠B와 크기가 같은 ∠CBP를 작도한다.
㉢ ∠C와 크기가 같은 ∠BCQ를 작도한다.
㉣ $\overrightarrow{\text{BP}}$와 $\overrightarrow{\text{CQ}}$의 교점을 A라고 하면, △ABC가
구하는 삼각형이다.

34 (1) 변 (2) 변, 끼인 각 (3) 변, 끝각

35 $2+3=5$이므로 삼각형을 그릴 수 없다. **답** ×

36 ∠A가 끼인각이 아니므로 △ABC는 2개가 생
긴다. **답** ×

37 한 변과 양 끝각 **답** ○

38 ∠A=30°, ∠B=30°, ∠C=120°인 △ABC
는 크기를 다르게 해서 무수히 많이 그릴 수 있
다. **답** ×

39 한 변과 양 끝각 **답** ○

40 합동

41 대응

42 ≡

43 ∠E

44 ∠C

45 변 EF

46 변 AB

47 $x=6,\ y=5,\ z=75$

P. 66~67

Step 2 개념탄탄

01 ㉠, ㉢, ㉣

02 ㉢ → ㉡ → ㉠

03 ㉣ → ㉡ → ㉢ → ㉠ 또는 ㉣ → ㉢ → ㉡ → ㉠

04 ㉣ → ㉠ → ㉢ → ㉡ 또는 ㉣ → ㉢ → ㉠ → ㉡

05 ㉂ → ㉡ → ㉣ → ㉠ → ㉣ → ㉢

06 ㉂ → ㉣ → ㉢ → ㉣ → ㉠ → ㉡

07 ③ $5+3<10$이므로 삼각형을 그릴 수 없다.
④ ∠C가 끼인각이 아니므로 △ABC는 2개가
생긴다.
⑤ ∠A가 끼인각이 아니므로 △ABC는 2개가
생긴다.
답 ①, ②

08 $\overline{\text{AB}}=6\,\text{cm}$, $\overline{\text{B}'\text{C}'}=5\,\text{cm}$

09 △ABC와 △CDA에서
$\overline{\text{AC}}$는 공통, ∠ACB=∠CAD(엇각),
$\overline{\text{BC}}=\overline{\text{DA}}$
∴ △ABC≡△CDA (SAS 합동) ⋯ **답**

10 △ABD와 △CBD에서
$\overline{\text{AB}}=\overline{\text{CB}}$, $\overline{\text{AD}}=\overline{\text{CD}}$, $\overline{\text{BD}}$는 공통
∴ △ABD≡△CBD (SSS 합동) ⋯ **답**

11 △ABE와 △ACD에서

$\overline{AB}=\overline{AC}$, ∠A는 공통, ∠B=∠C

∴ △ABE≡△ACD (ASA 합동) ··· 답

12 (ㄱ)과 (ㄹ) (SAS 합동), (ㄴ)과 (ㅁ) (ASA 합동)

(ㄷ)과 (ㅂ) (SSS 합동)

P. 68~71

Step **3** 실력완성

01 ④

02 ①

03 ① 한 원의 반지름이므로 $\overline{OA}=\overline{OB}$

② 반지름의 길이가 같은 두 원의 반지름이므로

$\overline{AP}=\overline{BP}$

④, ⑤ △AOP≡△BOP이므로

∠AOP=∠BOP, ∠OAP=∠OBP

답 ③

04 ①, ② 수직이등분선의 성질이다.

③ $\overline{AH}=\overline{BH}$이므로 $\overline{AH}=\overline{BH}=\frac{1}{2}\overline{AB}$

⑤ $\overline{AB}\perp\overline{PH}$이므로 ∠AHP=90°

답 ④

05 수선의 작도(90°) → 90°의 이등분 (45°)

45°의 이등분(22.5°) → 22.5°의 이등분 (11.25°)

답 ④

06 ① 한 원의 반지름이므로 $\overline{CE}=\overline{CD}$

② 한 원의 반지름이므로 $\overline{PF}=\overline{PG}$

③ 위의 ①, ②에서 그린 원의 반지름의 길이가 같으므로 $\overline{CD}=\overline{PF}$

④ 반지름의 길이가 같은 두 원의 반지름이므로

$\overline{DE}=\overline{FG}$

답 ⑤

07 (3 cm, 4 cm, 6 cm), (3 cm, 6 cm, 8 cm)

(4 cm, 6 cm, 8 cm)

답 3개

08 $x+5$가 가장 긴 변이면

$x+5<3+4$에서 $x+5<7$

∴ $x<2$ ··· ㉠

4가 가장 긴 변이면

$3+x+5>4$에서 $x+8>4$

∴ $x>-4$ ··· ㉡

㉠, ㉡에서 $-4<x<2$

답 ⑤

09 ① 한 원의 반지름이므로 $\overline{AP}=\overline{BP}$

② 한 원의 반지름이므로 $\overline{AQ}=\overline{BQ}$

③ $\overrightarrow{PQ}$는 직선 XY에 수직인 직선이므로

$\overline{AB}\perp\overline{PQ}$

답 ④

10 ⑤

11 ④, ⑤

12 ③

13 ① ∠A가 $\overline{AB}$, $\overline{BC}$의 끼인각이 아니므로 삼각형을 작도할 수 없다.

② ∠A, ∠C의 크기가 결정되면 ∠B의 크기도 하나로 결정되므로 삼각형을 작도할 수 있다.

③ $\overline{AB}$의 양 끝각이므로 삼각형을 작도할 수 있다.

④ 세 변의 길이가 주어지므로 삼각형을 작도할 수 있다.

⑤ 두 변과 끼인각이 주어지므로 삼각형을 작도할 수 있다.

답 ①

14 $a=70$, $x=6$이므로

$a+x=76$

답 76

15 ⑤ ASA 합동

답 ⑤

16 ⑤ ASA 합동

답 ⑤

17 △EBC와 △DAC에서

△ABC가 정삼각형이므로 $\overline{BC}=\overline{AC}$ ··· ㉠

△ECB가 정삼각형이므로 $\overline{EC}=\overline{DC}$ ··· ㉡

∠ECB=180°−∠ECD=120°

$\angle DCA = 180° - \angle ACB = 120°$

$\therefore \angle ECB = \angle DCA$ ··· ㉢

㉠, ㉡, ㉢에서 △EBC≡△DAC (SAS 합동)

$\therefore \overline{BE} = \overline{AD}$, $\angle ECB = \angle DAC$,

$\angle BCE = \angle ACD$ 답 ④

18 △ADF, △BED, △CFE에서

$\overline{AF} = \overline{BD} = \overline{CE}$

$\angle A = \angle B = \angle C = 60°$

$\overline{AD} = \overline{BE} = \overline{CF}$

$\therefore$ △ADF≡△BED≡△CFE (SAS 합동)

··· 답

채점 기준	
합동 조건 알아내기	각 30%
답 구하기	10%

19 △GBC와 △EDC에서 □ABCD가 정사각형이므로 $\overline{BC} = \overline{DC}$

$\angle GCB = \angle ECD = 90°$

□CEFG가 정사각형이므로 $\overline{GC} = \overline{EC}$

따라서 △GBC≡△EDC (SAS 합동)이므로

$\overline{DE} = \overline{BG} = 5\,cm$ 답 5 cm

채점 기준	
△GBC와 △EDC가 합동임을 알기	70%
답 구하기	30%

20 ②

21 △ABD와 △ACE에서

△ABC가 정삼각형이므로 $\overline{AB} = \overline{AC}$ ··· ㉠

△ADE가 정삼각형이므로 $\overline{AD} = \overline{AE}$ ··· ㉡

$\angle BAD = 60° + \angle CAD$

$\angle CAE = 60° + \angle CAD$

$\therefore \angle BAD = \angle CAE$ ··· ㉢

㉠, ㉡, ㉢에서

△ABD≡△ACE (SAS 합동)

$\therefore \overline{CE} = \overline{BD} = 9\,cm$ 답 9 cm

채점 기준	
△ABD와 △ACE가 합동임을 알기	80%
답 구하기	20%

22 △ABC와 △DEF에서

$\overline{BA} = \overline{ED}$, $\overline{AC} = \overline{DF}$, $\angle A = \angle D$

$\therefore$ △ABC≡△DEF (SAS 합동)

따라서 $\angle ACB = \angle DFE = 90°$이고,

$\angle B = \angle E = 30°$이므로

△FEH에서 $\angle x = 60°$ 답 60°

채점 기준	
△ABC와 △DEF가 합동임을 알기	40%
∠DEF, ∠E의 크기 구하기	각 20%
답 구하기	20%

P. 72

Step**4** 유형클리닉

1 ㉢ → ㉥ → ㉡ → ㉣ → ㉠

1-1 ㉥ → ㉣ → ㉠ → ㉡ → ㉢

또는 ㉥ → ㉣ → ㉡ → ㉠ → ㉢

2 △OAC와 △OBD에서

$\overline{OA} = \overline{OB}$, $\angle AOC = \angle BOD$(맞꼭지각),

$\overline{OC} = \overline{OD}$

$\therefore$ △OAC≡△OBD (SAS 합동)

답 SAS 합동

2-1 △ABE와 △BCF에서

$\overline{AB} = \overline{BC}$, $\angle ABE = \angle BCF = 90°$, $\overline{BE} = \overline{CF}$

$\therefore$ △ABE≡△BCF (SAS 합동) ··· 답

2-2 △ABC와 △CDA에서

$\overline{AC}$는 공통 ··· ㉠

$\overline{AB} // \overline{DC}$이므로 $\angle BAC = \angle DCA$ ··· ㉡

$\overline{AD} // \overline{BC}$이므로 $\angle ACB = \angle CAD$ ··· ㉢

㉠, ㉡, ㉢에서

△ABC≡△CDA (ASA 합동)

답 ASA 합동

P. 73

Step **5** 서술형 만점 대비

1 x가 가장 긴 변일 때

$5+8>x$ $\therefore x<13$

8이 가장 긴 변일 때

$5+x>8$ $\therefore x>3$

따라서 $3<x<13$이고 자연수 x는 $4,\ 5,\ 6,\ \cdots,$

12의 9개이다.

답 9개

채점 기준	
x가 가장 긴 변일 때 x의 값의 범위 구하기	40%
8이 가장 긴 변일 때 x의 값의 범위 구하기	40%
답 구하기	20%

2 (1) △ABD와 △ACE에서

$\overline{AB}=\overline{AC}$ (△ABC는 정삼각형)

$\overline{AD}=\overline{AE}$ ($\overline{AB}=\overline{AC}$, $\overline{BE}=\overline{CD}$)

∠A는 공통

$\therefore$ △ABD≡△ACE (SAS 합동)

(2) △EBC와 △DCB에서 $\overline{EB}=\overline{DC}$

∠EBC=∠DCB=60°, $\overline{BC}$는 공통

$\therefore$ △EBC≡△DCB (SAS 합동)

(3) △FBE와 △FCD에서

△ABD≡△ACD이므로 ∠FBE=∠FCD

$\overline{EB}=\overline{DC}$

△EBC≡△DCB이므로 ∠BEF=∠CDF

$\therefore$ △FBE≡△FCD (ASA 합동)

답 3쌍

채점 기준	
△ABD≡△ACE임을 알기	30%
△EBC≡△DCB임을 알기	30%
△FBE≡△FCD임을 알기	30%
답 구하기	10%

3 △ABD와 △ACE에서

$\overline{AB}=\overline{AC}$, ∠A는 공통,

∠ADB=∠AEC=90°이므로

∠ABD=∠ACE

$\therefore$ △ABD≡△ACE (ASA 합동)

따라서 $\overline{BD}=\overline{CE}$이다.

채점 기준	
△ABD≡△ACE임을 알기	60%
$\overline{BD}=\overline{CE}$임을 보이기	40%

4 $\overline{AC}=\overline{BC}$, $\overline{CD}=\overline{CE}$이고,

∠ACD=∠BCE=120°이므로

△ACD≡△BCE (SAS 합동)

따라서 ∠CAD=∠CBE=$\angle a$,

∠ADC=∠BEC=$\angle b$라 하면

△ACD에서

$\angle a+120°+\angle b=180°$ $\therefore \angle a+\angle b=60°$

△BDF에서

∠BFD=$180°-(\angle a+\angle b)=120°$

답 120°

채점 기준	
△ACD≡△BCE임을 알기	40%
대응각의 크기가 같음을 알기	40%
답 구하기	20%

P. 74~76

Step **6** 도전 1등급

1 $\overline{AB}=3a$, $\overline{BC}=2a$라 하면

$\overline{AM}=\overline{MB}=\dfrac{1}{2}\overline{AB}=\dfrac{3}{2}a$

$\overline{BN}=\dfrac{1}{2}\overline{BC}=a$

$\therefore \overline{MN}=\overline{MB}+\overline{BN}=\dfrac{3}{2}a+a=\dfrac{5}{2}a$

$\therefore \overline{AM}:\overline{MN}=\dfrac{3}{2}a:\dfrac{5}{2}a=3:5$

답 3 : 5

2 ∠BOC=$\angle a$라 하면

∠AOB+$\angle a$+$\angle a$+∠COD=180°

$100°+2\angle a=180°$, $2\angle a=80°$

$\therefore \angle a=40°$ $\therefore ∠BOC=40°$

답 40°

3 $\angle \text{BOC} = \angle a$, $\angle \text{COD} = \angle b$라 하면
$\angle \text{AOC} = 9\angle a$, $\angle \text{COE} = 9\angle b$
$9\angle a + 9\angle b = 180°$, $9(\angle a + \angle b) = 180°$
$\therefore \angle a + \angle b = 20°$
$\therefore \angle \text{BOD} = \angle a + \angle b = 20°$

답 $20°$

4 $2\angle x - 15° + 100° - \angle x + \angle x + 5° = 180°$
$2\angle x + 90° = 180°$, $2\angle x = 90°$
$\therefore \angle x = 45°$

답 $45°$

5 (i) 점 E와 평면 P 위의 두 점으로 만들 수 있는 평면은 면 EAB, 면 EBC, 면 EAC의 3개이다.
(ii) 점 F와 평면 P 위의 두 점으로 만들 수 있는 평면은 면 FAB, 면 FBC, 면 FAC의 3개이다.
(iii) 두 점 E, F와 평면 P 위의 한 점으로 만들 수 있는 평면은 면 AEF, 면 BEF, 면 CEF의 3개이다.
(iv) 세 점 A, B, C로 만들 수 있는 평면은 1개이다.
이상에서 구하는 평면의 개수는
$3+3+3+1 = 10$(개)

답 10개

6 오른쪽 그림에서
$\angle x - 60° + \angle y - 40°$
$= 90°$
$\angle x + \angle y - 100° = 90°$
$\therefore \angle x + \angle y = 190°$

답 $190°$

7 $\angle x = 56° + 30°$
$= 86°$

답 $86°$

8
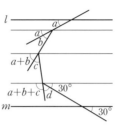

위의 그림에서
$\angle a + \angle b + \angle c + \angle d + 30° = 180°$
$\therefore \angle a + \angle b + \angle c + \angle d = 150°$

답 $150°$

9 ② $\angle A + \angle B = 180°$이므로 삼각형을 그릴 수 없다.
③ $\overline{AB} + \overline{AC} = \overline{BC}$이므로 삼각형을 그릴 수 없다.

답 ②, ③

10 ① $\overline{BC} = \overline{CF} = \overline{FB}$이므로 △BFC는 정삼각형이다.
$\therefore \angle \text{BFC} = 60°$
③ $\overline{BF} \perp$(면 DEFG)이려면 $\overline{BF} \perp \overline{EF}$이어야 한다. 그러나 $\overline{BF}$와 $\overline{EF}$가 수직이 아니므로 $\overline{BF}$와 면 DEFG는 수직이 아니다.
④ 면 DEFG에 수직인 모서리는 $\overline{BE}$, $\overline{AD}$, $\overline{CG}$의 3개이다.
⑤ 모서리 BC와 꼬인 위치에 있는 모서리는 $\overline{AD}$, $\overline{EF}$, $\overline{ED}$, $\overline{DG}$, $\overline{FG}$의 5개이다.

답 ③

11 △ABC와 △CDE가 모두 정삼각형이므로
$\angle \text{ACE} = \angle \text{BCD} = \boxed{60}°$
$\therefore \triangle \text{ACE} \equiv \boxed{\triangle \text{BCD}} (\boxed{\text{SAS}}$ 합동)

답 60, △BCD, SAS

P. 77~79

Step **7** 대단원 성취도 평가

1 ② 시작점이 같지 않으므로 다른 반직선이다.
③ $\overline{AB} \neq \overline{AC}$
④ 시작점은 같으나 방향이 같지 않으므로 다른 반직선이다.
⑤ 반직선과 직선은 같지 않다.
답 ①

2 ⑤ $\overrightarrow{AD}$와 $\overrightarrow{DA}$는 시작점과 방향이 같지 않으므로 서로 다른 반직선이다.
답 ⑤

3 $\overline{AP} = 64 \times \dfrac{1}{4} = 16(cm)$
$\overline{PB} = 64 - 16 = 48(cm)$
$\overline{PQ} = 48 \times \dfrac{1}{4} = 12(cm)$
$\therefore \overline{AQ} = 16 + 12 = 28(cm)$
답 ③

4 ① $\angle AOC = \angle a$, $\angle DOE = \angle b$라 하면
$\angle AOD = 2\angle a$, $\angle COE = \angle a + \angle b$
이므로 $\angle AOD \neq \angle COE$
답 ①

5 $3\angle x - 60° = \angle x + 60°$, $2\angle x = 120°$
$\therefore \angle x = 60°$
답 ③

6 $\angle x = \angle y$이고 $\angle y + 100° = 180°$
$\therefore \angle x = \angle y = 80°$
$\therefore \angle x + \angle y = 160°$
답 ①

7 ④ $\angle c = \angle e$이면 $l /\!/ m$
$\angle c = \angle g$이면 $l /\!/ m$
답 ④

8 ①, ③

9 오른쪽 그림에서
$\angle x + 55° + 60° = 180°$
$\therefore \angle x = 65°$
답 ④

10 ① $P /\!/ Q$, $P \perp R$이면 $Q \perp R$이다.
② $P \perp Q$, $Q \perp R$이면 $P \perp R$인 경우도 있다.
④ $P /\!/ Q$, $Q /\!/ R$이면 $P /\!/ R$이다.
⑤ $P \perp Q$, $P \perp R$이면 $Q /\!/ R$인 경우도 있다.
답 ③

11 ① SSS 합동
② ASA 합동
③ ASA 합동
④ $\angle B$, $\angle Q$가 끼인 각이 아니므로 합동이 아니다.
⑤ SAS 합동
답 ④

12 ①을 추가하면 ASA 합동
③을 추가하면 ASA 합동
④를 추가하면 SAS 합동
답 ②, ⑤

13 $\angle x = 36° + 36° = 72°$
답 ④

14 오른쪽 그림에서
$\angle x = 40° + 35°$
$= 75°$
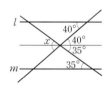
답 75°

15 $a = 1$(면 BFEA)
꼬인 위치 : $\overline{AB}$, $\overline{AD}$, $\overline{AE}$, $\overline{BF}$, $\overline{FG}$, $\overline{FE}$
$\therefore b = 6$　　$\therefore a + b = 7$
답 7

16 $60° + \angle x + 3\angle x - 12° = 180°$
$4\angle x = 132°$　　$\therefore \angle x = 33°$
답 33°

17 $\overline{AD} = \overline{BE} = \overline{CF}$이고 $\overline{AB} = \overline{BC} = \overline{CA}$이므로
$\overline{BD} = \overline{CE} = \overline{AF}$
$\angle A = \angle B = \angle C = 60°$
$\therefore \triangle ADF \equiv \triangle BED \equiv \triangle CFE$ (SAS 합동)
… **답**

18 $\angle SQR = \angle a$라 하면 $\angle PQS = 2\angle a$
$\angle PQR = 25° + 65° = 90°$
$3\angle a = 90°$　　$\therefore \angle a = 30°$
답 30°

채점 기준	
$\angle PQR$의 크기 구하기	3점
답 구하기	4점

내신 만점 테스트 1회

01 $45-36=9$(권)　　　　　　　　답 ④

02 ②, ④

03 $B=3A$이고 도수의 총합이 40이므로

$3+6+A+9+3A+2=40$

$\therefore A=5,\ B=15$

$20\sim24 : 2,\ 16\sim20 : 15$이므로 검색 시간이 많은 쪽에서 10번째인 학생이 속하는 계급은 $16\sim20$이다.

$\therefore \dfrac{16+20}{2}=18$(시간)　　　　답 ④

04 $\dfrac{9+15+2}{40}\times100=65(\%)$　　　답 ⑤

05 $\dfrac{2\times3+6\times6+10\times5+14\times9+18\times15+22\times2}{40}$

$=\dfrac{532}{40}=13.3$(시간)　　　　　　답 ②

06 ⑤ 히스토그램의 직사각형의 넓이의 합과 도수분포다각형과 가로축으로 둘러싸인 부분의 넓이는 같다.　　　　　　　　　　답 ⑤

07 전체 도수를 $a,\ 2a$라 하고, 어떤 계급의 도수를 $4b,\ 3b$라 하면 그 계급의 상대도수의 비는

$\dfrac{4b}{a} : \dfrac{3b}{2a}=4 : \dfrac{3}{2}=8 : 3$　　답 ④

08 시작점과 방향이 모두 같아야 같은 반직선이다.
　　　　　　　　　　　　　　답 ④

09 $(0.2+0.12)\times100=32(\%)$　　　답 ⑤

10 $70\sim80$의 상대도수는

$1-(0.06+0.14+0.18+0.2+0.12)=0.3$

선제 학생 수를 x명이라 하면

$(0.3-0.18)\times x=24,\ 0.12x=24$

$\therefore x=200$　　　　　　　　　답 ③

11 $\overline{AB}=\overline{BC}=\overline{CD}=48\times\dfrac{1}{3}=16(\text{cm})$

$\overline{CM}=\overline{MD}=\dfrac{1}{2}\times16=8(\text{cm})$

$\therefore \overline{BM}=\overline{BC}+\overline{CM}=16+8=24(\text{cm})$
　　　　　　　　　　　　　　답 ③

12 ①$\overrightarrow{BC}/\!/\overrightarrow{LK}$　　　②$\overrightarrow{BC}/\!/\overrightarrow{HI}$

③$\overrightarrow{BC}/\!/\overrightarrow{FE}$

④ 면 BHIC에 평행한 모서리는

$\overline{AG},\ \overline{FL},\ \overline{EK},\ \overline{DJ},\ \overline{FE},\ \overline{LK}$의 6개이다.

⑤$\overline{AF}/\!/\overline{IJ}$　　　　　　　　답 ③

13 ①, ⑤ 꼬인 위치에 있을 수도 있다.　답 ①, ⑤

14 $\angle x-28°+\angle y-68°$

$=180°$

$\therefore \angle x+\angle y=276°$
　　　　　　답 ②

15 ④ 점 A와 $\overleftrightarrow{CF}$ 사이의 거리는 $\overline{AO}$이다.
　　　　　　　　　　　　　　답 ④

16 ①, ②$\overline{OA}=\overline{OB},\ \overline{AP}=\overline{BP}$

④ 작도 순서는 ㉢→㉠→㉡

⑤ $\angle AOB=2\angle AOP=2\angle BOP$　답 ③

17 ㈃ $\angle A+\angle B=180°$이므로 삼각형이 결정되지 않는다.

㈄ $\angle C$가 $\overline{AB},\ \overline{BC}$의 끼인 각이 아니므로 삼각형이 결정되지 않는다.　　　答 ③

18 저축액이 8만 원 미만인 학생 수는

$40\times\dfrac{45}{100}=18$(명)

$\therefore 6\sim8 : 18-(3+5)=10$(명)

$10\sim12 : x$명이라 하면 $8\sim10 : 3x$명이므로

$3+5+10+3x+x+2=40$

$4x = 20$ $\therefore x = 5$

따라서 8~10인 학생 수는 15명이다.

답 15명

19 전체 학생 수가 A명이므로

$$A = \frac{14}{0.35} = 40$$

$$\therefore B = \frac{8}{40} = 0.2$$ 답 $A = 40$, $B = 0.2$

20 $\angle x + 20° + 2\angle x + 10° = 90°$에서

$3\angle x = 60°$ $\therefore \angle x = 20°$

$\therefore \angle a = 2\angle x + 10° = 50°$ 답 $50°$

21 작도할 수 있는 각은 15°, 22.5°, 60°, 120°, 135°, 150°의 6개이다.   답 6개

22 (1) 면 AEFB와 평행한 모서리는 $\overline{CD}$, $\overline{DH}$, $\overline{HG}$, $\overline{GC}$이다.

(2) 모서리 DH와 꼬인 위치에 있는 모서리는 $\overline{BC}$, $\overline{FG}$, $\overline{EF}$, $\overline{AB}$이다.

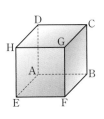

답 (1) $\overline{CD}$, $\overline{DH}$, $\overline{HG}$, $\overline{GC}$
(2) $\overline{BC}$, $\overline{FG}$, $\overline{EF}$, $\overline{AB}$

채점 기준	
면 AEFB와 평행한 모서리 구하기	4점
모서리 DH와 꼬인 위치에 있는 모서리 구하기	4점

23 $\angle BCF = 56°$(엇각)

$\angle ACB = \angle ACG$(접은 각)이므로

$\angle ACG = \frac{1}{2}(180° - 56°) = 62°$

$\therefore \angle x = \angle ACG = 62°$(엇각)

답 $62°$

채점 기준	
$\angle BCF$의 크기 구하기	3점
$\angle ACG$의 크기 구하기	3점
$\angle x$의 크기 구하기	2점

01 ③

02 $2 + 9 = 11$(명)   답 ②

03 $3 + 2 + 9 + A = 30 \times \frac{70}{100}$에서 $A = 7$

$B = 30 - (3 + 2 + 9 + 7 + 2 + 1) = 6$

$\therefore A - B = 1$ 답 ①

04 몸무게가 가벼운 쪽에서 10번째인 학생이 속하는 계급은 40 kg 이상 45 kg 미만이므로

$\frac{9}{30} = \frac{3}{10} = 0.3$ 답 ③

05 ③ 통학 시간이 가장 긴 학생이 속하는 계급은 50분 이상 60분 미만이지만 정확한 변량은 알 수 없다.   답 ③

06 옳은 것은 (ㄴ), (ㄷ), (ㅁ)의 3개이다.   답 ③

07 여학생 수를 x명이라 하면

$\frac{70 \times x + 65 \times 16}{x + 16} = 68$ $\therefore x = 24$(명)

답 ③

08 ④, ⑤

09 ③ 만나지 않는 두 직선은 평행하거나 꼬인 위치에 있다.   답 ③

10 $\overline{AC} = 2\overline{MC}$, $\overline{BC} = 2\overline{CN}$이고

$\overline{AB} = \overline{AC} + \overline{BC} = 2(\overline{MC} + \overline{CN})$
$= 2\overline{MN} = 20\,(\text{cm})$

$\therefore \overline{AC} = \overline{AB} \times \frac{2}{2+1} = 20 \times \frac{2}{3} = \frac{40}{3}\,(\text{cm})$

답 ③

11 ①

12 ④

13 오른쪽 그림에서
$\angle x = 24° + 54°$
$= 78°$

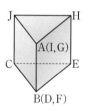

답 ③

14 $\angle BFC = 6x° + 10°$(엇각)이므로 $\triangle BFC$에서
$6x° + 10° + 90° + 4x° - 10° = 180°$
$\therefore x = 9$
$\angle BAD = 90°$이므로
$\angle EAD = 180° - (6x° + 10° + 90°)$
$= 26°$

답 ②

15 주어진 전개도로 만든 입체도형은 오른쪽 그림과 같으므로 $\overline{HE}$와 꼬인 위치에 있는 것은 $\overline{IJ}$이다.

답 ④

16 ③ 면 AEF와 수직인 모서리는 $\overline{AD}$, $\overline{EH}$, $\overline{FG}$의 3개이다.

답 ③

17 ⑤ $\angle C$는 $\overline{AB}$와 $\overline{BC}$의 끼인 각이 아니므로 삼각형 ABC가 하나로 결정되지 않는다.

답 ⑤

18 $\triangle ABD$가 정삼각형이므로 $\overline{AD} = \overline{AB}$
$\triangle ACE$도 정삼각형이므로 $\overline{AC} = \overline{AE}$
또 $\angle DAC = 60° + \angle BAC = \angle BAE$이므로
$\triangle ADC \equiv \triangle ABE$ (SAS 합동)

답 ⑤

19 35분 이상인 학생 수는
$B + 2 = 40 \times \dfrac{25}{100}$ $\therefore B = 8$(명)
$\therefore A = 40 - (4 + 12 + 8 + 12) = 14$

답 $A = 14$, $B = 8$

20 60~70의 상대도수는
$1 - (0.2 + 0.15 + 0.2 + 0.15 + 0.05) = 0.25$
40~50의 도수가 8, 상대도수가 0.2이므로 전체 도수의 합은 $\dfrac{8}{0.2} = 40$(명)
따라서 60~70인 학생 수는
$40 \times 0.25 = 10$(명)

답 10명

21 네 점이 한 직선 위에 있으므로 $a = 1$
선분은 $\overline{AB}$, $\overline{AC}$, $\overline{AD}$, $\overline{BC}$, $\overline{BD}$, $\overline{CD}$의 6개이므로 $b = 6$
반직선은 $\overrightarrow{AB}$, $\overrightarrow{BA}$, $\overrightarrow{BC}$, $\overrightarrow{CB}$, $\overrightarrow{CD}$, $\overrightarrow{DC}$의 6개이므로 $c = 6$
$\therefore a + b + c = 13$

답 13

22 $\angle BOD = \angle BOC + \angle COD = 90°$
$\angle COE = \angle COD + \angle DOE = 90°$
$\angle BOC + 2\angle COD + \angle DOE = 180°$
$2\angle COD = 150°$ $\therefore \angle COD = 75°$

답 75°

23 15~20의 도수를 A라 하면 20시간 미만인 학생 수는
$2 + 6 + 7 + A = 30 \times \dfrac{70}{100} = 21$ $\therefore A = 6$
20~25의 도수를 B라 하면
$B = 30 - (2 + 6 + 7 + 6 + 3 + 1) = 5$(명)

답 5명

채점 기준	
15~20의 도수 구하기	5점
20~25의 도수 구하기	3점

24 (i) 가장 긴 변의 길이가 12 cm일 때
$12 > 3 + 6$ (×), $12 > 3 + 8$ (×)
$12 < 6 + 8$ (○)
(ii) 가장 긴 변의 길이가 8 cm일 때
$8 < 3 + 6$ (○)
따라서 만들 수 있는 삼각형의 개수는 2개이다.

답 2개

채점 기준	
가장 긴 변이 12 cm인 경우 구하기	4점
가장 긴 변이 8 cm인 경우 구하기	4점

정답
및
해설

3000제 꿀꺽수학

01 다각형

P. 90~93

Step 1 교과서 이해

01 다각형

02 대각선

03 내각

04 외각

05 정다각형

06 정사각형 : 네 변의 길이가 같고, 네 각의 크기가 같다.
마름모 : 네 변의 길이가 같다.

07 $180° - 76° = 104°$ 　답 $104°$

08 $180° - 135° = 45°$ 　답 $45°$

09 $180° - 105° = 75°$ 　답 $75°$

10 $180° - 85° = 95°$ 　답 $95°$

11 × 　　**12** ○

13 ○ 　　**14** ○

15 정육각형

16 ① 3 　② 3 　③ 9
④ 4 　⑤ 7 　⑥ 4 　⑦ 14
⑧ 5 　⑨ 8 　⑩ 5 　⑪ 20

17 $\dfrac{8 \times (8-3)}{2} = 20$(개) 　답 20개

18 $\dfrac{10 \times (10-3)}{2} = 35$(개) 　답 35개

19 $\dfrac{11 \times (11-3)}{2} = 44$(개) 　답 44개

20 $\dfrac{n(n-3)}{2}$ 개

21 $180°$

22 ∠BCE, 외각

23 외각, 내각

24 ∠PAB, ∠QAC, ∠PAB, ∠QAC, $180°$

25 ∠ACE, ∠ECD, ∠ACD

26 $x + 30 + 80 = 180$ 　∴ $x = 70$ 　답 70

27 $x + 25 + x + 57 = 180$
$2x = 98$ 　∴ $x = 49$ 　답 49

28 $x + \dfrac{2}{3}x + 55 = 180$, $\dfrac{5}{3}x = 125$
∴ $x = 75$ 　답 75

29 $3x + 115 + 35 = 180$, $3x = 30$
∴ $x = 10$ 　답 10

30 $\angle x = 60° + 40° = 100°$ 　답 $100°$

31 $\angle x = 50° + 60° = 110°$ 　답 $110°$

32 $\angle x + 30° = 70°$ 　∴ $\angle x = 40°$ 　답 $40°$

33 $51° + \angle x = 92°$ 　∴ $\angle x = 41°$ 　답 $41°$

34 $180° \times (n-2)$

35 $360°$

36 $180° \times (8-2) = 1080°$ **답** $1080°$

37 $180° \times (10-2) = 1440°$ **답** $1440°$

38 $180° \times (12-2) = 1800°$ **답** $1800°$

39 $180° \times (16-2) = 2520°$ **답** $2520°$

40 $180° \times (n-2) = 720°$
$n-2=4$ $\therefore n=6$ **답** 6개

41 $180° \times (n-2) = 900°$
$n-2=5$ $\therefore n=7$ **답** 7개

42 $180° \times (n-2) = 1260°$
$n-2=7$ $\therefore n=9$ **답** 9개

43 $180° \times (n-2) = 2160°$
$n-2=12$ $\therefore n=14$ **답** 14개

44 $360°$

45 $\dfrac{180° \times (6-2)}{6} = 120°$ **답** $120°$

46 $\dfrac{180° \times (12-2)}{12} = 150°$ **답** $150°$

47 $\dfrac{180° \times (20-2)}{20} = 162°$ **답** $162°$

48 $\dfrac{180° \times (n-2)}{n}$

49 $\dfrac{360°}{10} = 36°$ **답** $36°$

50 $\dfrac{360°}{n}$

51 (한 외각의 크기)$=45°$, $\dfrac{360°}{45°}=8$ **답** 8개

52 (한 외각의 크기)$=18°$, $\dfrac{360°}{18°}=20$ **답** 20개

53 $\dfrac{360°}{30°}=12$, $\dfrac{12 \times (12-3)}{2} = 54$ **답** 54개

54 $\dfrac{360°}{45°}=8$, $\dfrac{8 \times (8-3)}{2} = 20$ **답** 20개

55 (한 외각의 크기)$=180° \times \dfrac{1}{2+1} = 60°$
$\therefore \dfrac{360°}{60°} = 60°$ **답** 정육각형

56 $120° + \angle x + 140° + 100° + 95° = 540°$
$\angle x + 455° = 540°$ $\therefore \angle x = 85°$ **답** $85°$

57 $70° + \angle x + 100° + 85° = 360°$
$\angle x + 255° = 360°$ $\therefore \angle x = 105°$ **답** $105°$

58 $75° + 30° + \angle x + 70° + 53° + 45° = 360°$
$\angle x + 273° = 360°$ $\therefore \angle x = 87°$ **답** $87°$

59 $\angle x = 50° + 45° + 35°$
   $= 130°$
  답 $130°$

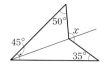

P. 94~95

Step2 개념탄탄

01 ①, ③

02 $\angle B$

03 $\angle DAC$

04 $\angle A = 180° - (45° + 55°) = 80°$
$\therefore \angle BAD = 40°$
$\therefore \angle x = 40° + 45° = 85°$ **답** $85°$

05 $\angle x = 180° - (90° + 25°) = 65°$

$\angle y = 180° - (90° + 65°) = 25°$

답 $\angle x = 65°$, $\angle y = 25°$

06 $120° + 130° + \angle x = 360°$

$\therefore \angle x = 110°$ 답 ③

07 $\angle AOB = 45° + 30°$

$= 75°$

$\angle x + 65° = \angle AOB$

$= 75°$

$\therefore \angle x = 10°$ 답 $10°$

08 ④

09 $\dfrac{15 \times (15 - 3)}{2} = 90$(개) 답 90개

10 $180° \times (n - 2) = 1440°$

$n - 2 = 8$ $\therefore n = 10$ 답 ④

11 $\dfrac{180° \times (9 - 2)}{9} = 140°$, $\dfrac{360°}{9} = 40°$

답 $140°$, $40°$

12 $40° + \angle x = 70°$

$\therefore \angle x = 30°$

답 $30°$

13 $\angle ADC = \angle DAB = 40°$(엇각)

$\triangle PCD$에서 $\angle x = 75° + 40° = 115°$

답 $115°$

14 $40 + 82 = 3x + 23$, $3x = 99$

$\therefore x = 33$ 답 ④

P. 96~100

Step 3 실력완성

01 ③

02 ①

03 ④

04 $x = 12 - 3 = 9$, $y = 12 - 2 = 10$

$\therefore x + y = 19$ 답 ②

05 ①, ④

06 $n - 3 = 12$ $\therefore n = 15$ 답 십오각형

07 $\dfrac{n \times (n - 3)}{2} = 77$, $n \times (n - 3) = 154$

$n \times (n - 3) = 14 \times 11$이므로 $n = 14$ 답 ④

08 팔각형의 대각선의 개수는

$\dfrac{8 \times (8 - 3)}{2} = 20$(개) 답 20개

09 ③

10 엇각으로 $\angle y = 60°$

$\angle y + \angle x + 40° = 180°$

$60° + \angle x + 40° = 180°$

$\therefore \angle x = 80°$

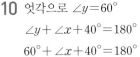

답 ④

11 $\angle BAC = 78°$, $\angle ABC = 40°$, $\angle BAD = 39°$

$\therefore \angle ADC = 40° + 39° = 79°$

답 $79°$

12 $\overline{DA} = \overline{DB}$이므로 $\angle A = \angle DBE = \angle x$

$\therefore \angle ABC = \angle ACB = \angle x + 57°$

△ABC에서

$\angle x + \angle x + 57^\circ + \angle x + 57^\circ = 180^\circ$

$3\angle x = 66^\circ$

$\therefore \angle x = 22^\circ$ 답 22°

채점 기준	
∠A와 ∠DBE의 크기가 같음을 알기	20%
∠ABC, ∠ACB를 ∠x로 표현하기	40%
답 구하기	40%

13 $\angle x = 35^\circ + 45^\circ = 80^\circ$

$80^\circ + 55^\circ + \angle y = 180^\circ$

$\therefore \angle y = 45^\circ$ 답 $\angle x = 80^\circ, \ \angle y = 45^\circ$

14 $\angle ABP = \angle PBC = \angle a, \ \angle ACB = \angle b$라고 하면

$2\angle a + \angle b + 50^\circ = 180^\circ, \ 2\angle a + \angle b = 130^\circ$

$\angle ACP = (50^\circ + 2\angle a) \div 2 = 25^\circ + \angle a$

$\angle BPC + \angle a + \angle b + 25^\circ + \angle a = 180^\circ$

$\angle BPC + 2\angle a + \angle b + 25^\circ = 180^\circ$

$\angle BPC + 130^\circ + 25^\circ = 180^\circ$

$\therefore \angle BPC = 25^\circ$ 답 25°

채점 기준	
∠ABP와 ∠ACP 사이의 관계 알기	40%
식 세우기	40%
답 구하기	20%

15 $85^\circ + 32^\circ + \angle x + 27^\circ = 360^\circ$

$\therefore \angle x = 216^\circ$ 답 ⑤

16 $\angle a = 30^\circ + 35^\circ$

$= 65^\circ$

$\therefore \angle x = 65^\circ + 30^\circ = 95^\circ$

답 ③

17 오른쪽 그림에서

$\angle b + \angle f = \angle c + \angle d$

$\therefore \angle A + \angle B + \angle C$

$\quad + \angle D + \angle E + \angle F$

$= \angle A + \angle ACD$

$\quad + \angle CDE + \angle E$

$= 360^\circ$ 답 360°

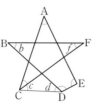

채점 기준	
보조선 긋기	20%
합이 같은 각 알기	50%
답 구하기	30%

18 $x + 3x - 40 = 2x, \ 2x = 40$

$\therefore x = 20$ 답 20

19 $180^\circ \times (n - 2) = 2520^\circ$

$\therefore n = 16$ 답 ②

20 한 외각의 크기가 $180^\circ - 60^\circ = 20^\circ$이므로

$\dfrac{360^\circ}{20^\circ} = 18$

따라서 정십팔각형의 대각선의 개수는

$\dfrac{18 \times (18 - 3)}{2} = 135(\text{개})$ 답 ②

21 $(\angle A + \angle a + \angle f) + (\angle b + \angle B + \angle c)$

$\quad + (\angle C + \angle d + \angle e)$

$= 180^\circ + 180^\circ + 180^\circ = 540^\circ$

$(\angle a + \angle b + \angle c + \angle d + \angle e + \angle f)$

$\quad + \angle A + \angle B + \angle C = 540^\circ$

$\angle a + \angle b + \angle c + \angle d + \angle e + \angle f + 180^\circ = 540^\circ$

$\therefore \angle a + \angle b + \angle c + \angle d + \angle e + \angle f = 360^\circ$

답 360°

채점 기준	
삼각형의 세 각의 크기의 합이 180°임을 알기	30%
식 세우기	40%
답 구하기	30%

22 $\dfrac{360^\circ}{40^\circ} = 9$이므로 정구각형의 대각선의 개수는

$\dfrac{9 \times (9 - 3)}{2} = 27(\text{개})$ 답 ④

23 $\angle A = \dfrac{540^\circ}{5} = 108^\circ$

$\angle ABE + \angle AEB = \dfrac{180^\circ - 108^\circ}{2} = 36^\circ$

$\angle B = \angle A = 108^\circ$

$\angle BAC = \dfrac{180^\circ - 108^\circ}{2} = 36^\circ$

△ABG에서 $\angle x = \angle BAG + \angle ABG = 72^\circ$

답 ④

24 $70° + 60° + (180° - \angle x) + 100° + 85° = 360°$

$\therefore \angle x = 135°$ **답** $135°$

25 $105° + \angle x + 95° + 100° + 110° = 540°$

$\therefore \angle x = 130°$ **답** ③

26 $\angle BAC = 90°$

$\therefore \angle x = 90° - 55° = 35°$ **답** ③

27 $\dfrac{180° \times (12-2)}{12} = 150°$ $\therefore x = 150$

$\dfrac{360°}{15} = 24°$ $\therefore y = 24$

$\therefore x + y = 174$ **답** 174

28 가장 작은 내각의 크기는

$180° \times \dfrac{2}{2+3+4} = 40°$

따라서 구하는 외각의 크기는 $140°$이다.

답 $140°$

29 $55° + 110° + \angle x + 80° + 105° = 360°$

$\therefore \angle x = 10°$ **답** $10°$

30 오른쪽 그림에서

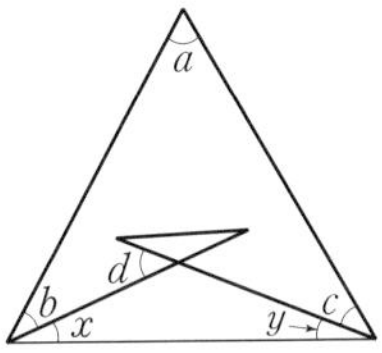

$\angle x + \angle y = \angle d$

$\therefore \angle a + \angle b + \angle c + \angle d$

$= \angle a + \angle b + \angle c + \angle x + \angle y$

$= \angle a + (\angle b + \angle x)$

$\quad + (\angle c + \angle y)$

$= 180°$ **답** $180°$

채점 기준	
보조선 긋기	20%
삼각형의 외각의 성질 이용하기	40%
답 구하기	40%

31 $\overline{AD}$를 그으면 주어진 도형은 2개의 사각형으로 나누어지므로

$140° + 82° + 64° + (360° - \angle x) + 72° + 95°$

$= 360° \times 2$

$\therefore \angle x = 93°$ **답** $93°$

P. 101~102

Step 4 유형클리닉

1 $x = 16 - 3 = 13$

$y = \dfrac{16 \times 13}{2} = 104$

$\therefore x + y = 117$ **답** 117

1-1 $n - 3 = 6$에서 $n = 9$

$\therefore 180° \times (9 - 2) = 1260°$ **답** $1260°$

1-2 $180° \times (n-2) = 1080°$ $\therefore n = 8$

따라서 팔각형의 대각선의 개수는

$\dfrac{8 \times (8-3)}{2} = 20$(개) **답** 20개

2 $\angle ABP = \angle PBC = \angle a$, $\angle ACB = \angle b$라고 하면

$2\angle a + \angle b + 80° = 180°$ $\therefore 2\angle a + \angle b = 100°$

$\angle ACP = (80° + 2\angle a) \div 2 = 40° + \angle a$

$\angle x + \angle a + \angle b + 40° + \angle a = 180°$

$2\angle a + \angle b + \angle x = 140°$, $100° + \angle x = 140°$

$\therefore \angle x = 40°$ **답** $40°$

2-1 $\dfrac{1}{2}\angle B + 130° + \dfrac{1}{2}\angle C = 180°$

$\dfrac{1}{2}(\angle B + \angle C) = 50°$

$\angle B + \angle C = 100°$

$\therefore \angle A = 80°$ **답** $80°$

2-2 $\angle ABD = \angle a$라 하면 $\angle DBC = 2\angle a$

$\angle ACE = 60° + 3\angle a$,

$\angle DCE = \dfrac{2}{3}\angle ACE = 40° + 2\angle a$

$\triangle DBC$에서 $\angle D + 2\angle a = 40° + 2\angle a$

$\therefore \angle D = 40°$ **답** $40°$

3 한 외각의 크기를 $x°$라 하면 한 내각의 크기는
$3x°$이고
$$x° + 3x° = 180° \qquad \therefore x = 45$$
$$\frac{360°}{45°} = 8 \qquad \therefore n = 8$$
따라서 정팔각형의 대각선의 개수는
$$a = \frac{8 \times (8-3)}{2} = 20(개)$$
$$\therefore n + a = 28$$
답 28

3-1 (한 외각의 크기)$= \frac{360°}{12} = 30°$
$$\therefore (한 내각의 크기) = 180° - 30° = 150°$$
답 한 내각 : $150°$, 한 외각 : $30°$

3-2 한 외각의 크기를 $x°$라 하면 한 내각의 크기는
$x° + 108°$이므로
$$x° + x° + 108° = 180°$$
$$2x = 72 \qquad \therefore x = 36$$
따라서 한 외각의 크기가 $36°$이므로
$$n = \frac{360°}{36°} = 10$$
답 10

4 오른쪽 그림에서
$\angle x + \angle y = \angle p + \angle q$
따라서 구하는 각은
$\{(\angle a + \angle x) + (\angle y + \angle e)$
$+ \angle f + \angle g + \angle h\}$
$+ \{\angle r + \angle c + \angle s\}$
$= 540° + 180° = 720°$
답 720°

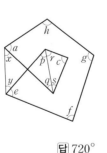

4-1 $\overline{BF}$, $\overline{CE}$를 그으면 주어진 도형은 2개의 삼각형
과 1개의 사각형으로 나누어지므로
$$65° + 45° + (360° - \angle x) + 30° + 70° + 270°$$
$$= 180° \times 2 + 360°$$
$$\therefore \angle x = 120°$$
답 120°

4-2 오른쪽 그림에서
$\angle x + \angle y = \angle p + \angle q$
따라서 구하는 각은
$\{\angle a + \angle b + (\angle e + \angle q)$
$+ (\angle p + \angle f)\}$
$+ \{\angle r + \angle c + \angle s\}$
$= 360° + 180° = 540°$
답 540°

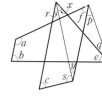

P. 103

Step 5 서술형 만점 대비

1 $\angle BAC + \angle BCA = 180° - 72° = 108°$
$\angle EAC + \angle FCA$
$= 180° - \angle BAC + 180° - \angle BCA$
$= 360° - (\angle BAC + \angle BCA)$
$= 360° - 108° = 252°$
$\angle DAC + \angle DCA = \frac{1}{2} \angle EAC + \frac{1}{2} \angle FCA$
$\qquad = \frac{1}{2} (\angle EAC + \angle FCA)$
$\qquad = \frac{1}{2} \times 252° = 126°$
$$\therefore \angle ADC = 180° - (\angle DAC + \angle DCA)$$
$$= 180° - 126° = 54°$$
답 54°

채점 기준	
$\angle EAC + \angle FCA = 252°$임을 알기	40%
$\angle DAC + \angle DCA = 126°$임을 알기	40%
답 구하기	20%

2 $\triangle ABE$와 $\triangle BCD$에서
$\overline{AB} = \overline{BC}$, $\angle A = \angle DBC$, $\overline{AE} = \overline{BD}$
$\therefore \triangle ABE \equiv \triangle BCD$ (SAS 합동)
$\therefore \angle ABE = \angle BCD$
$\angle ABE = \angle a$로 놓으면 $\angle BCD = \angle a$
$\angle PEC = \angle a + 60°$, $\angle PCE = 60° - \angle a$
$\triangle PCE$에서
$\angle a + 60° + 60° - \angle a + \angle CPE = 180°$
$\therefore \angle CPE = 60°$
답 60°

채점 기준

$\angle ABE=\angle BCD$임을 알기	40%
$\angle PEC$, $\angle PCE$를 $\angle ABE$로 나타내기	30%
답 구하기	30%

3 $\angle BAE=\frac{540°}{5}=108°$

$\angle AEB=\frac{180°-108°}{2}=36°$

$\angle AED=108°$

$\angle EAD=\frac{180°-108°}{2}=36°$

$\triangle FAE$에서 $\angle EFD=36°+36°=72°$

답 $72°$

채점 기준

$\angle BAE$, $\angle AEB$의 크기 구하기	40%
$\angle AED$, $\angle EAD$의 크기 구하기	40%
답 구하기	20%

4 오른쪽 그림에서

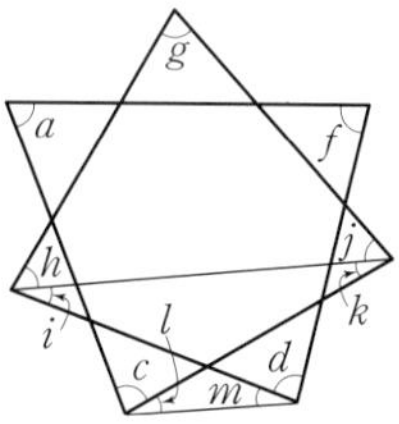

$\angle i+\angle k=\angle l+\angle m$

$\therefore \angle a+\angle b+\angle c+\angle d$
$+\angle e+\angle f+\angle g$
$=\{\angle a+(\angle c+\angle l)$
$+(\angle m+\angle d)+\angle f\}$
$+(\angle g+\angle h+\angle i)$
$=360°+180°=540°$

답 $540°$

채점 기준

보조선 긋기	20%
$\angle i+\angle k=\angle l+\angle m$임을 알기	30%
답 구하기	50%

3000제 꿀꺽수학

02 원과 부채꼴

P. 104~107

Step 1 교과서 이해

01 원

02 호, $\widehat{AB}$

03 현 AB

04 활꼴

05 부채꼴 OAB

06 중심각

07 ○

08 ×

09 ×

10 ○

11 (1) $\widehat{AB}$ (2) $\overline{BC}$ (3) $\angle COD$

12 ○

13 ×

14 ○

15 ×

16 10

17 $25:5=150:x$ $\therefore x=30$ 답 30

18 $45:135=x:15$ $\therefore x=5$ 답 5

19 $30:x=6:30$ $\therefore x=150$ 답 150

20 5

21 50

22 $120:30=12:x$ $\therefore x=3$ 답 3

23 $6:9=60:x$ $\therefore x=90$ 답 90

24 $12:15=x:(x+10)$, $15x=12x+120$
$\therefore x=40$ 답 40

25 $2\pi r$, πr^2

26 $l=8\pi$ cm, $S=16\pi$ cm^2

27 $l=10\pi$ cm, $S=25\pi$ cm^2

28 $l=12\pi$ cm, $S=36\pi$ cm^2

29 $l=16\pi$ cm, $S=64\pi$ cm^2

30 $\pi\times 20^2-\pi\times 10^2=300\pi(\text{cm}^2)$ 답 300π cm^2

31 (넓이)$=(25\pi-9\pi)\times\frac{1}{2}=8\pi(\text{cm}^2)$
(길이)$=(6\pi+10\pi)\times\frac{1}{2}+4=(8\pi+4)(\text{cm})$
답 8π cm^2, $(8\pi+4)$cm

32 $2\pi r$

33 πr^2

34 $2\times\pi\times 4\times\frac{30}{360}=\frac{2}{3}\pi(\text{cm})$ 답 $\frac{2}{3}\pi$ cm

35 $2\times\pi\times 6\times\frac{72}{360}=\frac{12}{5}\pi(\text{cm})$ 답 $\frac{12}{5}\pi$ cm

36 $2\times\pi\times 5\times\frac{120}{360}=\frac{10}{3}\pi(\text{cm})$ 답 $\frac{10}{3}\pi$ cm

37 $\frac{4\pi}{12\pi}\times 360^\circ=120^\circ$ 답 120°

38 $\frac{8\pi}{16\pi}\times 360^\circ=180^\circ$ 답 180°

39 $2\pi r\times\frac{60}{360}=2\pi$ $\therefore r=6$ 답 6 cm

40 $\pi\times 6^2\times\frac{60}{360}=6\pi(\text{cm}^2)$ 답 6π cm^2

41 $\pi\times 5^2\times\frac{240}{360}=\frac{50}{3}\pi(\text{cm}^2)$ 답 $\frac{50}{3}\pi$ cm^2

42 $\frac{2\pi}{9\pi}\times 360^\circ=80^\circ$ 답 80°

43 $\frac{10\pi}{25\pi}\times 360^\circ=144^\circ$ 답 144°

44 $\frac{1}{2}\times 8\times 10=40(\text{cm}^2)$ 답 40 cm^2

45 $\frac{1}{2}\times 3\times 6=9(\text{cm}^2)$ 답 9 cm^2

46 $\frac{1}{2}\times 10\times 8=40(\text{cm}^2)$ 답 40 cm^2

47 $\frac{1}{2}\times 10\times l=200$ $\therefore l=40(\text{cm})$ 답 40 cm

48 $2\pi r\times\frac{50}{360}=5\pi$ $\therefore r=18(\text{cm})$
$S=\pi\times 18^2\times\frac{50}{360}=45\pi(\text{cm}^2)$
답 $r=18$ cm, $S=45\pi$ cm^2

49 (호의 길이)$=2\times\pi\times 4\times\frac{150}{360}=\frac{10}{3}\pi(\text{cm})$
(넓이)$=\pi\times 16\times\frac{150}{360}=\frac{20}{3}\pi(\text{cm}^2)$
답 $\frac{10}{3}\pi$ cm, $\frac{20}{3}\pi$ cm^2

50 $10+(2\times\pi\times 10+2\times\pi\times 5)\times\frac{60}{360}$
$=10+5\pi(\text{cm})$ 답 $(10+5\pi)$cm

P. 108~109

Step 2 개념탄탄

01 ④ $\overline{OA}$, $\overline{OB}$, $\widehat{AB}$로 이루어진 도형이 부채꼴이다. 답 ④

02 가장 긴 현은 지름이므로
$25\times 2=50(\text{cm})$ 답 50 cm

03 $180°$

04 $45 : 360 = 4 : x$ $\therefore x = 32$ **답** $32\,\mathrm{cm}^2$

05 $35 : x = 4 : 8$ $\therefore x = 70$
$35 : 140 = 4 : y$ $\therefore y = 16$ **답** ④

06 $\angle\mathrm{AOF} = 120°$
$40 : 120 = 10 : \widehat{\mathrm{AF}}$ $\therefore \widehat{\mathrm{AF}} = 30\,\mathrm{cm}$
답 $30\,\mathrm{cm}$

07 $\overline{\mathrm{OA}} = \overline{\mathrm{OB}} = \overline{\mathrm{AB}}$이므로
$\angle\mathrm{A} = \angle\mathrm{B} = \angle\mathrm{O} = 60°$ **답** $60°$

08 $l = \dfrac{1}{2} \times 12\pi + \dfrac{1}{2} \times 4\pi + \dfrac{1}{2} \times 8\pi = 12\pi\,(\mathrm{cm})$
$S = \dfrac{1}{2} \times 6^2 \times \pi - \dfrac{1}{2} \times 2^2 \times \pi - \dfrac{1}{2} \times 4^2 \times \pi$
$\quad = 8\pi\,(\mathrm{cm}^2)$
답 $l = 12\pi\,\mathrm{cm}$, $S = 8\pi\,\mathrm{cm}^2$

09 $16^2 \times \pi \times \dfrac{135}{360} - 8^2 \times \pi \times \dfrac{135}{360}$
$= 96\pi - 24\pi = 72\pi\,(\mathrm{cm}^2)$ **답** $72\pi\,\mathrm{cm}^2$

10 $\angle\mathrm{AOB} = 360° \times \dfrac{3}{3+2+5} = 108°$ **답** ③

11 $\angle\mathrm{BOC} = 180° \times \dfrac{1}{3+1} = 45°$ **답** $45°$

12 구하는 넓이는 오른쪽 그림의 어두운 부분의 넓이의 2배와 같으므로 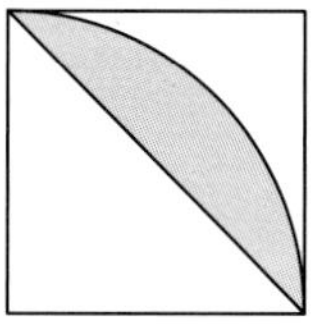
$2\left(16\pi \times \dfrac{90}{360} - \dfrac{1}{2} \times 4 \times 4\right)$
$= 2(4\pi - 8) = 8\pi - 16\,(\mathrm{cm}^2)$
답 $(8\pi - 16)\,\mathrm{cm}^2$

P. 110~114

Step 3 실력완성

01 (ㄱ) 원 위의 두 점을 양끝점으로 하는 원의 일부분은 호이다.
(ㄹ) 부채꼴은 두 반지름과 호로 이루어진 도형이다.   **답** ③

02 ④ 현의 길이는 중심각의 크기에 정비례하지 않는다.
⑤ $\triangle\mathrm{AOB} < 2\triangle\mathrm{COD}$ **답** ④, ⑤

03 $6 : 15 = x : (2x+13)$
$15x = 12x + 78$, $3x = 78$
$\therefore x = 26$ **답** 26

04 $20 : 40 = x : 6$ $\therefore x = 3$
$12 : 6 = y : 40$ $\therefore y = 80$ **답** $x=3$, $y=80$

05 $\angle\mathrm{AOB} = 360° \times \dfrac{2}{2+3+4} = 80°$,
$\angle\mathrm{AOC} = 360° \times \dfrac{4}{2+3+4} = 160°$
$\therefore \widehat{\mathrm{AB}} : \widehat{\mathrm{AC}} = \angle\mathrm{AOB} : \angle\mathrm{AOB}$
$\qquad = 80 : 160 = 1 : 2$
따라서 $\widehat{\mathrm{AC}} = 2\widehat{\mathrm{AB}}$이므로 $k = 2$ **답** ⑤

06 $\angle\mathrm{AOB} = 180° \times \dfrac{1}{1+4} = 36°$
$\triangle\mathrm{AOB}$에서 $\overline{\mathrm{OA}} = \overline{\mathrm{OB}}$이므로
$\angle\mathrm{ABO} = \dfrac{1}{2}(180° - 36°) = 72°$ **답** $72°$

07 $\angle\mathrm{A} = \angle\mathrm{COB} = 30°$(동위각)
$\overline{\mathrm{OD}}$를 그으면 $\angle\mathrm{ODA} = 30°$이므로
$\angle\mathrm{AOD} = 180° - (30° + 30°) = 120°$
$30° : 120° = 3 : \widehat{\mathrm{AD}}$
$\therefore \widehat{\mathrm{AB}} = 12\,(\mathrm{cm})$ **답** ③

08 $\angle\mathrm{OBA} = 40°$(엇각)
$\triangle\mathrm{OAB}$는 이등변삼각형이므로
$\angle\mathrm{OAB} = 40°$, $\angle\mathrm{AOB} = 100°$
$\therefore \widehat{\mathrm{AB}} : \widehat{\mathrm{BC}} = 100° : 40° = 5 : 2$ **답** ④

09 ∠OBC=30°(엇각)

$\overline{OC}$를 그으면 $\overline{OB}=\overline{OC}$이므로

∠OCB=30°

∴ ∠COD=30°+30°=60°

$\widehat{AB} : \widehat{CD}$=30° : 60°=1 : 2이므로

$\widehat{CD}$=6(cm)　　　　　　　**탑** 6 cm

10 △CDO에서 ∠DCO=40°이므로

∠COD=180°−(40°+40°)=100°

△CPO에서

∠P+∠COP=∠OCD, 20°+∠COP=40°

∴ ∠COP=20°

따라서 ∠BOD=180°−(20°+100°)=60°이므로

$\widehat{AC} : \widehat{BD}$=20° : 60°=1 : 3에서

$\widehat{AC}=\dfrac{1}{3}\times6=2$(cm)　　　**탑** 2 cm

채점 기준

∠COD의 크기 구하기	20%
∠AOC의 크기 구하기	20%
∠BOD의 크기 구하기	20%
$\widehat{AC}$의 길이 구하기	40%

11 10 : 60=25 : x　　∴ x=150　　**탑** ⑤

12 $\widehat{AD}=3\widehat{AB}$=3(cm)　　∴ a=3

(부채꼴 OAD의 넓이)=3×2=6(cm²)

∴ b=6

∴ $a+b$=9　　　　　　　　　**탑** 9

13 부채꼴 COD의 넓이를 x cm²라 하면

3 : 1=36 : x　　∴ x=12　　**탑** 12 cm²

14 ④

15 $\overline{OC}=\overline{CE}$이므로

∠E=∠COD=∠x라 하면

$\overline{OB}=\overline{OC}$이므로 ∠B=∠OCB=2∠$x$

△OBE에서 ∠B+∠E=∠AOD

2∠x+∠x=48°　　∴ ∠x=16°

탑 16°

16 ① 현의 길이는 중심각의 크기에 정비례하지 않는다.　　　　　**탑** ①

17 ∠AOB=∠COD=∠DOE=42°이므로

∠COE=42°×2=84°　　　**탑** 84°

18 $\overline{OC}$를 그으면 $\overline{OD}=\overline{PC}=\overline{OC}$

∠P=∠AOC=∠x라 하면

∠OCD=∠x+∠x=2∠x

∠ODC=∠OCD=2∠x

△DPO에서 ∠x+2∠x=75°

∴ ∠x=25°

∴ $\widehat{AC} : \widehat{BD}$=∠AOC : ∠BOD

=25° : 75°=1 : 3

탑 1 : 3

채점 기준

△CPO, △OCD가 이등변삼각형임을 알기	40%
삼각형의 외각의 성질 이용하기	40%
답 구하기	20%

19 2π×4+2π×2=12π(cm)　　**탑** 12π cm

20 오른쪽 그림에서 ㉠, ㉡ 부분의 넓이가 각각 서로 같으므로 구하는 넓이는 반지름이 4 cm인 반원의 넓이와 같다.

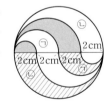

∴ π×4²×$\dfrac{1}{2}$=8π(cm²)

탑 8π cm²

21 2π×12×$\dfrac{60}{360}$=4π(cm)　　　**탑** ③

22 반지름의 길이를 r cm라 하면

2πr×$\dfrac{80}{360}$=16π　　∴ r=36(cm)　　**탑** ②

23 2π×6×$\dfrac{1}{2}$+2π×3=12π(cm)

탑 12π cm

24 $36\pi \times \dfrac{240}{360} - 9\pi \times \dfrac{240}{360} = 18\pi(\mathrm{cm^2})$

답 $18\pi\,\mathrm{cm^2}$

25 어두운 두 부분의 넓이의 합은 △AOD의 넓이
와 같으므로

$10^2 \times \dfrac{1}{4} = 25(\mathrm{cm^2})$

답 ①

26 부채꼴 ABC의 넓이 :

$\pi \times 3^2 \times \dfrac{90}{360} = \dfrac{9}{4}\pi(\mathrm{cm^2})$

△ABC의 넓이 :

$\dfrac{1}{2} \times 3 \times 3 = \dfrac{9}{2}(\mathrm{cm^2})$

따라서 위의 그림에서 어두운 부분의 넓이는

$\left(\dfrac{9}{4}\pi - \dfrac{9}{2}\right)\mathrm{cm^2}$이므로 구하는 넓이는

$\left(\dfrac{9}{4}\pi - \dfrac{9}{2}\right) \times 8 = 18\pi - 36(\mathrm{cm^2})$

답 $(18\pi - 36)\mathrm{cm^2}$

채점 기준	
부채꼴 ABC, △ABC의 넓이 구하기	각 **30%**
활꼴의 넓이 구하기	**30%**
답 구하기	**10%**

27 어두운 두 부분의 넓이의 합은

(지름이 6 cm인 반원)＋(지름이 8 cm인 반원)

＋△ABC−(지름이 10 cm인 반원)

과 같으므로

$\pi \times 3^2 \times \dfrac{1}{2} + \pi \times 4^2 \times \dfrac{1}{2} + \dfrac{1}{2} \times 6 \times 8$

$-\pi \times 5^2 \times \dfrac{1}{2} = 24(\mathrm{cm^2})$

답 $24\,\mathrm{cm^2}$

28 부채꼴 OAB의 넓이 :

$\pi \times 10^2 \times \dfrac{90}{360} = 25\pi(\mathrm{cm^2})$

사각형 CODE의 넓이 :

$5 \times 5 = 25(\mathrm{cm^2})$

부채꼴 CAE, DEB의 넓이 :

$\pi \times 5^2 \times \dfrac{90}{360} = \dfrac{25}{4}\pi(\mathrm{cm^2})$

따라서 구하는 넓이는

$25\pi - 25 - \dfrac{25}{4}\pi \times 2 = \dfrac{25}{2}\pi - 25(\mathrm{cm^2})$

답 $\left(\dfrac{25}{2}\pi - 25\right)\mathrm{cm^2}$

채점 기준	
부채꼴 OAB, 사각형 CODE의 넓이 구하기	각 **30%**
부채꼴 CEA, DEB의 넓이 구하기	**20%**
답 구하기	**20%**

29 어두운 부분의 넓이는 전체 넓이에서 반원의 넓
이를 뺀 것과 같으므로 부채꼴 ABB′의 넓이와
같다.

$\therefore \pi \times 10^2 \times \dfrac{60}{360} = \dfrac{50}{3}\pi(\mathrm{cm^2})$

답 $\dfrac{50}{3}\pi\,\mathrm{cm^2}$

30 $16 \times 3 + 2\pi \times 8 = 48 + 16\pi(\mathrm{cm})$

답 $(48 + 16\pi)\mathrm{cm}$

31 $\left(2\pi \times 6 \times \dfrac{120}{360}\right) \times 2 = 8\pi(\mathrm{cm})$

답 $8\pi\,\mathrm{cm}$

P. 115

Step**4** 유형클리닉

1 $\angle OCD = 15° + 15° = 30°$

$\overline{OD}$를 그으면 $\overline{OC} = \overline{OD}$이므로 $\angle ODC = 30°$

△ODB에서 $\angle DOE = 15° + 30° = 45°$

$\therefore \overset{\frown}{DE} = 2\pi \times 5 \times \dfrac{45}{360} = \dfrac{5}{4}\pi(\mathrm{cm})$

답 $\dfrac{5}{4}\pi\,\mathrm{cm}$

1-1 ∠DAO=∠COB=30°(동위각)

$\overline{OD}$를 그으면 ∠DAO=∠ADO=30°

∴ ∠AOD=120°

$\overparen{AD}$: $\overparen{BC}$=∠AOD : ∠COB

$\overparen{AD}$: π=120° : 30°   ∴ $\overparen{AD}=4\pi$

답 4π

1-2 $\overline{OC}$를 그으면 $\overline{OA}=\overline{OC}$이므로

∠OCA=∠OAC=20°

∴ ∠COB=20°+20°=40°

∴ $\overparen{AC}$: $\overparen{BC}$=∠AOC : ∠BOC

=140° : 40°

=7 : 2

답 7 : 2

2 부채꼴 CBD의 넓이 : $\pi \times 3^2 \times \dfrac{120}{360}=3\pi(\text{cm}^2)$

부채꼴 ADE의 넓이 : $\pi \times 6^2 \times \dfrac{120}{360}=12\pi(\text{cm}^2)$

부채꼴 BEF의 넓이 : $\pi \times 9^2 \times \dfrac{120}{360}=27\pi(\text{cm}^2)$

∴ $3\pi+12\pi+27\pi=42\pi(\text{cm}^2)$

답 $42\pi\,\text{cm}^2$

2-1 $\pi \times 20^2 \times \dfrac{240}{360}=\dfrac{800}{3}\pi(\text{m}^2)$

답 $\dfrac{800}{3}\pi\,\text{m}^2$

2-2 부채꼴 OAB의 중심각의 크기를 $x°$라고 하면

$2\pi \times 12 \times \dfrac{x}{360}=8\pi$ ∴ $x=120$

따라서 구하는 넓이는

$\pi \times 12^2 \times \dfrac{120}{360}-\pi \times 4^2 \times \dfrac{120}{360}=\dfrac{128}{3}\pi(\text{cm}^2)$

답 $\dfrac{128}{3}\pi\,\text{cm}^2$

P. 116

Step 5 서술형 만점 대비

1 ∠AOB=∠CBO(엇각)

$\overline{OC}$를 그으면 $\overline{OB}=\overline{OC}$이므로

∴ ∠AOB=∠CBO=∠BCO

∠COD=∠CBO+∠BCO=2∠AOB

따라서 $\overparen{AB}$: $\overparen{CD}$=1 : 2이므로

$\overparen{CD}=6\,\text{cm}$

답 6 cm

채점 기준	
∠AOB=∠CBO=∠BCO임을 알기	40%
$\overparen{AB}$: $\overparen{CD}$=∠AOB : ∠COD임을 알기	40%
답 구하기	20%

2 오른쪽 그림에서 ㉠의 넓이는

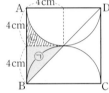

$4 \times 4 \times \dfrac{1}{2}=8(\text{cm}^2)$

㉡의 넓이 :

$4 \times 4 - \pi \times 4^2 \times \dfrac{1}{4}=16-4\pi$

따라서 구하는 넓이는

$8+16-4\pi=24-4\pi(\text{cm}^2)$

답 $(24-4\pi)\text{cm}^2$

채점 기준	
보조선 긋기	20%
㉠, ㉡의 넓이 구하기	각 30%
답 구하기	20%

3 $\overline{BC}=x\,\text{cm}$라고 하면 직사각형 ABCD의 넓이는 $2x\,\text{cm}^2$이고, 어두운 부분의 넓이는

(직사각형 ABCD의 넓이)+(부채꼴 CDE의 넓이)−(삼각형 ABE의 넓이)와 같으므로

$2x+\pi \times 2^2 \times \dfrac{1}{4}-\dfrac{1}{2} \times (x+2) \times 2$

$=2x+\pi-x-2=x+\pi-2$

$2x=x+\pi-2$에서 $x=\pi-2(\text{cm})$

답 $(\pi-2)\text{cm}$

채점 기준	
직사각형의 넓이 구하기	20%
어두운 부분의 넓이 구하기	50%
답 구하기	30%

4

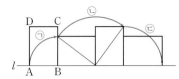

호 ㉠의 길이 : $2\pi \times 6 \times \dfrac{90}{360} = 3\pi (\text{cm})$

호 ㉡의 길이 : $2\pi \times 10 \times \dfrac{90}{360} = 5\pi (\text{cm})$

호 ㉢의 길이 : $2\pi \times 8 \times \dfrac{90}{360} = 4\pi (\text{cm})$

$\therefore 3\pi + 5\pi + 4\pi = 12\pi (\text{cm})$

답 $12\pi\,\text{cm}$

채점 기준	
호 ㉠, ㉡, ㉢의 길이 구하기	각 **30%**
답 구하기	**10%**

P. 117~119

Step **6** 도전 1등급

1 구하는 회선의 수는 (칠각형의 변의 개수)+(칠각형의 대각선의 개수)이므로

$7 + \dfrac{7 \times (7-3)}{2} = 21(\text{개})$

답 ④

2 △ABC의 외각의 크기의 총합은 360°이고 ∠B의 외각은 130°이므로

$130° + \angle DAC + \angle ACE = 360°$

$\therefore \angle DAC + \angle ACE = 230°$

$\angle FAC + \angle FCA = \dfrac{1}{2}(\angle DAC + \angle ACE)$

$\qquad\qquad = 115°$

$\therefore \angle x = 180° - 115° = 65°$

답 $65°$

3 $\overleftrightarrow{AB}$의 연장선을 그으면

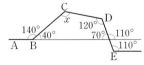

$\angle x + 40° + 70° + 120° = 360°$

$\angle x + 230° = 360° \qquad \therefore \angle x = 130°$

답 $130°$

4 $\angle DAF = \angle CAF = \angle a$, $\angle ACF = \angle ECF = \angle b$라 하면 △AFC에서

$\angle a + \angle b + 130° = 180° \qquad \therefore \angle a + \angle b = 50°$

△ADC에서 $\angle ADC + 2\angle a + \angle b = 180°$

△AEC에서 $\angle CEA + \angle a + 2\angle b = 180°$

$\angle ADC + \angle CEA + 3\angle a + 3\angle b = 360°$

$\angle ADC + \angle CEA + 150° = 360°$

$\therefore \angle ADC + \angle CEA = 210°$

답 $210°$

5

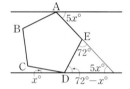

위의 그림에서 $72 + 72 - x + 5x = 180$

$144 + 4x = 180 \qquad \therefore x = 9$

답 ②

6 오른쪽 그림에서

$\angle f + \angle g = \angle x + \angle y$

$\therefore \angle a + \angle b + \angle c +$
$\quad \angle d + \angle e + \angle f + \angle g$

$= \angle a + \angle b + \angle c + \angle d +$
$\quad \angle e + \angle x + \angle y$

$= 180° \times (5-2) = 540°$

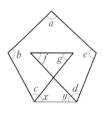

답 $540°$

7 정오각형의 한 내각의 크기는

$\dfrac{180° \times (5-2)}{5} = 108°$

정팔각형의 한 내각의 크기는

$\dfrac{180° \times (8-2)}{8} = 135°$

$\therefore \angle x = 360° - 108° - 135° = 117°$

답 $117°$

8 $\widehat{AG}+\widehat{GH}+\widehat{HI}$

$=2\pi\times3\times\dfrac{60}{360}+2\pi\times6\times\dfrac{60}{360}$

$\qquad+2\pi\times9\times\dfrac{60}{360}$

$=6\pi(\text{cm})$ 　　　　　답 $6\pi\,\text{cm}$

9 오른쪽 그림에서 구
하는 넓이는
(반원의 넓이)
$-(\triangle ABC$의 넓이)
이므로

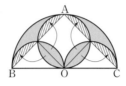

$\pi\times8^2\times\dfrac{1}{2}-\dfrac{1}{2}\times16\times8=32\pi-64(\text{cm}^2)$

답 $(32\pi-64)\text{cm}^2$

10 오른쪽 그림에서 구하는 넓
이는 (부채꼴 CBF의 넓
이)$-(\triangle BCF$의 넓이)와
같으므로

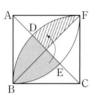

$\pi\times10^2\times\dfrac{90}{360}-\dfrac{1}{2}\times10\times10$

$=25\pi-50(\text{cm}^2)$ 　　답 $(25\pi-50)\text{cm}^2$

11 $\widehat{AC}=2\pi\times4\times\dfrac{90}{360}=2\pi(\text{cm})$

$\widehat{AC}=\widehat{BD}$이므로 구하는 길이는

$2\pi\times4=8\pi(\text{cm})$ 　　　　답 $8\pi\,\text{cm}$

12

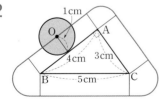

점 O가 움직인 거리는 $\triangle ABC$ 바깥쪽에 있는
도형의 둘레의 길이와 같으므로

$4+3+5+2\pi\times1=12+2\pi(\text{cm})$

답 $(12+2\pi)\text{cm}$

P. 120~122

Step**7** 대단원 성취도 평가

1 ① 모든 변의 길이가 같고 모든 각의 크기가 같
은 다각형이 정다각형이다.

　② n각형의 한 꼭짓점에서 그을 수 있는 대각선
의 개수는 $(n-3)$개이다.

　④ 현의 길이는 중심각의 크기에 정비례하지 않
는다. 　　　　　　　　　　　답 ③, ⑤

2 ③ 정십각형의 한 내각의 크기는 $144°$이지만 십
각형의 한 내각의 크기는 구할 수 없다.

답 ③

3 $x-3=10$ 　　$\therefore x=13$

$y=\dfrac{13\times(13-3)}{2}=65$

$\therefore x+y=78$ 　　　　　　　　答 ④

4 $\angle B+\angle C=360°-(120°+100°)=140°$

$\angle PBC+\angle PCB=\dfrac{1}{2}(\angle B+\angle C)=70°$

$\therefore \angle x=180°-70°=110°$ 　　　答 ③

5 $\angle x=65°+25°+35°$
　　$=125°$

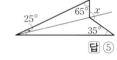

답 ⑤

6 호의 길이와 부채꼴의 넓이는 중심각의 크기에
정비례한다.

답 ①, ⑤

7 $80°+75°+70°+(180°-\angle x)+47°=360°$

$\therefore \angle x=92°$

$\angle y+150°+112°+105°+110°=540°$

$\therefore \angle y=63°$

$\therefore \angle x+\angle y=155°$ 　　　　　답 ③

8 $\angle a + \angle c + \angle e = 180°$

$\angle b + \angle d + \angle f = 180°$

$\therefore \angle a + \angle b + \angle c + \angle d + \angle e + \angle f = 360°$

답 ③

9 부채꼴 COD의 넓이를 $x\,\text{cm}^2$라 하면

$20 : x = 120 : 50$

$\therefore x = \dfrac{25}{3}$

답 ④

10 $\angle DOB = 60°$이므로

$6\pi : \overarc{BD} = 40 : 60$

$\therefore \overarc{BD} = 9\pi\,(\text{cm})$

답 ④

11 반지름의 길이를 $x\,\text{cm}$라 하면

$2\pi r \times \dfrac{72}{360} = 6\pi \qquad \therefore r = 15$

따라서 구하는 넓이는

$\pi \times 15^2 \times \dfrac{72}{360} = 45\pi\,(\text{cm}^2)$

답 ②

12 구하는 넓이는 (정사각형의 넓이)$-4 \times$ (반지름이 a인 원의 넓이)와 같으므로

$4a \times 4a - 4 \times \pi a^2 = 16a^2 - 4\pi a^2$

답 ①

13 오른쪽 그림에서 △PQR는 한 변의 길이가 12 cm인 정삼각형이므로

$\angle APF$

$= 360° - 60° - 90° \times 2$

$= 120°$

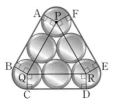

따라서 구하는 끈의 길이는

$\overline{AB} + \overline{CD} + \overline{EF} + \overarc{AF} + \overarc{BC} + \overarc{DE}$

$= 12 + 12 + 12 + 2\pi \times 3 \times \dfrac{120}{360} \times 3$

$= 36 + 6\pi\,(\text{cm})$

답 ③

14 (한 외각의 크기)$= 180° \times \dfrac{2}{7+2} = 40°$

정n각형이라고 하면

$\dfrac{360°}{n} = 40° \qquad \therefore n = 9$

따라서 구각형의 대각선의 개수는

$\dfrac{9 \times (9-3)}{2} = 27(\text{개})$

답 27개

15 $\pi \times 10^2 \times \dfrac{x}{360} - \pi \times 5^2 \times \dfrac{x}{360} = 25\pi$

$\dfrac{75\pi}{360} x = 25\pi \qquad \therefore x = 120$

답 120

16 $\angle F = \dfrac{180° \times (8-2)}{8} = 135°$

△EFG에서 $\overline{EF} = \overline{GF}$이므로

$\angle GEF = (180° - 135°) \times \dfrac{1}{2} = 22.5°$

$\overline{DG} /\!/ \overline{EF}$이므로 $\angle DGE = \angle GEF = 22.5°$

답 22.5°

채점 기준	
$\angle F$, $\angle GEF$의 크기 구하기	각 3점
답 구하기	2점

정답
및
해설

01 다면체

P. 124~127

Step **1** 교과서 이해

01 다면체

02 ○

03 ×

04 ○

05 ×

06 ○

07 ○

08 5개, 오면체

09 5개, 오면체

10 7개, 칠면체

11 7개, 칠면체

12 각뿔대

13 사각형, 사각뿔대

14 육각형, 육각뿔대

15 5 cm

16 12 cm

17 8개, 12개, 6개, 직사각형

18 12개, 18개, 8개, 직사각형

19 6개, 10개, 6개, 삼각형

20 8개, 12개, 6개, 사다리꼴

21

	n각기둥	n각뿔	n각기둥
면의 개수	$(n+2)$개	$(n+1)$개	$(n+2)$개
모서리의 개수	$3n$개	$2n$개	$3n$개
꼭짓점의 개수	$2n$개	$(n+1)$개	$2n$개
옆면의 모양	직사각형	삼각형	사다리꼴

22 합동, 정다각형, 면

23 정사면체, 정육면체, 정팔면체, 정십이면체, 정이십면체

24 ×

25 ○

26 ×

27 ○

28 ×

29 정사면체, 정팔면체, 정이십면체

30 정육면체

31 정십이면체

32 정사면체, 정육면체, 정이십면체

33 정팔면체

34 정이십면체

35

정다면체	정사면체	정육면체	정팔면체	정십이면체	정이십면체
면의 개수	4	6	8	12	20
꼭짓점의 개수	4	8	6	20	12
모서리의 개수	6	12	12	30	30

36 (1) − (ㄷ), (2) − (ㅁ), (3) − (ㄴ), (4) − (ㄱ), (5) − (ㄹ)

37
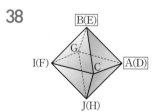

38
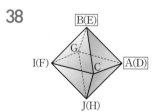

39 점 K

40 선분 HG

41 면 ABMN

42 면 BCDM, 면 EFKL

43 각 꼭짓점에 모인 면의 개수가 같지 않으므로 정다면체가 아니다.

44 $v=8$, $e=12$, $f=6$
$\therefore v-e+f=2$ 답 2

45 $v=7$, $e=12$, $f=7$ 답 2

46 $v=10$, $e=15$, $f=7$ 답 2

47 $v=10$, $e=15$, $f=7$ 답 2

P. 128~129

Step **2** 개념탄탄

01 ② 원기둥은 회전체이다.   답 ②

02 ①, ②, ③, ④ 6개, ⑤ 8개   답 ⑤

03 $a=5$, $b=5$ $\therefore a+b=10$ 답 10

04 (ㄱ), (ㄴ), (ㄷ), (ㅁ)은 육면체
(ㄹ), (ㅂ)은 칠면체   답 4개

05 ① 12개 ② 10개 ③ 12개 ④ 18개 ⑤ 15개

06 ① 6개 ② 8개 ③ 8개 ④ 8개 ⑤ 8개   답 ①

07 ④ 오각기둥 - 직사각형
⑤ 사각뿔 - 삼각형   답 ④, ⑤

08 (나), (다)에서 구하는 입체도형은 각뿔대이다. (가)에서 n각뿔대의 면의 개수는 $(n+2)$개이므로
$n+2=8$ $\therefore n=6$
따라서 육각뿔대이다.   답 육각뿔대

09 ② 정육면체 - 정사각형
⑤ 정이십면체 - 정삼각형   답 ②, ⑤

10 ③, ⑤

11 $a=12$, $b=6$
$\therefore a-b=12-6=6$ 답 6

12 정육면체

13 ④ 정십이면체는 12개의 정오각형으로 이루어져 있다.   답 ④

14 (1) 정사면체 (2) $\overline{CF}$ (3) 점 E

15 다음 그림의 어두운 부분이 겹쳐지므로 정육면체를 만들 수 없다.

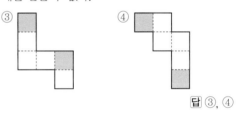

답 ③, ④

P. 130~133

Step **3** 실력완성

01 다면체인 것은 (ㄱ), (ㄴ), (ㅁ), (ㅂ)이다.
답 (ㄱ), (ㄴ), (ㅁ), (ㅂ)

02 ① 6개 ② 6개 ③ 6개 ④ 8개 ⑤ 7개
답 ④

03 주어진 다면체는 칠면체이다.
① 6개 ② 6개 ③ 7개 ④ 7개 ⑤ 8개
답 ③, ④

04 ① 사각기둥 - 육면체
② 오각뿔 - 육면체
③ 사각뿔 - 오면체
⑤ 팔각뿔 - 십면체   답 ④

05 n각형의 대각선의 개수는 $\dfrac{n(n-3)}{2}$ 개이므로

$\dfrac{n(n-3)}{2}=27$에서 $n(n-3)=54=9\times 6$

$\therefore n=9$

즉, 밑면의 모양은 구각형이다.

따라서 구하는 각뿔은 구각뿔이고 구각뿔의 면의

개수는 $9+1=10$(개)이므로 십면체이다.

답 십면체

채점 기준	
대각선의 개수가 27개인 다각형 알기	40%
밑면의 모양에 따른 각뿔 이름 알기	30%
답 구하기	30%

06 ③ 십각뿔 – 20개   **답** ③

07 면과 모서리의 개수는 각각 다음과 같다.

① 7개, 12개   ② 8개, 18개   ③ 8개, 14개

④ 10개, 24개   ⑤ 9개, 21개

답 ③

08 ② 두 밑면은 평행하지만 합동은 아니다.

④ 옆면의 모양은 사다리꼴이다.   **답** ②, ④

09 $a=5\times 2=10$

$b=6+1=7$

$c=4\times 3=12$

$\therefore a-b+c=10-7+12=15$

답 15

채점 기준	
a, b, c의 값 구하기	각 30%
답 구하기	10%

10 주어진 각뿔대를 n각뿔대라 하면

$3n=24$ $\therefore n=8$

따라서 팔각뿔대이므로 밑면의 모양은 팔각형이다.

답 ⑤

11 ① 사각뿔대 – 8개   ② 오각뿔 – 6개

③ 오각기둥 – 10개   ⑤ 팔각뿔대 – 16개

답 ④

12 n각뿔의 꼭짓점의 개수는

$(n+1)$개이므로 $a=n+1$

n각뿔의 모서리의 개수는 $2n$개이므로

$b=2n$

n각뿔의 면의 개수는 $(n+1)$개이므로

$c=n+1$

$\therefore a+b+c=n+1+2n+n+1$

$\qquad\qquad =4n+2$

답 ③

13 ① 오각기둥 – 직사각형

② 사각뿔 – 삼각형

③ 삼각뿔대 – 사다리꼴

⑤ 삼각기둥 – 직사각형

답 ④

14 밑면을 n각형이라고 하면

$\dfrac{n(n-3)}{2}=35$에서

$n(n-3)=70=10\times 7$ $\therefore n=10$

즉, 밑면의 모양은 십각형이므로 구하는 각기둥

은 십각기둥이다.

십각기둥의 꼭짓점의 개수는

$2\times 10=20$(개) $\therefore a=20$

면의 개수는 $10+2=12$(개) $\therefore b=12$

모서리의 개수는 $3\times 10=30$(개) $\therefore c=30$

$\therefore a+b-c=20+12-30=2$

답 2

채점 기준	
대각선의 개수가 35개인 다각형 알기	20%
밑면의 모양에 따른 각기둥의 이름 알기	10%
a, b, c의 값 구하기	각 20%
답 구하기	10%

15 (나), (다)에서 구하는 입체도형은 각기둥이다.

이 입체도형을 n각기둥이라 하면 (가)에서 십면체,

즉 면의 개수가 10개이므로

$n+2=10$ $\therefore n=8$

따라서 구하는 입체도형은 팔각기둥이다.

답 ④

16 ①

17 ④ 정팔면체는 한 꼭짓점에 모인 면의 개수가 4 개이다. 　　　　　　　　　　　　　　**답** ④

18 한 꼭짓점에 모이는 면의 개수가 5개인 정다면체
는 정이십면체이고, 정이십면체의 꼭짓점의 개수
는 12개이므로 $a=12$
면이 가장 적은 정다면체는 정사면체이고 정사면
체의 모서리의 개수는 6개이므로 $b=6$
$\therefore a+b=12+6=18$ 　　　　　　　　**답** 18

채점 기준	
a의 값 구하기	40%
b의 값 구하기	40%
답 구하기	20%

19 ③

20 ④

21 (1) [조건 1] 모든 면이 합동인 정다각형으로 이루
　　　　어져 있다.
　　　[조건 2] 각 꼭짓점에 모인 면의 개수가 모두
　　　　같다.
　　(2) 각 꼭짓점에 모인 면의 개수가 다르므로 정다
　　　면체가 아니다.

채점 기준	
정다면체의 조건 말하기	60%
정다면체가 아닌 이유 설명하기	40%

22 $a=7$, $b=12$, $c=7$
$\therefore a+b-c=7+12-7=12$ 　　　　**답** 12

23 주어진 전개도로 만들
어지는 정팔면체는 오
른쪽 그림과 같으므로
$\overline{AB}$와 겹치는 모서리는
$\overline{IH}$이다.

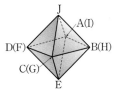

　　　　　　　　　　　　　　　　　답 ②

24 주어진 전개도로 만들
어지는 정육면체는 오
른쪽 그림과 같으므로
$\overline{AB}$와 꼬인 위치에 있
는 모서리는 $\overline{CD}$이다.

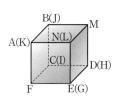

　　　　　　　　　　　　　　　　　답 ①

25 정사면체의 각 모서리의 중점
을 연결하여 만든 입체도형은
오른쪽 그림과 같이 모든 면이
합동인 정삼각형이고 각 꼭짓
점에 모인 면의 개수가 4개인 정팔면체가 된다.

　　　　　　　　　　　　　　　　　답 ③

P. 134

Step 4 유형클리닉

1 모서리의 개수가 14개인 각뿔은 칠각뿔이므로
$a=7+1=8$, $b=7+1=8$
$\therefore b-a=8-8=0$ 　　　　　　　　**답** 0

1-1 n각뿔대의 모서리의 개수는 $3n$개이고 면의 개수
는 $(n+2)$개이므로
$3n-(n+2)=14$, $2n=16$
$\therefore n=8$
따라서 팔각뿔대의 꼭짓점의 개수는
$8\times2=16$(개) 　　　　　　　　　**답** 16개

1-2 밑면을 n각형이라고 하면
$$\frac{n(n-3)}{2}=20$$
$n(n-3)=40=8\times5$ 　　 $\therefore n=8$
즉, 밑면의 모양은 팔각형이다.

따라서 구하는 각뿔은 팔각뿔이므로

$a=8+1=9$, $b=8+1=9$

$c=8\times2=16$

$\therefore a-b+16=9-9+16=16$ 답 16

2 $a=6$, $b=6$, $c=20$

$\therefore a+b+c=6+6+20=32$ 답 32

2-1 모서리의 개수와 꼭짓점의 개수가 각각 30개, 12개인 정다면체는 정이십면체이므로 한 꼭짓점에 모인 면의 개수는 5개이다.   답 5개

2-2 꼭짓점의 개수가 가장 많은 정다면체는 정십이면체이므로 $a=30$

모서리의 개수가 가장 적은 정다면체는 정사면체이므로 $b=4$

$\therefore a-b=30-4=26$ 답 26

P. 135

Step **5** 서술형 만점 대비

1   팔각뿔대의 면의 개수는 $8+2=10$(개)이므로

$a=10$

십각기둥의 모서리의 개수는 $10\times3=30$(개)이므로

$b=30$

육각뿔의 꼭짓점의 개수는 $6+1=7$(개)이므로

$c=7$

$\therefore a+b+c=10+30+7=47$ 답 47

채점 기준	
a의 값 구하기	30%
b의 값 구하기	30%
c의 값 구하기	30%
답 구하기	10%

2 n각기둥의 꼭짓점의 개수는 $2n$개이므로

$2n=16$ $\therefore n=8$

따라서 팔각기둥의 면의 개수는 $8+2=10$(개)이므로 $a=10$

팔각기둥의 모서리의 개수는 $3\times8=24$(개)이므로 $b=24$

$\therefore b-a=24-10=14$ 답 14

채점 기준	
꼭짓점의 개수가 16개인 각기둥의 이름 알기	30%
a의 값 구하기	30%
b의 값 구하기	30%
답 구하기	10%

3   주어진 전개도로 주사위를 만들었을 때 마주 보는 눈의 수는 각각 1과 c, a와 2, b와 3이다.

이때 $1+c=7$, $a+2=7$, $b+3=7$이므로

$a=5$, $b=4$, $c=6$

$\therefore a+b-c=5+4-6=3$ 답 3

채점 기준	
서로 마주 보는 두 면 찾기	30%
a, b, c의 값 구하기	각 20%
답 구하기	10%

4   정이십면체의 꼭짓점, 모서리, 면의 개수는 각각 12개, 30개, 20개이므로

$v=12$, $e=30$, $f=20$

$\therefore v-e+f=12-30+20=2$ 답 2

채점 기준	
v, e, f의 값 구하기	각 30%
답 구하기	10%

02 회전체

P. 136~138

Step **1** 교과서 이해

01 회전체, 회전축 **02** 원뿔대

03 구 **04** 모선

05 (ㄴ), (ㄹ), (ㅂ)

06
원뿔

07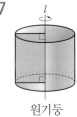
원기둥

08
원뿔대

09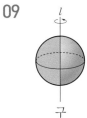
구

회전체	회전축에 수직인 평면 으로 자른 단면의 모양	회전축을 포함하는 평면 으로 자른 단면의 모양
10 원기둥	원	직사각형
11 원뿔	원	이등변삼각형
12 원뿔대	원	사다리꼴
13 구	원	원

14 ○

15 ×

16 ○

17

18

19

20

21
(단면의 넓이)
$=4 \times 4 = 16 (cm^2)$
답 $16 cm^2$

22
(단면의 넓이)
$=\dfrac{1}{2} \times 8 \times 12 = 48 (cm^2)$
답 $48 cm^2$

23
(단면의 넓이)
$=\dfrac{1}{2} \times (4+6) \times 5$
$=25 (cm^2)$
답 $25 cm^2$

24
(단면의 넓이)
$=\pi \times 6^2 = 36\pi (cm^2)$
답 $36\pi \ cm^2$

25 $a=6$, $b=12\pi$, $c=8$

26 $a=13$, $b=12\pi$, $c=6$

27 $a=4$, $b=6$, $c=12$

P. 139~140

Step**2** 개념탄탄

01 ③

02 (1)-(ㄹ), (2)-(ㄷ), (3)-(ㄱ), (4)-(ㄴ)

03 주어진 평면도형을 직선 l을 축으로 하여 1회전시킬 때 생기는 입체도형은 오른쪽 그림과 같다.

답 ⑤

04 주어진 회전체는 ④를 회선시킨 것이다.

답 ④

05 각 변을 축으로 하여 1회전시킬 때 생기는 입체도형은 다음과 같다.

(1)   (2)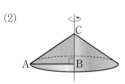

(3)

답 (1) $\overline{AB}$ (2) $\overline{BC}$ (3) $\overline{AC}$

06 ③ 원뿔−이등변삼각형   답 ③

07 ⑤

08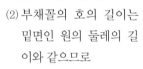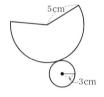

(단면의 넓이)$=8\times10=80(\text{cm}^2)$ 답 ⑤

09 주어진 원뿔의 전개도는 오른쪽 그림과 같다.
(2) 부채꼴의 호의 길이는 밑면인 원의 둘레의 길이와 같으므로
$2\pi\times3=6\pi(\text{cm})$

답 (1) 5 cm   (2) 6π cm

10 ②

P. 141~143

Step**3** 실력완성

01 회전체인 것은 (ㄱ), (ㅁ), (ㅅ), (ㅇ)의 4개이다.

답 4개

02 ④
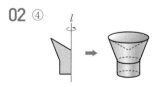

답 ④

03
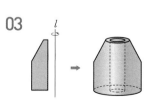

답 ④

04 주어진 회전체는 ⑤를 회전시킨 것이다.

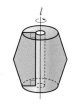

답 ⑤

05 각 변을 축으로 하여 1회전시킬 때 생기는 입체 도형은 다음과 같다.

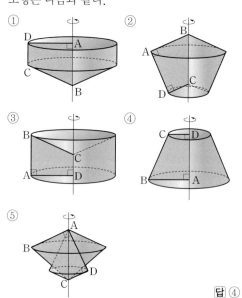

답 ④

06 ②

07 ④

08 ⑤

답 ⑤

09 ② 원뿔대를 회전축에 수직인 평면으로 자른 단 면은 원이다.

답 ②

10 ①②③④⑤

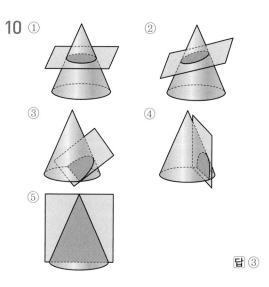

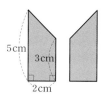

답 ③

11 단면의 모양은 다음 그림과 같다.

5cm 3cm
2cm

$$(넓이)=2\times\left\{\frac{1}{2}\times(3+5)\times2\right\}=16(\text{cm}^2)$$

답 16 cm²

채점 기준	
단면의 모양 알기	60%
넓이 구하기	40%

12 부채꼴의 중심각의 크기를 $x°$라 하면 부채꼴의 호의 길이는 밑면인 원의 둘레의 길이와 같으므로

$$2\pi\times12\times\frac{x}{360}=10\pi$$

$$\therefore x=150$$

따라서 부채꼴의 중심각의 크기는 150°이다.

답 150°

13 (1)

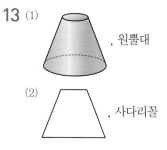

, 원뿔대

(2)

, 사다리꼴

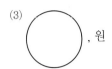
(3)

, 원

채점 기준	
회전체의 겨냥도를 그리고 입체도형의 이름 말하기	40%
회전축을 포함하는 평면으로 자른 단면을 그리고 평면도형의 이름 알기	30%
회전축에 수직인 평면으로 자른 단면을 그리고 평면도형의 이름 알기	30%

14 밑면의 반지름의 길이를 r cm라 하면

$2\pi \times r = 16\pi$ ∴ $r = 8$(cm) 🔳 ④

15 (부채꼴의 호의 길이)

$$= 2\pi \times 12 \times \frac{120}{360}$$

$$= 8\pi \text{(cm)}$$

부채꼴의 호의 길이는 밑면인 원의 둘레의 길이

와 같으므로

$2\pi r = 8\pi$ ∴ $r = 4$(cm) 🔳 4 cm

채점 기준	
부채꼴의 호의 길이 구하기	40%
부채꼴의 호의 길이와 밑면의 둘레의 길이가 같음을 이용하여 식 세우기	40%
답 구하기	20%

P. 144

Step **4** 유형클리닉

1 단면은 오른쪽 그림과 같은 사다리꼴이므로

(단면의 넓이)

$$= \frac{1}{2} \times (6+12) \times 4$$

$$= 36 \text{(cm}^2)$$ 🔳 36 cm²

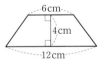

1-1 단면은 한 변의 길이가 10 cm인 마름모이므로

(둘레의 길이)

$= 4 \times 10 = 40$(cm)

🔳 40 cm

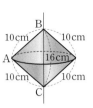

1-2 단면은 오른쪽 그림과 같으므로

(단면의 넓이)

= (큰 원의 넓이)

－(작은 원의 넓이)

$$= \pi \times 7^2 - \pi \times 3^2$$

$$= 49\pi - 9\pi$$

$$= 40\pi \text{(cm}^2)$$ 🔳 40π cm²

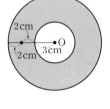

2 (직사각형의 넓이)$= (2\pi \times 3) \times 5$

$$= 30\pi \text{(cm}^2)$$ 🔳 30π cm²

2-1 (1)

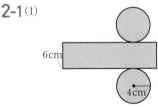

(2) (직사각형의 가로)$= 2\pi \times 4 = 8\pi$(cm)

(직사각형의 세로)$= 6$ cm

🔳 (1) 풀이 참조 (2) 가로 : 8π cm, 세로 : 6 cm

2-2 페인트가 칠해지는 부분은 오른쪽 그림의 원기둥의 전개도에서 옆면인 직사각형이다.

∴ (페인트가 칠해지는 부분의 넓이)

$$= 8\pi \times 25 = 200\pi \text{(cm}^2)$$ 🔳 200π cm²

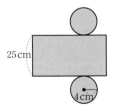

Step 5 서술형 만점 대비

1 주어진 평면도형을 $\overline{DC}$
를 축으로 하여 1회전시
킨 회전체를 회전축을 포
함하는 평면으로 자른 단
면은 오른쪽 그림과 같은 사다리꼴이다.

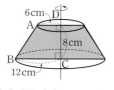

∴ (단면의 넓이)

$$= \frac{1}{2} \times (12+24) \times 8 = 144 (cm^2)$$

답 $144\,cm^2$

채점 기준	
회전축을 포함하는 평면으로 자른 단면의 모양 알기	40%
단면의 넓이 구하기	60%

2 (1)

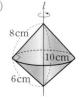

(2) 회전축을 포함하는 평면으
로 잘랐을 때 생기는 단면
은 오른쪽 그림과 같다.

(단면의 넓이)

$$= 2 \times \left(\frac{1}{2} \times 8 \times 6 \right) = 48 (cm^2)$$

(3) 회전축에 수직인 평면으로
자를 때 생기는 단면은 모
두 원이고, 그 중 가장 큰
단면의 반지름의 길이를
$r\,cm$라 하면

$$\frac{1}{2} \times 8 \times 6 = \frac{1}{2} \times 10 \times r$$

$$\therefore r = \frac{24}{5} (cm)$$

답 (1) 풀이 참조 (2) $48\,cm^2$ (3) $\dfrac{24}{5}\,cm$

채점 기준	
회전체의 겨냥도 그리기	20%
회전축을 포함하는 평면으로 자를 때 생기는 단면의 넓이 구하기	40%
회전축에 수직인 평면으로 자를 때 생기는 가장 큰 단면의 반지름의 길이 구하기	40%

3 주어진 원뿔대의 전개도를 그리면 다음 그림과
같고, 옆면은 어두운 부분이다.

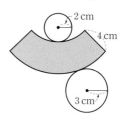

(옆면의 둘레의 길이)

$$= 4 \times 2 + 2\pi \times 2 + 2\pi \times 3$$

$$= 8 + 4\pi + 6\pi$$

$$= 10\pi + 8 (cm)$$

답 $(10\pi + 8)\,cm$

채점 기준	
원뿔대의 전개도 그리기	30%
옆면의 둘레의 길이 구하기	70%

4 (1)

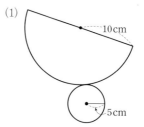

(2) 옆면인 부채꼴의 호의 길이는 밑면인 원의 둘
레의 길이와 같으므로

$$2\pi \times 5 = 10\pi (cm)$$

(3) 부채꼴의 중심각의 크기를 $x°$라 하면

$$2\pi \times 10 \times \frac{x}{360} = 10\pi$$

$$\therefore x = 180$$

따라서 부채꼴의 중심각의 크기는 $180°$이다.

답 (1) 풀이 참조 (2) $10\pi\,cm$ (3) $180°$

채점 기준	
원뿔의 전개도 그리기	30%
옆면인 부채꼴의 호의 길이 구하기	30%
부채꼴의 중심각의 크기 구하기	40%

03 입체도형의 부피와 겉넓이

P. 146~149

Step **1** 교과서 이해

01 Sh

02 $\pi r^2 h$

03 (1) $\dfrac{1}{2} \times 12 \times 5 = 30 (\text{cm}^2)$

(3) $30 \times 6 = 180 (\text{cm}^3)$

답 (1) 30　(2) 6　(3) 180

04 (3) $15 \times 4 = 60 (\text{cm}^3)$

답 (1) 15　(2) 4　(3) 60

05 (1) $\dfrac{1}{2} \times (6+12) \times 2 = 18 (\text{cm}^2)$

(3) $18 \times 5 = 90 (\text{cm}^3)$

답 (1) 18　(2) 5　(3) 90

06 (1) $\pi \times 2^2 = 4\pi (\text{cm}^2)$

(3) $4\pi \times 5 = 20\pi (\text{cm}^3)$

답 (1) 4π　(2) 5　(3) 20π

07 (1) $\pi \times 4^2 = 16\pi (\text{cm}^2)$

(3) $16\pi \times 10 = 160\pi (\text{cm}^3)$

답 (1) 16π　(2) 10　(3) 160π

08 $\pi \times 3^2 \times \dfrac{1}{2} \times 10 = 45\pi (\text{cm}^3)$

답 $45\pi \text{ cm}^3$

09 $\pi \times 4^2 \times 6 - \pi \times 2^2 \times 6$

$= 96\pi - 24\pi = 72\pi (\text{cm}^3)$

답 $72\pi \text{ cm}^3$

10 밑넓이, 옆넓이

11 (1) 24　(2) 72　(3) 120

12 (1) 36　(2) 392　(3) 464

13 (1) 25π　(2) 100π　(3) 150π

14 (1) 16π　(2) 56π　(3) 88π

15 $\dfrac{1}{3}Sh$

16 (3) $\dfrac{1}{3} \times 16 \times 5 = \dfrac{80}{3} (\text{cm}^3)$

답 (1) 16　(2) 5　(3) $\dfrac{80}{3}$

17 (1) $\dfrac{1}{2} \times 3 \times 5 = \dfrac{15}{2} (\text{cm}^2)$

(3) $\dfrac{1}{3} \times \dfrac{15}{2} \times 4 = 10 (\text{cm}^3)$

답 (1) $\dfrac{15}{2}$　(2) 4　(3) 10

18 (1) $\pi \times 5^2 = 25\pi (\text{cm}^2)$

(3) $\dfrac{1}{3} \times 25\pi \times 8 = \dfrac{200}{3}\pi (\text{cm}^3)$

답 (1) 25π　(2) 8　(3) $\dfrac{200}{3}\pi$

19 (3) $\dfrac{1}{3} \times 16\pi \times 5 = \dfrac{80}{3}\pi (\text{cm}^3)$

답 (1) 16π　(2) 5　(3) $\dfrac{80}{3}\pi$

20 (1) $\dfrac{1}{3} \times 36 \times 10 = 120 (\text{cm}^3)$

(2) $\dfrac{1}{3} \times 9 \times 5 = 15 (\text{cm}^3)$

(3) $120 - 15 = 105 (\text{cm}^3)$

답 (1) 120　(2) 15　(3) 105

21 (1) $\frac{1}{3} \times 64\pi \times 12 = 256\pi(\text{cm}^3)$

(2) $\frac{1}{3} \times 16\pi \times 6 = 32\pi(\text{cm}^3)$

(3) $256\pi - 32\pi = 224\pi(\text{cm}^3)$

답 (1) 256π (2) 32π (3) 224π

22 옆넓이

23 $a=13$, $b=10$, $c=10$, $d=12$

24 100, 60, 240, 340

25 $a=7$, $b=4$

26 16π, 8π, 28π, 44π

27 $a=3$, $b=5$, $c=6$

28 (옆넓이)$=\frac{1}{2} \times 10 \times 12\pi - \frac{1}{2} \times 5 \times 6\pi$

$=60\pi - 15\pi = 45\pi(\text{cm}^2)$

답 36π, 9π, 45π, 90π

29 $\frac{4}{3}\pi r^3$

30 $\frac{4}{3}\pi \times 10^3 = \frac{4000}{3}\pi(\text{cm}^3)$

답 $\frac{4000}{3}\pi \, \text{cm}^3$

31 $\frac{4}{3}\pi \times 4^3 = \frac{256}{3}\pi(\text{cm}^3)$

답 $\frac{256}{3}\pi \, \text{cm}^3$

32 $\frac{4}{3}\pi \times 6^3 \times \frac{1}{2} = 144\pi(\text{cm}^3)$

답 $144\pi \, \text{cm}^3$

33 $\frac{4}{3}\pi \times 10^3 \times \frac{3}{4} = 1000\pi(\text{cm}^3)$

답 $1000\pi \, \text{cm}^3$

34 원기둥의 밑면의 반지름의 길이를 r라 하면

(원기둥의 부피)$=\pi r^2 \times 2r = 2\pi r^3$

(구의 부피)$=\frac{4}{3}\pi r^3$

(원뿔의 부피)$=\frac{1}{3}\pi r^2 \times 2r = \frac{2}{3}\pi r^3$

$\therefore 2\pi r^3 : \frac{4}{3}\pi r^3 : \frac{2}{3}\pi r^3 = 6 : 4 : 2$

$= 3 : 2 : 1$

답 $3 : 2 : 1$

35 $4\pi r^2$

36 $4\pi \times 5^2 = 100\pi(\text{cm}^2)$ 답 $100\pi \, \text{cm}^2$

37 $4\pi \times 6^2 = 144\pi(\text{cm}^2)$ 답 $144\pi \, \text{cm}^2$

38 $4\pi \times 10^2 \times \frac{1}{2} + \pi \times 10^2$

$= 200\pi + 100\pi = 300\pi(\text{cm}^2)$

답 $300\pi \, \text{cm}^2$

P. 150~151

Step**2** 개념탄탄

01 (밑넓이)$=\frac{1}{2} \times (10+20) \times 12 = 180(\text{cm}^2)$

(부피)$=180 \times 15 = 2700(\text{cm}^3)$ 답 ③

02 (밑넓이)$=\frac{1}{2} \times 6 \times 8 = 24(\text{cm}^2)$

$\therefore$ (부피)$=24 \times 20 = 480(\text{cm}^3)$ 답 $480 \, \text{cm}^3$

03 $\pi \times 10^2 \times 15 = 1500\pi(\text{cm}^3)$

답 $1500\pi \, \text{cm}^3$

04 (A의 부피)$=\pi \times 6^2 \times h = 36\pi h(\text{cm}^3)$

(B의 부피)$=\pi \times 3^2 \times 8 = 72\pi(\text{cm}^3)$

(A의 부피)$=$(B의 부피)이므로

$36\pi h = 72\pi$ $\therefore h=2$ 답 ①

05 옆면의 가로의 길이는 밑면의 원수와 같으므로
밑면의 반지름의 길이를 r cm라 하면
$2\pi r=8\pi$ ∴ $r=4$
∴ (부피)$=\pi\times4^2\times10=160\pi(\text{cm}^3)$
답 ③

06 $a=3+4+5=12$
$b=6$
∴ $a-b=12-6=6$
답 6

07 $\dfrac{(3+7)\times3}{2}\times2+(3+3+7+5)\times8$
$=30+144=174(\text{cm}^2)$
답 ⑤

08 (두 밑넓이)$=25\pi\times2=50\pi(\text{cm}^2)$
(옆넓이)$=10\pi\times h=10h\pi(\text{cm}^2)$
$50\pi+10h\pi=130\pi$
$10h\pi=80\pi$ ∴ $h=8$
답 8

09 (모래의 높이)$=6\times\dfrac{1}{3}=2$
답 ②

10 사각뿔의 높이를 h cm라고 하면
$\dfrac{1}{3}\times64\times h=256$
∴ $h=12$
답 ⑤

11 (원뿔의 옆면의 넓이)$=\dfrac{1}{2}\times5\times6\pi$
$=15\pi(\text{cm}^2)$
(원기둥의 옆면의 넓이)$=6\pi\times6$
$=36\pi(\text{cm}^2)$
(원기둥의 한 밑면의 넓이)$=9\pi(\text{cm}^2)$
∴ (겉넓이)$=15\pi+36\pi+9\pi$
$=60\pi(\text{cm}^2)$
답 ④

12 (옆면의 넓이)$=\pi\times12^2\times\dfrac{150}{360}=60\pi(\text{cm}^2)$
밑면인 원의 반지름의 길이를 r cm라 하면
$2\pi r=2\pi\times12\times\dfrac{150}{360}=10\pi$
∴ $r=5(\text{cm})$
따라서 원뿔의 겉넓이는
$\pi\times5^2+60\pi=85\pi(\text{cm}^2)$
답 ③

13 (A의 부피)$=\dfrac{4}{3}\pi\times3^3=36\pi(\text{cm}^3)$
(B의 부피)$=\dfrac{4}{3}\pi\times9^3=972\pi(\text{cm}^3)$
∴ $972\pi\div36\pi=27$(배)
답 27배

14 반구의 반지름의 길이를 r cm라 하면
$\pi r^2+4\pi r^2\times\dfrac{1}{2}=27\pi$
$3\pi r^2=27\pi,\ r^2=9$ ∴ $r=3$
따라서 반지름의 길이가 3 cm인 구의 부피는
$\dfrac{4}{3}\pi\times3^3=36\pi(\text{cm}^3)$
답 36π cm³

15 (겉넓이)$=4\pi\times4^2\times\dfrac{1}{2}+2\pi\times4\times7+\pi\times4^2$
$=32\pi+56\pi+16\pi$
$=104\pi(\text{cm}^2)$
답 ③

P. 152~156

Step**3** 실력완성

01 (밑넓이)$=(10\times3+10\times6)\div2=45(\text{cm}^2)$
∴ (부피)$=45\times7=315(\text{cm}^3)$
답 ②

02 (밑넓이)$=(4\times10+5\times10)\div2=45(\text{cm}^2)$
∴ (부피)$=45\times10=450(\text{cm}^3)$
답 450 cm³

채점 기준	
밑넓이 구하기	50%
부피 구하기	50%

03 (밑넓이)$=(8\times5\div2)+(8+6)\times4\div2$
$=20+28=48(\text{cm}^2)$
∴ (부피)$=48\times12=576(\text{cm}^3)$
답 ⑤

04 $3\times6\times6=108(\text{cm}^2)$
답 108 cm²

05 $\pi\times3^2\times\dfrac{240}{360}\times10=60\pi(\text{cm}^3)$
답 ②

06 $16\pi \times 5 + 4\pi \times 5$

$= 80\pi + 20\pi = 100\pi \, (\text{cm}^3)$　　**답** $100\pi \, \text{cm}^3$

07 높이가 $4\,\text{cm}$인 원기둥의 부피는

$\pi \times 6^2 \times 4 = 144\pi \, (\text{cm}^3)$

나머지 부분은 높이가 $6\,\text{cm}$인 원기둥의 부피의
반이므로

$\pi \times 6^2 \times 6 \times \dfrac{1}{2} = 108\pi \, (\text{cm}^3)$

$\therefore$ (물의 부피) $= 144\pi + 108\pi$

$= 252\pi \, (\text{cm}^3)$　　**답** $252\pi \, \text{cm}^3$

08 통에 들어 있는 사과 주스의 부피 V는

$V = \pi \times 8^2 \times 18 = 1152\pi \, (\text{cm}^3)$

이것을 12개의 유리컵에 똑같이 나누어 부으려
면 한 개의 유리컵에 부어야 할 주스의 양은

$1152\pi \div 12 = 96\pi \, (\text{cm}^3)$

이때 한 개의 유리컵에 들어가는 주스의 깊이를
$x\,\text{cm}$라고 하면

$96\pi = \pi \times 4^2 \times x$　　$\therefore x = 6 \, (\text{cm})$

답 $6\,\text{cm}$

09 사각기둥의 높이를 $h\,\text{cm}$라 하면

(밑넓이) $= \dfrac{1}{2} \times (4 + 10) \times 4 = 28 \, (\text{cm}^2)$

(옆넓이) $= (5 + 10 + 5 + 4) \times h = 24h$

$28 \times 2 + 24h = 248$에서

$24h = 192$　　$\therefore h = 8$

따라서 사각기둥의 높이는 $8\,\text{cm}$이다.

답 $8\,\text{cm}$

10 (A의 겉넓이) $= 25\pi \times 2 + 2\pi \times 5 \times 7$

$= 50\pi + 70\pi$

$= 120\pi \, (\text{cm}^2)$

(B의 겉넓이) $= 36\pi \times 2 \times 2\pi \times 6 \times h$

$= 72\pi + 12\pi h$

(A의 겉넓이) $=$ (B의 겉넓이)에서

$120\pi = 72\pi + 12\pi h$　　$\therefore h = 4$　　**답** 4

채점 기준	
A의 겉넓이 구하기	30%
B의 겉넓이 구하기	30%
답 구하기	40%

11 비닐 천막으로 된 도형의 전개도를 그리면 다음
과 같다.

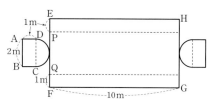

전개도에서 $\overline{PQ}$의 길이는 지름이 $2\,\text{m}$인 원의 원
주의 $\dfrac{1}{2}$과 같으므로

$\overline{PQ} = 2\pi \times \dfrac{1}{2} = \pi \, (\text{m})$

따라서 비닐 천막의 넓이는

(직사각형 ABCD의 넓이) $\times 2$

$+$ (반원의 넓이) $\times 2$

$+$ (직사각형 EFGH의 넓이)

$= (1 \times 2) \times 2 + \pi \times 1^2 + 10 \times (1 + \pi + 1)$

$= 4 + \pi + 20 + 10\pi = 24 + 11\pi \, (\text{m}^2)$

답 $(24 + 11\pi)\text{m}^2$

12 겉넓이 : 잘라 내어도 겉넓이에는 변함이 없다.

부피 : 처음 정육면체의 부피는 $a \times a \times a = a^3$

잘라 낸 정육면체의 부피는 $b \times b \times b = b^3$

따라서 남아 있는 정육면체의 부피는 $a^3 - b^3$

답 겉넓이 : $6a^2$, 부피 : $a^3 - b^3$

13 (두 밑넓이) $= (16\pi - 4\pi) \times 2 = 24\pi \, (\text{cm}^2)$

(겉쪽의 넓이) $= 8\pi \times 8 = 64\pi \, (\text{cm}^2)$

(안쪽의 넓이) $= 4\pi \times 8 = 32\pi \, (\text{cm}^2)$

$\therefore$ (겉넓이) $= 24\pi + 64\pi + 32\pi = 120\pi \, (\text{cm}^2)$

답 $120\pi \, \text{cm}^2$

14 8개의 음료수 캔을 담으려면 가로 $12\,\text{cm}$, 세로
$12\,\text{cm}$, 높이 $20\,\text{cm}$인 직육면체 모양의 상자가
필요하다.

(밑넓이) $= 12 \times 12 = 144 \, (\text{cm}^2)$

(옆넓이) $= 4 \times 12 \times 20 = 960 \, (\text{cm}^2)$

$\therefore$ (겉넓이) $= 2 \times 144 + 960 = 1248 \, (\text{cm}^2)$

답 $1248 \, \text{cm}^2$

15 (1) (밑넓이)$=6 \times 6 \times \dfrac{1}{2}=18(\text{cm}^2)$

  (높이)$=12(\text{cm})$

  $\therefore$ (부피)$=\dfrac{1}{3} \times 18 \times 12=72(\text{cm}^3)$

(2) $\triangle \text{AEF}=\square \text{ABCD}-\triangle \text{ABE}-\triangle \text{ECF}$
    $\qquad\qquad -\triangle \text{ADF}$

  $\qquad\quad =144-36-18-36=54(\text{cm}^2)$

삼각뿔의 높이를 $h\,\text{cm}$라 하면

$\dfrac{1}{3} \times \triangle \text{AEF} \times h=72$에서

$\dfrac{1}{3} \times 54h=72 \qquad \therefore h=4(\text{cm})$

답 (1) $72\,\text{cm}^3$ (2) $4\,\text{cm}$

채점 기준	
삼각뿔의 부피 구하기	40%
삼각뿔의 높이 구하기	60%

16 $(6 \times 6 \times 6)-\dfrac{1}{3} \times \left(3 \times 4 \times \dfrac{1}{2}\right) \times 5$

  $=216-10=206(\text{cm}^3)$ **답** $206\,\text{cm}^3$

17 (원뿔의 부피)$=\dfrac{1}{3} \times 16\pi \times 9=48\pi(\text{cm}^3)$

  원기둥에서 물의 높이를 $h\,\text{cm}$라 하면

  $36\pi \times h=48\pi$

  $\therefore h=\dfrac{4}{3}(\text{cm})$ **답** $\dfrac{4}{3}\,\text{cm}$

18 $\pi \times 5^2 \times 15+\dfrac{1}{3} \times \pi \times 5^2 \times 5$

  $=375\pi+\dfrac{125}{3}\pi$

  $=\dfrac{1250}{3}\pi\,(\text{cm}^3)$ **답** $\dfrac{1250}{3}\pi\,\text{cm}^3$

19 $\pi \times 8^2 \times 8-\dfrac{1}{3} \times \pi \times 6^2 \times 8$

  $=512\pi-96\pi=416\pi(\text{cm}^3)$ **답** ②

20 (지붕의 넓이)$=(2 \times 1.5 \div 2) \times 4=6(\text{m}^2)$

  (옆면의 넓이)$=(2+2+2+2) \times 2.5=20(\text{m}^2)$

  $\therefore 6+20=26(\text{m}^2)$ **답** $26\,\text{m}^2$

21 원뿔의 밑면의 반지름의 길이를 $r\,\text{cm}$라 하면

  $\pi r^2=16\pi, \ r^2=16 \qquad \therefore r=4$

  모선의 길이를 $l\,\text{cm}$라 하면

  (옆넓이)$=\pi \times 4 \times l=4\pi l(\text{cm}^2)$

  이때 이 원뿔의 겉넓이가 $56\pi\,\text{cm}^2$이므로

  $16\pi+4\pi l=56\pi, \ 4\pi l=40\pi$

  $\therefore l=10$

  따라서 주어진 원뿔의 모선의 길이는 $10\,\text{cm}$이다.

답 ④

22 (밑넓이)$=\pi \times 3^2=9\pi(\text{cm}^2)$

  (옆넓이)$=\dfrac{1}{2} \times 5 \times 6\pi=15\pi(\text{cm}^2)$

  $\therefore$ (겉넓이)$=9\pi+15\pi=24\pi(\text{cm}^2)$

  (부피)$=\dfrac{1}{3} \times 9\pi \times 4=12\pi(\text{cm}^3)$

답 겉넓이 : $24\pi\,\text{cm}^2$, 부피 : $12\pi\,\text{cm}^3$

23 $\dfrac{4}{3}\pi \times 3^3 \times \dfrac{1}{2}+\dfrac{1}{3} \times 9\pi \times 4$

  $=18\pi+12\pi=30\pi(\text{cm}^3)$ **답** ①

24 $\dfrac{4}{3}\pi \times 9^3 \times \dfrac{5}{6}=810\pi(\text{cm}^3)$ **답** $810\pi\,\text{cm}^3$

25 반지름의 길이가 $24\,\text{cm}$인 원의 둘레의 길이는

  $2 \times \pi \times 24=48\pi(\text{cm})$

  반지름의 길이가 $8\,\text{cm}$인 원의 둘레의 길이는

  $2 \times \pi \times 8=16\pi(\text{cm})$

  $\therefore 48\pi \div 16\pi=3(\text{회})$ **답** ②

26 $\dfrac{4}{3}\pi \times 10^3 \times \dfrac{1}{2}-64\pi \times 6$

  $=\dfrac{2000}{3}\pi-384\pi$

  $=\dfrac{848}{3}\pi(\text{cm}^3)$ **답** $\dfrac{848}{3}\pi\,\text{cm}^3$

27 (큰 쇠구슬의 부피)$=\dfrac{4}{3}\pi \times 6^3=288\pi(\text{cm}^3)$

  (작은 쇠구슬의 부피)$=\dfrac{4}{3}\pi \times 2^3=\dfrac{32}{3}\pi(\text{cm}^3)$

  $\therefore 288\pi \div \dfrac{32}{3}\pi=288\pi \times \dfrac{3}{32\pi}=27(\text{개})$

답 27개

채점 기준	
큰 쇠구슬의 부피 구하기	40%
작은 쇠구슬의 부피 구하기	40%
답 구하기	20%

Step 4 유형클리닉

28 (통의 부피)$=\pi\times4^2\times24=384\pi(\mathrm{cm}^3)$

(공 3개의 부피)$=\dfrac{4}{3}\pi\times4^3\times3=256\pi(\mathrm{cm}^3)$

$\therefore 384\pi-256\pi=128\pi(\mathrm{cm}^3)$

답 $128\pi\ \mathrm{cm}^3$

1 (밑넓이)$=100-12=88(\mathrm{cm}^2)$

(겉넓이)$=88\times2+10\times4\times10$

$\qquad\qquad+(2+6+2+6)\times10$

$\qquad=176+400+160$

$\qquad=736(\mathrm{cm}^2)$

(부피)$=88\times10=880(\mathrm{cm}^3)$

답 겉넓이 : $736\,\mathrm{cm}^2$, 부피 : $880\,\mathrm{cm}^3$

29 $\dfrac{120}{360}=\dfrac{1}{3}$ 이므로 주어진 입체도형은 반구의 $\dfrac{1}{3}$,

즉 구의 $\dfrac{1}{6}$을 잘라 낸 입체도형이다.

$\therefore$ (겉넓이)$=\dfrac{5}{6}\times(4\pi\times6^2)$

$\qquad\qquad+\left(\pi\times6^2\times\dfrac{90}{360}\right)\times2$

$\qquad\qquad+\pi\times6^2\times\dfrac{120}{360}$

$\qquad=120\pi+18\pi+12\pi$

$\qquad=150\pi(\mathrm{cm}^2)$

답 ③

1-1 (밑넓이)$=\pi\times6^2\times\dfrac{30}{360}=3\pi(\mathrm{cm}^2)$

(겉넓이)$=3\pi\times2+\left(12\pi\times\dfrac{30}{360}+6+6\right)\times9$

$\qquad=6\pi+9\pi+108=15\pi+108(\mathrm{cm}^2)$

(부피)$=3\pi\times9=27\pi(\mathrm{cm}^3)$

답 겉넓이 : $(15\pi+108)\,\mathrm{cm}^2$, 부피 : $27\pi\ \mathrm{cm}^3$

1-2 (밑넓이)$=(36\pi-9\pi)\times\dfrac{120}{360}=9\pi(\mathrm{cm}^2)$

(겉넓이)$=9\pi\times2+12\pi\times\dfrac{120}{360}\times8$

$\qquad\qquad+6\pi\times\dfrac{120}{360}\times8+3\times8\times2$

$\qquad=18\pi+32\pi+16\pi+48$

$\qquad=66\pi+48(\mathrm{cm}^2)$

(부피)$=9\pi\times8=72\pi(\mathrm{cm}^3)$

답 겉넓이 : $(66\pi+48)\,\mathrm{cm}^2$, 부피 : $72\pi\ \mathrm{cm}^3$

30 (반구의 겉넓이)$=4\pi\times4^2\times\dfrac{1}{2}=32\pi(\mathrm{cm}^2)$

(원뿔의 옆면의 넓이)$=\dfrac{1}{2}\times5\times8\pi=20\pi(\mathrm{cm}^2)$

$\therefore$ (겉넓이)$=32\pi+20\pi=52\pi(\mathrm{cm}^2)$

답 ①

31 반구 : $4\pi\times2^2\times\dfrac{1}{2}=8\pi(\mathrm{cm}^2)$

(원기둥의 옆면의 넓이)$=4\pi\times2=8\pi(\mathrm{cm}^2)$

(한 밑면의 넓이)$=\pi\times2^2=4\pi(\mathrm{cm}^2)$

$\therefore$ (겉넓이)$=8\pi+8\pi+4\pi=20\pi(\mathrm{cm}^2)$

답 $20\pi\ \mathrm{cm}^2$

2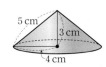

(A의 겉넓이)$=16\pi+\dfrac{1}{2}\times5\times8\pi=36\pi(\mathrm{cm}^2)$

(B의 겉넓이)$=9\pi+\dfrac{1}{2}\times5\times6\pi=24\pi(\mathrm{cm}^2)$

$\therefore 36\pi : 24\pi=3 : 2$

답 $3 : 2$

2-1 (부피)$=25\pi \times 8 = 200\pi \,(\text{cm}^3)$

(겉넓이)$=25\pi \times 2 + 10\pi \times 8$

$=130\pi \,(\text{cm}^2)$

답 부피 : $200\pi \,\text{cm}^3$, 겉넓이 : $130\pi \,\text{cm}^2$

2-2 (부피)$=\dfrac{1}{3} \times 16\pi \times 3 + \dfrac{4}{3} \times 4^3 \times \dfrac{1}{2}$

$=16\pi + \dfrac{128}{3}\pi = \dfrac{176}{3}\pi \,(\text{cm}^3)$

(겉넓이)$=\dfrac{1}{2} \times 5 \times 8\pi + 4\pi \times 4^2 \times \dfrac{1}{2}$

$=20\pi + 32\pi = 52\pi \,(\text{cm}^2)$

답 부피 : $\dfrac{176}{3}\pi \,\text{cm}^3$, 겉넓이 : $52\pi \,\text{cm}^2$

P. 158

Step**5** 서술형 만점 대비

1 (1) (A의 겉넓이)$=16\pi \times 2 + 8\pi \times 5$

$=72\pi \,(\text{cm}^2)$

(B의 겉넓이)$=9\pi \times 2 + 6\pi \times 8$

$=66\pi \,(\text{cm}^2)$

(2) B의 겉넓이가 더 작으므로 포장 비용이 절약
되는 것은 B이다.

답 (1) A : $72\pi \,\text{cm}^2$, B : $66\pi \,\text{cm}^2$　(2) B

채점 기준

A, B의 겉넓이 구하기	각 **40%**
겉넓이 비교하기	**20%**

2 (겉넓이)$=\left\{ \dfrac{1}{2} \times (14+8) \times 4 \right\} \times 2$

$+(5+14+5+8) \times 10$

$=88+320=408\,(\text{cm}^2)$

(부피)$=\dfrac{1}{2} \times (14+8) \times 4 \times 10 = 440\,(\text{cm}^3)$

답 겉넓이 : $408\,\text{cm}^2$, 부피 : $440\,\text{cm}^3$

채점 기준

겉넓이 구하기	**60%**
부피 구하기	**40%**

3 $V=(25\pi - 4\pi) \times 5$

$=105\pi \,(\text{cm}^3)$

$S=(25\pi - 4\pi) \times 2 + 4\pi \times 5 + 10\pi \times 5$

$=42\pi + 20\pi + 50\pi$

$=112\pi \,(\text{cm}^2)$

답 $V=105\pi \,\text{cm}^3$, $S=112\pi \,\text{cm}^2$

채점 기준

부피 V 구하기	**40%**
겉넓이 S 구하기	**60%**

4 (1) 원기둥과 원뿔의 높이는 $2r$이므로

(원뿔의 부피)$=\dfrac{1}{3}\pi r^2 \times 2r = \dfrac{2}{3}\pi r^3$

(구의 부피)$=\dfrac{4}{3}\pi r^3$

(원기둥의 부피)$=\pi r^2 \times 2r = 2\pi r^3$

(2) $\dfrac{2}{3}\pi r^3 : \dfrac{4}{3}\pi r^3 : 2\pi r^3 = \dfrac{2}{3} : \dfrac{4}{3} : 2$

$=1 : 2 : 3$

답 (1) 풀이 참조　(2) $1 : 2 : 3$

채점 기준

원뿔, 구, 원기둥의 부피 구하기	각 **25%**
비 구하기	**25%**

P. 159~162

Step**6** 도전 1등급

1 $a=2n$, $b=n+2$, $c=3n$이므로

$a+b+c=2n+(n+2)+3n=6n+2$

답 $6n+2$

2 남은 입체도형은 정삼각형 8개, 팔각형 6개로
이루어져 있고, 한 꼭짓점에 모인 면의 개수는 3
개이므로

(모서리의 개수)$=\dfrac{3 \times 8 + 8 \times 6}{2}=36\,(\text{개})$

(꼭짓점의 개수)$=\dfrac{3 \times 8 + 8 \times 6}{3}=24\,(\text{개})$

$\therefore 36-24=12\,(\text{개})$

답 ①

3 $v=20\times8-19=141$, $e=20\times12=240$,

$f=20\times6=120$

$\therefore v-e+f=141-240+120=21$ 　　답 21

4 축구공은 12개의 정오각형과 20개의 정육각형으로 이루어진 삼십이면체이고 한 모서리에 2개의 면이 모이므로 축구공의 모서리의 개수는

$\dfrac{5\times12+6\times20}{2}=90$(개)　　$\therefore a=90$

한 꼭짓점에 3개의 면이 모이므로 축구공의 꼭짓점의 개수는 $\dfrac{5\times12+6\times20}{3}=60$(개)

$\therefore b=60$

$\therefore a+b=150$ 　　답 150

5 (1) 정삼각형 　　(2) 직사각형

(3) 마름모 　　(4) 이등변삼각형

6 ①
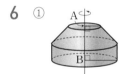
②

③

④

⑤

답 ③, ⑤

7 ①

②

③
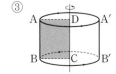
④

⑤
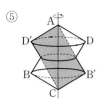

답 ⑤

8 (i) 한 면에만 색이 칠해져 있는 작은 정육면체의 개수는 큰 정육면체의 한 면에서 모서리를 이루는 작은 정육면체를 제외하면

$8\times8\times6=384$(개)

(ii) 두 면에 색이 칠해져 있는 작은 정육면체의 개수는 큰 정육면체의 모서리에서 꼭짓점을 이루는 작은 정육면체를 제외하면

$8\times12=96$(개)

(iii) 세 면에 색이 칠해져 있는 작은 정육면체의 개수는 큰 정육면체에서 꼭짓점을 이루는 작은 정육면체이므로 8개

$\therefore 384+96+8=488$(개) 　　답 488개

9 (밑넓이)$=\pi\times2^2\times\dfrac{5}{6}=\dfrac{10}{3}\pi\,(\text{cm}^2)$

(옆넓이)$=\left(2\pi\times2\times\dfrac{5}{6}+2\times2\right)\times10$

$=\dfrac{100}{3}\pi+40\,(\text{cm}^2)$

$\therefore$ (겉넓이)$=\dfrac{10}{3}\pi\times2+\dfrac{100}{3}\pi+40$

$=40\pi+40\,(\text{cm}^2)$

답 $(40\pi+40)\,\text{cm}^2$

10 (밑넓이)$=\pi\times6^2\times\dfrac{60}{360}-\pi\times3^2\times\dfrac{60}{360}$

$=\dfrac{9}{2}\pi\,(\text{cm}^2)$

$\therefore$ (부피)$=\dfrac{9}{2}\pi\times8=36\pi\,(\text{cm}^3)$

답 $36\pi\,\text{cm}^3$

11 (그릇의 부피)$=\dfrac{1}{3}\times\pi\times4^2\times12\pi=64\pi\,(\text{cm}^3)$

1분에 $2\pi\,\text{cm}^3$씩 물을 넣으므로

$\dfrac{64\pi}{2\pi}=32$(분) 　　답 32분

12 (밑넓이)$=\pi \times 6^2 \times \dfrac{1}{2}=18\pi (\text{cm}^2)$

(옆넓이)$=\dfrac{1}{2} \times 10 \times 12\pi \times \dfrac{1}{2} + \dfrac{1}{2} \times 12 \times 8$

$\qquad =30\pi + 48 (\text{cm}^2)$

$\therefore$ (겉넓이)$=18\pi + 30\pi + 48 = 48\pi + 48 (\text{cm}^2)$

답 $(48\pi + 48)\text{cm}^2$

13 (겉넓이)$=\pi \times 3^2 + 6\pi \times 4 + \dfrac{1}{2} \times 5 \times 6\pi$

$\qquad =9\pi + 24\pi + 15\pi = 48\pi (\text{cm}^2)$

(부피)$=\pi \times 3^2 \times 4 + \dfrac{1}{3} \times \pi \times 3^2 \times 4$

$\qquad =36\pi + 12\pi = 48\pi (\text{cm}^3)$

답 겉넓이 : $48\pi \text{cm}^2$, 부피 : $48\pi \text{cm}^3$

14 (작은 밑면의 넓이)$=\pi \times 5^2 = 25\pi (\text{cm}^2)$

(큰 밑면의 넓이)$=\pi \times 10^2 = 100\pi (\text{cm}^2)$

(옆넓이)$=\dfrac{1}{2} \times 20\pi \times 20 - \dfrac{1}{2} \times 10\pi \times 10$

$\qquad =150\pi (\text{cm}^2)$

$\therefore$ (겉넓이)$=25\pi + 100\pi + 150\pi$

$\qquad =275\pi (\text{cm}^2)$

답 $275\pi \text{cm}^2$

15 탁구공의 반지름의 길이를 r라고 하면

(i) 탁구공의 부피 : $\dfrac{4}{3}\pi \times r^3 \times 16 = \dfrac{64}{3}\pi r^3$

(ii) 상자의 부피 : $8r \times 4r \times 4r = 128r^3$

$\therefore \dfrac{64}{3}\pi r^3 : 128r^3 = \pi : 6$

답 $\pi : 6$

16 $\overline{BC}=x$라고 하면

$V_1 = \pi x^2 \times 2x = 2\pi x^3$

$V_2 = \dfrac{4}{3}\pi x^3$

$V_3 = \dfrac{1}{3} \times \pi x^2 \times 2x = \dfrac{2}{3}\pi x^3$

에서 $V_2 + V_3 = \dfrac{4}{3}\pi x^3 + \dfrac{2}{3}\pi x^3 = 2\pi x^3$이므로

$\dfrac{V_1}{V_2 + V_3} = \dfrac{2\pi x^3}{2\pi x^3} = 1$

답 1

P. 163~165

Step 7 대단원 성취도 평가

01 ③

02 ②, ④

03 (가), (나)에서 주어진 다면체는 각기둥이므로 n각
기둥이라 하면 (다)에서 $3n=24$　$\therefore n=8$
따라서 팔각기둥이므로 꼭짓점의 개수는
$2 \times 8 = 16$(개) 답 ④

04 ③

05 ④ 정이십면체는 한 꼭짓점에 모인 면의 개수가
5개이다. 답 ④

06 $7+5=12$(개) 답 ④

07 ①

08 (밑넓이)$=10 \times 10 - 3 \times 6 = 82 (\text{cm}^2)$

(옆넓이)$=(10 \times 10) \times 4 = 400 (\text{cm}^2)$

$\therefore$ (겉넓이)$=82 \times 2 + 400 = 564 (\text{cm}^2)$

답 ④

09 (물의 부피)$=\pi \times 6^2 \times 12 = 432\pi (\text{cm}^3)$

(물이 담기지 않은 부분의 부피)

$=\pi \times 6^2 \times 3 = 108\pi (\text{cm}^3)$

따라서 병의 부피는

$432\pi + 108\pi = 540\pi (\text{cm}^3)$ 답 ⑤

10 구의 반지름의 길이를 r cm라 하면
원기둥의 높이는 $4r$ cm이므로
$\pi r^2 \times 4r = 108\pi$, $r^3 = 27$
$\therefore r=3 (\text{cm})$
따라서 구 한 개의 부피는
$\dfrac{4}{3}\pi \times 3^3 = 36\pi (\text{cm}^3)$ 답 ⑤

11 (원뿔의 부피)$=\frac{1}{3}\times\pi\times3^2\times6=18\pi\,(\text{cm}^3)$

(원기둥의 부피)$=\pi\times6^2\times15=540\pi\,(\text{cm}^3)$

$\therefore 540\pi\div18\pi=30(\text{번})$　　　　**답** ⑤

12 n각뿔대의 모서리의 개수는 $3n$개, 면의 개수는

$(n+2)$개이므로

$3n-(n+2)=18,\ 2n-2=18,\ 2n=20$

$\therefore n=10$

따라서 십각뿔대의 꼭짓점의 개수는

$10\times2=20(\text{개})$　　　　　　**답** 20개

13 $8\times9\times12-\frac{1}{3}\times\left(2\times3\times\frac{1}{2}\right)\times5$

$=864-5=859\,(\text{cm}^3)$　　**답** $859\,\text{cm}^3$

14 $\frac{1}{3}\times\left(\frac{1}{2}\times4\times5\right)\times3=10\,(\text{cm}^3)$

$3\times4\times x\times\frac{1}{2}=10\,(\text{cm}^3)$

$6x=10$　　$\therefore x=\frac{5}{3}\,(\text{cm})$

답 물의 양 : $10\,\text{cm}^3,\ x=\frac{5}{3}$

15 (1)

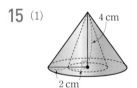

(2) $\frac{1}{3}\times\pi\times4^2\times4-\frac{1}{3}\times\pi\times2^2\times4$

$=16\pi\,(\text{cm}^3)$

답 (1) 풀이 참조 (2) $16\pi\,\text{cm}^3$

채점 기준	
회전체의 겨냥도 그리기	3점
부피 구하기	3점

16 (1) 정팔면체

(2) □QRST$=4\times4\times\frac{1}{2}=8\,(\text{cm}^2)$

(사각뿔 P-QRST의 부피)

$=\frac{1}{3}\times8\times2=\frac{16}{3}\,(\text{cm}^3)$

따라서 구하는 부피는 $\frac{16}{3}\times2=\frac{32}{3}\,(\text{cm}^3)$

답 (1) 정팔면체 (2) $\frac{32}{3}\,\text{cm}^3$

채점 기준	
입체도형의 이름 말하기	3점
사각뿔의 부피 구하기	2점
정팔면체의 부피 구하기	2점

01 ④

02 $\angle BAD = \angle DAC = \angle x$라 하면

$50° + 2\angle x = 120°$ ∴ $\angle x = 35°$

∴ $\angle ADC = 50° + 35° = 85°$ **답** ⑤

03 $32° + 30° + \angle y + \angle x + 38° + 45° = 360°$

∴ $\angle x + \angle y = 215°$ **답** ①

04 $n - 2 = 12$ ∴ $n = 14$

십사각형의 대각선의 개수는

$\dfrac{14 \times (14 - 3)}{2} = 77$(개)   **답** ③

05 구하는 정다각형을 정n각형이라고 하면

$180° \times (n - 2) : 360° = 7 : 2$ ∴ $n = 9$

따라서 정구각형의 한 내각의 크기는

$\dfrac{180° \times (9 - 2)}{9} = 140°$ **답** ⑤

06 부채꼴의 넓이는 중심각의 크기에 정비례하므로

$S_1 : S_2 : S_3 = 90° : 120° : 140°$

$= 9 : 12 : 14$ **답** ⑤

07 오른쪽 그림에서 어두운 부분의 넓이는

$4\pi \times \dfrac{90}{360} - \dfrac{1}{2} \times 2 \times 2$

$= \pi - 2(\mathrm{m}^2)$

따라서 구하는 넓이는

$8(\pi - 2) = 8\pi - 16(\mathrm{m}^2)$ **답** ③

08 ② $\overline{OA} = 10$일 때, 부채꼴 AOB의 넓이는

$\dfrac{1}{2} \times 10 \times 10 = 50$ **답** ②

09

[방법 A] $2\pi \times 3 + 12 \times 2 + 6 \times 2 = 6\pi + 36(\mathrm{cm})$

[방법 B] $2\pi \times 3 + 12 \times 3 = 6\pi + 36(\mathrm{cm})$

답 ①

10 ① n각뿔은 $(n+1)$면체이다.

② n각뿔대의 꼭짓점의 개수는 $2n$개이다.

④ 모서리가 27개인 각기둥은 구각기둥이므로

십일면체이다.   **답** ③, ⑤

11 ④

12 ②

13 정사면체의 꼭짓점은 4개이므로 $a = 4$

정이십면체는 한 꼭짓점에 5개의 면이 모이므로

$b = 5$

∴ $a + b = 9$ **답** ④

14 ④ $\dfrac{1}{2} \times 3 \times 4 \times 2 + (3 + 4 + 5) \times 8$

$= 12 + 96 = 108(\mathrm{cm}^2)$

⑤ $\dfrac{1}{2} \times 3 \times 4 \times 8 = 48(\mathrm{cm}^3)$ **답** ⑤

15 $4^3 - \dfrac{1}{3} \times \dfrac{1}{2} \times 2 \times 2 \times 2 = 64 - \dfrac{4}{3} = \dfrac{188}{3}(\mathrm{cm}^3)$

답 ④

16 구하는 중심각의 크기를 $x°$라고 하면

$2\pi \times 5 \times \dfrac{x}{360} = 6\pi$

∴ $x = 216$ **답** ④

17 남아 있는 물의 높이를 $x\,\mathrm{cm}$라 하면

$9\pi \times x = 9\pi \times 12 - \dfrac{4}{3}\pi \times 3^3 \times 2$

$9\pi x = 36\pi$ ∴ $x = 4$ **답** ②

18 $\angle x + 60° + (180° - 110°) + 35°$
$\quad + (180° - 105°) + 81° = 360°$
$\therefore \angle x = 39°$ **답** $39°$

19 $\dfrac{1}{2} \times 6 \times 6\pi + 9\pi = 27\pi \, (\text{cm}^2)$ **답** $27\pi \, \text{cm}^2$

20 $4\pi \times 3 + 4\pi \times 5 \times \dfrac{1}{2} = 22\pi \, (\text{cm}^3)$
답 $22\pi \, \text{cm}^3$

21 $\pi \times 4^2 \times \dfrac{45}{360} \times 5 = 10\pi \, (\text{cm}^3)$
답 $10\pi \, \text{cm}^3$

22 (1) 정십이면체

(2) 꼭짓점의 개수 : $\dfrac{5 \times 12}{3} = 20$(개)

모서리의 개수 : $\dfrac{5 \times 12}{2} = 30$(개)

답 (1) 정십이면체 (2) 20개, 30개

채점 기준	
정다면체의 이름 말하기	3점
꼭짓점의 개수 구하기	2점
모서리의 개수 구하기	2점

23 (1) $\dfrac{1}{3} \times \pi r^2 \times h = \dfrac{1}{3}\pi r^2 h$

(2) $\dfrac{1}{3} \times \pi \times (2r)^2 \times \dfrac{h}{2} = \dfrac{2}{3}\pi r^2 h$

(3) x번 부어야 한다고 하면

$\dfrac{1}{3}\pi r^2 h \times 6 = \dfrac{2}{3}\pi r^2 h \times x$

$\therefore x = 3$

답 (1) $\dfrac{1}{3}\pi r^2 h$ (2) $\dfrac{2}{3}\pi r^2 h$ (3) 3번

채점 기준	
그릇 (가)의 부피 구하기	2점
그릇 (나)의 부피 구하기	3점
부피 비교하여 답 구하기	3점

내신 만점 테스트 4회

01 ⑤

02 $\angle ABD = \angle a$, $\angle DCE = \angle b$라 하면
$\triangle DBC$에서
$\angle a + 28° = \angle b$ $\therefore \angle b - \angle a = 28°$
$\triangle ABC$에서 $2\angle a + \angle x = 2\angle b$이므로
$\angle x = 2(\angle b - \angle a) = 2 \times 28° = 56°$ **답** ③

03 $\angle ABO = \angle a$, $\angle ADO = \angle b$라 하면
$165° + 2\angle a + 75° + 2\angle b = 360°$
$\therefore \angle a + \angle b = 60°$
$\overline{CO}$를 그으면
$\angle a + 75° + \angle b + \angle x = 360°$이므로
$\angle x = 225°$ **답** ④

04 $\angle a + \angle b + \angle c$
$\quad + \angle d + \angle e + \angle f$
$\quad + \angle g + \angle h$
$\quad = 180° + \angle x + \angle y$
$\qquad + \angle d + \angle e + \angle z$
$\qquad + \angle w + 180°$
$\quad = 180° + 360° + 180°$
$\quad = 720°$ **답** ⑤

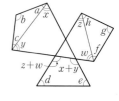

05 n각형이라고 하면
$\dfrac{n(n-3)}{2} = 27$, $n(n-3) = 9 \times 6$ $\therefore n = 9$
따라서 구각형의 내각의 크기의 합은
$180° \times (9-2) = 1260°$ **답** ④

06 ④ 현의 길이는 중심각의 크기에 정비례하지 않는다.
⑤ $\triangle OAB \equiv \triangle OBC$(SAS합동) **답** ④

07 구하는 넓이는
(부채꼴 ABB'의 넓이) + (지름이 AB'인 반원의 넓이) − (지름이 AB인 반원의 넓이)
$= \pi \times 12^2 \times \dfrac{45}{360} = 18\pi \, (\text{cm}^2)$ **답** ④

08 구하는 거리는

$4 \times 3 + 2\pi \times 1$

$= 2\pi + 12 (\text{cm})$

답 ②

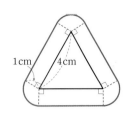

1cm 4cm

09 $\dfrac{1}{3} \times \dfrac{1}{2} \times 9 \times 9 \times 18 = 243(\text{cm}^3)$

답 ④

10 n각기둥이라고 하면 $2n = 16$ ∴ $n = 8$

따라서 팔각기둥이므로

$x = 8 + 2 = 10, \; y = 3 \times 8 = 24$

∴ $y - x = 14$

답 ③

11 ② 정이십면체의 꼭짓점은 12개이다.

답 ②

12 ①, ⑤

13 ③

14 $\pi \times 2^2 + \dfrac{1}{2} \times 6 \times 8\pi - \dfrac{1}{2} \times 3 \times 4\pi + \pi \times 4^2$

$= 4\pi + 18\pi + 16\pi$

$= 38\pi (\text{cm}^2)$

답 ①

15 (그릇의 부피) $= \pi \times 5^2 \times 12 = 300\pi(\text{cm}^3)$

∴ $\dfrac{300\pi}{20\pi} = 15$(분)

답 ③

16 $\dfrac{3}{4} \times 4\pi \times 6^2 + \dfrac{1}{2} \times \pi \times 6^2 \times 2$

$= 108\pi + 36\pi = 144\pi(\text{cm}^2)$

답 ⑤

17 $\pi \times 3^2 \times 4 - \dfrac{1}{3} \times \pi \times 3^2 \times 4$

$= 36\pi - 12\pi = 24\pi(\text{cm}^3)$

답 ③

18 오른쪽 그림에서 구하는
넓이는

$\pi \times 6^2 \times \dfrac{1}{4} - \dfrac{1}{2} \times 6 \times 6$

$= 9\pi - 18(\text{cm}^2)$

답 $(9\pi - 18)\text{cm}^2$

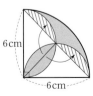

6cm

6cm

19 시침과 분침이 이루는 각의 크기가 $135°$이므로

$32 \times \dfrac{135}{360} = 12(\text{cm})$

답 12 cm

20 원뿔의 모선의 길이를 r cm라 하면

$2\pi r = 2\pi \times 6 \times 2$ ∴ $r = 12$

따라서 원뿔의 옆넓이는

$\dfrac{1}{2} \times 12 \times 12\pi = 72\pi(\text{cm}^2)$

답 72π cm²

21 $\dfrac{1}{2} \times 5 \times 8\pi + 8\pi \times 4 + \dfrac{1}{2} \times 4\pi \times 4^2$

$= 20\pi + 32\pi + 32\pi = 84\pi(\text{cm}^2)$

답 84π cm²

22 (1) $\dfrac{180° \times (5-2)}{5} = 108°$

(2) $\triangle ABE$에서 $\overline{AB} = \overline{AE}$이므로

$\angle AEF = \dfrac{1}{2}(180° - 108°) = 36°$

(3) $\angle EAF = 108° - 36° = 72°$이므로

$\angle AFE = 180° - (72° + 36°) = 72°$

답 (1) $108°$ (2) $36°$ (3) $72°$

채점 기준	
∠CDE의 크기 구하기	2점
∠AEF의 크기 구하기	2점
∠AFE의 크기 구하기	3점

23 (1) $6^3 = 216(\text{cm}^3)$

(2) $\dfrac{1}{3} \times \left(\dfrac{1}{2} \times 6 \times 6 \right) \times 6 = 36(\text{cm}^3)$

(3) 네 개의 삼각뿔 A−BCF, A−EFH,
  C−GFH, C−DAH는 모두 부피가 같으므
  로 삼각뿔 A−HFC의 부피는

  $216 - 4 \times 36 = 72(\text{cm}^3)$

(4) $V_1 = 216 \text{cm}^3, \; V_2 = 72 \text{cm}^3$이므로

  $V_1 : V_2 = 216 : 72 = 3 : 1$

답 (1) 216cm^3 (2) 36cm^3 (3) 72cm^3 (4) $3 : 1$

채점 기준	
정육면체의 부피 구하기	2점
삼각뿔 A−BCF의 부피 구하기	2점
삼각뿔 A−HFC의 부피 구하기	2점
비 구하기	2점